Teubner-Ingenieurmathematik

Burg/Haf/Wille: **Höhere Mathematik für Ingenieure**

Band 1: **Analysis**
3. Aufl. 632 Seiten. DM 46,–

Band 2: **Lineare Algebra**
3. Aufl. 414 Seiten. DM 44,–

Band 3: **Gewöhnliche Differentialgleichungen, Distributionen, Integraltransformationen**
3. Aufl. 429 Seiten. DM 44,–

Band 4: **Vektoranalysis und Funktionentheorie**
580 Seiten. DM 47,–

Band 5: **Funktionalanalysis und Partielle Differentialgleichungen**
2. Aufl. 461 Seiten. DM 49,–

Dorninger/Müller: **Allgemeine Algebra und Anwendungen**
324 Seiten. DM 48,–

v. Finckenstein: **Grundkurs Mathematik für Ingenieure**
3. Aufl. 466 Seiten. DM 49,80

Heuser/Wolf: **Algebra, Funktionalanalysis und Codierung**
168 Seiten. DM 36,–

Hoschek/Lasser: **Grundlagen der geometrischen Datenverarbeitung**
2. Aufl. 655 Seiten. DM 68,–

Kamke: **Differentialgleichungen, Lösungsmethoden und Lösungen**

Band 1: **Gewöhnliche Differentialgleichungen**
10. Aufl. 694 Seiten. DM 88,–

Band 2: **Partielle Differentialgleichungen erster Ordnung für eine gesuchte Funktion**
6. Aufl. 255 Seiten. DM 68,–

Köckler: **Numerische Algorithmen in Softwaresystemen**
410 Seiten. Buch mit MS-DOS-Diskette DM 58,–

Krabs: **Einführung in die lineare und nichtlineare Optimierung für Ingenieure**
232 Seiten. DM 38,–

Pareigis: **Analytische und projektive Geometrie für die Computer-Graphik**
303 Seiten. DM 42,–

Schwarz: **Numerische Mathematik**
3. Aufl. 575 Seiten. DM 48,–

Preisänderungen vorbehalten.

B. G. Teubner Stuttgart

Technische Strömungslehre

Eine Einführung in die Grundlagen
und technischen Anwendungen
der Strömungsmechanik

Von Prof. Dr. rer. nat. Ernst Becker †

7., überarbeitete Auflage
Mit 134 Figuren

Bearbeitet von
Prof. Dr.-Ing. Eckart Piltz
Fachhochschule Coburg

 B.G.Teubner Stuttgart 1993

Prof. Dr. rer. nat. Ernst Becker †

1929 geboren in Darmstadt. 1947 bis 1951 Studium der Physik an der Technischen
Hochschule Darmstadt und der Universität Göttingen. 1951 bis 1954 Max-Planck-
Institut für Strömungsforschung Göttingen. 1954 Promotion an der Universität Göt-
tingen. 1954 bis 1959 Aerodynamische Versuchsanstalt Göttingen. 1959 bis 1962
Institut für Angewandte Mathematik und Mechanik der Deutschen Versuchsanstalt
für Luft- und Raumfahrt, Freiburg i. Br. 1960 Habilitation für Angewandte Mathematik und Mechanik an der Universität Freiburg. 1962 bis 1963 Associate Professor,
Yale-University. Ab 1963 ord. Professor der Mechanik an der Technischen Hochschule
Darmstadt. 1974 Präsident der Gesellschaft für Angewandte Mathematik und Mechanik.
1976 Mitglied der Deutschen Akademie der Naturforscher Leopoldina zu Halle. 1984
gestorben in Darmstadt.

Prof. Dr.-Ing. Eckart Piltz

1939 geboren in Dresden. 1960 Abitur in Frankfurt/M. 1961 bis 1967 Maschinenbau-
studium an der Technischen Hochschule Darmstadt. 1967 bis 1972 Wissenschaftlicher
Assistent am Lehrstuhl für Technische Strömungslehre der Technischen Hochschule
Darmstadt. 1971 Promotion. 1972 bis 1975 Leitende Industrietätigkeit im Strömungs-
maschinenbau (Anton Piller KG in Osterode/Harz). 1975 bis 1978 Dozent für Technische Mechanik und Strömungslehre im Fachbereich Versorgungstechnik der Fachhochschule Braunschweig-Wolfenbüttel in Wolfenbüttel. 1978 bis 1981 Technischer
Direktor der Stäfa Ventilator AG, Stäfa/Schweiz. Seit 1981 Professor an der Fachhochschule Coburg, Fachbereich Maschinenbau.

Die Deutsche Bibliothek – CIP-Einheitsaufnahme

Becker, Ernst:
Technische Strömungslehre : eine Einführung in die
Grundlagen und technischen Anwendungen der
Strömungsmechanik / von Ernst Becker. Bearb. von Eckart
Piltz. – 7., überarb. Aufl. – Stuttgart : Teubner, 1993
     (Teubner-Studienbücher : Mechanik)
ISBN 978-3-519-03090-4   ISBN 978-3-322-90547-5 (eBook)
DOI 10.1007/978-3-322-90547-5
NE: Piltz, Eckart [Bearb.]

Satz: Elsner & Behrens GmbH, Oftersheim

Umschlaggestaltung: W. Koch, Sindelfingen

Vorwort zur 5. Auflage (gekürzt)

Dieses Buch ist aus einer einsemestrigen Vorlesung "Technische Strömungslehre" ent-
standen, die ich in den Sechzigerjahren in Darmstadt mehrere Male für Studenten
des Maschinenbaus und des Bauingenieurwesens gehalten habe. Ich war hierbei jedesmal
verlegen, wenn ich meinen Hörern ein deutschsprachiges Lehrbuch zum Gebrauch neben
der Vorlesung empfehlen wollte. Abgesehen davon, daß die meisten in Frage kommen-
den Bücher nach Umfang und Preis den Bedürfnissen der Studenten kaum entsprachen,
schienen mir diese Bücher besonders deshalb mangelhaft, weil gerade die wenigen wichtigen grundlegenden Gesetze der Strömungslehre in ihnen oft sehr unsauber und nur flüch-
tig dargestellt sind. Dagegen wird meistens großer Wert auf technische Einzelheiten und
rezeptmäßige Anleitungen für den "Praktiker" gelegt. Eindringendes Verständnis und
sichere Beherrschung der Grundlagen scheinen mir aber für einen Ingenieur sehr viel
wichtiger zu sein als ein umfangreiches Arsenal nur halbverdauter Einzelkenntnisse, die
beim raschen Fortschritt der Technik ohnehin schon bald überholt oder unwichtig sein
können. Ein Ingenieur wird nur dann die Aufgaben der Praxis bewältigen können, wenn
er klare Vorstellungen von den Grundlagen der Theorie hat, die er zur Lösung konkreter
Aufgaben benutzt. Nur dann wird er über das Stadium des Herumprobierens und der kri-
tiklosen Anwendung von Rezepten hinauskommen und wird nicht einer neuen Situation,
die nicht in das Rezeptschema hineinpaßt, ratlos gegenüberstehen. Konzentration auf
das Grundwissen ist außerdem die einzige Möglichkeit, der immer unübersehbarer wer-
denden Stoffülle Herr zu werden.

Dieses Buch soll daher keine weitere Stoff- und Rezeptsammlung zur Technischen Strömungslehre sein, sondern eine Einführung in die einfachsten aber wichtigsten Grundlagen der Strömungslehre. Da das Buch in erster Linie für Ingenieure geschrieben ist, werden die Grundlagen nicht in Richtung der theoretischen Hydrodynamik verfolgt, sondern
ihre Anwendung auf Probleme von technischer Bedeutung wird erläutert. Dabei habe ich
aus den schon angeführten Gründen keine Vollständigkeit im Stoff angestrebt. Ich halte
diese Vollständigkeit für unwichtig, und sie ist ohnehin, selbst bei sehr viel größerem
Buchumfang, nicht erreichbar; es wird immer Spezialisten geben, die das eine oder andere vermissen, was sie für wesentlich halten.

Jede naturwissenschaftlich - technische Theorie hat Modellcharakter; einziges Kriterium
bei der Aufstellung einer Theorie ist ihre Widerspruchsfreiheit. Das Kriterium für die
Nützlichkeit einer Theorie ist dagegen ihre Anwendbarkeit auf die Welt der Erscheinungen; über die Anwendbarkeit kann nur die Erfahrung entscheiden. Ein wichtiges und vor-
rangiges Ziel des naturwissenschaftlich - technischen Unterrichtes muß es sein, die Vorstellung der idealen Objekte unserer Theorien (Massenpunkte, starre Körper, reibungsfreie Flüssigkeiten usw.) und ihrer gesetzmäßigen Relationen untereinander im Geist des
Lernenden zu klären und zu festigen. Je besser dies gelingt, desto leichter wird es dem
Lernenden fallen, die Beziehung zwischen Idee und Wirklichkeit herzustellen, d.h. die
Theorie anzuwenden und zugleich die Grenze ihrer Anwendbarkeit zu erkennen. Ich
hoffe, daß dieses Buch dem Studenten in diesem Sinne helfen wird, die Strömungslehre
zu verstehen und anzuwenden.

Das benutzte Flüssigkeitsmodell beschränkt sich nicht auf die "ideale, reibungsfrei strömende" und die "Newtonsche" Flüssigkeit, sondern verschiedentlich werden auch Strömungen eines allgemeineren Flüssigkeitstyps betrachtet.

Ich habe mich bemüht, die Darstellung von unnötigem mathematischen Beiwerk freizu-
halten und die mechanischen Grundlagen der Strömungslehre klar herauszuarbeiten. Fast

überall genügen zum Verständnis die Grundbegriffe der Differential- und Integralrechnung (einschließlich der partiellen Differentiation). Ich hoffe, daß hierdurch das Buch auch für Fachhochschulen interessant ist. Etwas schwierigere Abschnitte und solche, die vom Leser ausgelassen werden können, ohne daß er den roten Faden verliert, stehen im Kleindruck. In der Bezeichnungsweise habe ich mich im wesentlichen an die üblichen Normen gehalten. Eine Ausnahme ist die Bezeichnung U für den Betrag des Geschwindigkeitsvektors; die normgerechte Bezeichnung v habe ich nicht gewählt, weil ich die Geschwindigkeitskomponenten, wie in der theoretischen Hydrodynamik oft üblich, mit u, v, w bezeichne. Für den Impuls benutze ich das Symbol I statt p, um Verwechslungen mit dem sehr oft vorkommenden Symbol p für den Druck zu vermeiden.

In dieses Buch sind viele Erfahrungen eingegangen, die ich während meiner Tätigkeit im Max-Planck-Institut für Strömungsforschung und in der Aerodynamischen Versuchsanstalt in Göttingen sammeln konnte. Hier erinnere ich mich dankbar der vielen Kenntnisse und Anregungen, die mir mein verehrter Lehrer Albert B e t z vermittelte.

Darmstadt, im Juli 1981   Ernst Becker

Vorwort zur 6. sowie zur 7. Auflage

Im November 1984 verstarb nach längerer, schwerer Krankheit Ernst Becker im Alter von nur 55 Jahren. Wir verloren in ihm einen begnadeten Hochschullehrer, Wissenschaftler, Fachschriftsteller und einen höchst wertvollen Menschen.

Als ehemaliger Schüler und Wissenschaftlicher Assistent Ernst Beckers am Lehrstuhl für Technische Strömungslehre der Technischen Hochschule Darmstadt kenne ich dieses Buch seit seinen allerersten Anfängen. Später habe ich es selbst immer wieder gern meinen eigenen Vorlesungen über Technische Strömungsmechanik an den Fachhochschulen in Wolfenbüttel und in Coburg zugrundegelegt. Manche Änderung, die Ernst Becker bis zur fünften Auflage an diesem Buch besorgt hat, gehen bereits auf diese Lehrerfahrungen zurück. Ich weiß aber auch von vielen wertvollen Hinweisen und Anregungen durch Dritte.

Es ist für mich Ehre und Herausforderung zugleich, als künftiger Bearbeiter sicherzustellen, daß dieses Buch auch weiterhin einem interessierten Kreis von Studenten und Lesern außerhalb der Hochschulen zur Verfügung steht. Ernst Becker hat kurz vor seinem Tod selbst vorgeschlagen, ich möge diese Aufgabe übernehmen, und ich tue es gern. In seinem Sinn werde ich mich benühen, den Inhalt sinnvoll und behutsam fortzuentwickeln. Für diesbezügliche Anregungen aus dem interessierten Leserkreis bin ich stets dankbar.

Die vorliegende siebte Auflage wurde an einigen Stellen sachlich verbessert, darüber hinaus vornehmlich redaktionell und gelegentlich auch inhaltlich überarbeitet. Anregungen meiner Studenten folgend habe ich insbesondere wichtige Gleichungen optisch besonders gekennzeichnet, soweit sie den Charakter von "Arbeitsformeln" haben und vielfach den formelmäßigen Schlußstein einer mehr oder weniger umfangreichen Reihe von Ableitungsschritten darstellen oder als wichtige Definitionsgleichungen für bestimmte Größen besondere Bedeutung haben. Dies soll es ermöglichen, das Buch nicht nur als reines Lehrbuch sondern auch als strömungsmechanische "Formelsammlung mit Erläuterungen" zu benutzen.

Coburg, im Juli 1992   Eckart Piltz

Inhalt

Verzeichnis der wichtigsten Symbole

Symbol	Dimension*)	Bedeutung
$\vec{a}$	LZ^{-2}	Beschleunigung
A	L^2	Fläche
b	L	Längenabmessung (Breite)
c	LZ^{-1}	absolute Strömungsgeschwindigkeit, Schallgeschwindigkeit
c_f	—	Reibungsbeiwert
c_p, c_v	$L^2 Z^{-2} T^{-1}$	spezifische Wärmen
c_Q	—	Querkraftbeiwert, Auftriebsbeiwert
c_W	—	Widerstandsbeiwert
d	L	Durchmesser
d_h	L	hydraulischer Durchmesser
e	$L^2 T^{-2}$	spezifische innere Energie
E	$ML^2 Z^{-2}$	Energie
$\vec{f}$	$ML^{-2} Z^{-2}$	Volumenkraft
$\vec{F}$	MLZ^{-2}	Kraft
F_A	MLZ^{-2}	hydrostatische Auftriebskraft
g	LZ^{-2}	Erdbeschleunigung
h	L	Längenabmessung (Höhe)
I	L^4	Flächenträgheitsmoment
$\vec{I}$	MLZ^{-1}	Impuls
l	L	Längenabmessung (Länge)
$\vec{L}$	$ML^2 Z^{-1}$	Drall; Drehimpuls
$\dot{m}$	MZ^{-1}	Massenstrom
M	$ML^2 Z^{-2}$	Moment
M	—	Machzahl
p	$ML^{-1} Z^{-2}$	Druck
P	$ML^2 Z^{-3}$	Leistung
r, R	L	Radius, Krümmungsradius
R	$L^2 Z^{-2} T^{-1}$	spezifische Gaskonstante

---

*) Dimension im Internationalen Einheitensystem (SI): L = [Länge]; M = [Masse]; Z = [Zeit]; T = [Temperatur]

Re	—	Reynoldszahl
s	L	Längenkoordinate
S	L^3	Statisches Flächenmoment
t	Z	Zeit
t	L	Gitterteilung
T	T	absolute Temperatur
U	LZ^{-1}	Betrag der Strömungsgeschwindigkeit $(U = |\vec{v}|)$
$\overline{U}$	LZ^{-1}	Betrag der mittl. Strömungsgeschwindigkeit
u_0	LZ^{-1}	Strahlmittengeschwindigkeit
u_w	LZ^{-1}	Wandgeschwindigkeit
$\vec{v}$	LZ^{-1}	Strömungsgeschwindigkeit ($\vec{v} = (u,v,w)$)
V	L^3	Volumen
$\dot{V}$	$L^3 Z^{-1}$	Volumenstrom
W	$ML^2 Z^{-2}$	Arbeit
α	—	Kontraktionszahl; Winkelbezeichnung
γ	—	Scherungswinkel
$\dot{\gamma}$	Z^{-1}	Schergeschwindigkeit
Γ	$L^2 Z^{-1}$	Zirkulation
δ	L	Grenzschichtdicke, Strahlbreite
ζ	—	Druckverlustzahl
η	$ML^{-1} Z^{-1}$	dynamische Viskosität (Zähigkeit)
κ	—	Verhältnis der spezifischen Wärmen
λ	L	Kapillarlänge
λ	—	Widerstandszahl (bei Rohrströmungen)
ν	$L^2 Z^{-1}$	kinematische Viskosität (Zähigkeit)
ρ	ML^{-3}	Dichte
σ	MZ^{-2}	Oberflächenspannung
σ	—	Schaufelwinkel
τ, τ_w	$ML^{-1} Z^{-2}$	Schubspannung, Wandschubspannung
φ	—	Lieferzahl
ψ	—	Druckzahl
ω	Z^{-1}	Winkelgeschwindigkeit

1. Definition und Eigenschaften einer Flüssigkeit

Eine Flüssigkeit im allgemeinsten Sinne ist definiert als ein Stoff, der einer scherenden Beanspruchung unbegrenzt nachgibt. Das heißt, daß sich eine Flüssigkeit unbegrenzt verformt, wenn Schubspannungen auf sie wirken. Bei einem festen Körper bewirken Schubspannungen hingegen nur endliche Verformungen. Die Verformung einer Flüssigkeit kann nur dann aufhören, wenn die Flüssigkeit keinen Schubspannungen mehr unterworfen ist. Zur Erläuterung dient Fig. 1: Das schraffiert skizzierte Material zwischen den beiden parallelen Platten wird durch eine Schubspannung $\tau = F/A$ belastet; F ist die an den Platten angreifende Kraft, A die Größe der Kontaktfläche zwischen einer Platte und dem Material.

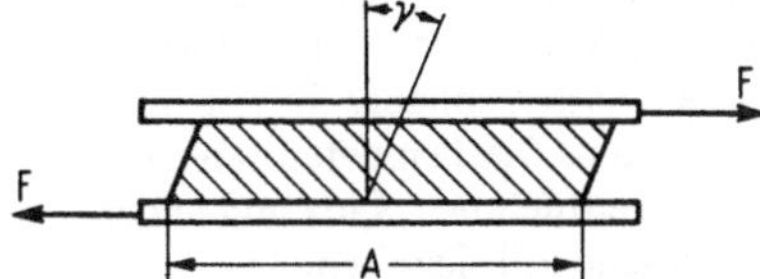

Fig. 1

Bei einer umfangreichen Klasse von festen Stoffen besteht ein eindeutiger Zusammenhang zwischen der Schubspannung τ und dem Scherungswinkel γ, der sich unter Wirkung dieser Schubspannung einstellt: $\gamma = f\,(\tau)$. Der Scherungswinkel ist für die in Fig. 1 skizzierte Anordnung definiert als Winkel, um den eine vor der Verformung senkrecht zu den Platten gerichtete gerade Linie im Material nach der Verformung von der Senkrechten abweicht. Das Verhalten vieler fester Stoffe läßt sich übrigens durch eine lineare Beziehung zwischen γ und τ beschreiben: $\gamma = \tau/G$, mit einer Materialkonstanten G, dem "Gleitmodul". Man nennt solche Stoffe "Hookesche Festkörper". (Genau genommen werden die Materialeigenschaften Hookescher Festkörper bei allgemeiner Belastung durch zwei Materialkonstanten, den Gleitmodul und den Elastizitätsmodul, festgelegt, doch spielt dies für unsere Betrachtung keine Rolle.) Hookesche Festkörper sind brauchbare Idealisierungen vieler elastischer Stoffe von technischer Bedeutung (z. B. Stahl unterhalb der Proportionalitätsgrenze).

Falls das in Fig. 1 schraffiert skizzierte Material eine Flüssigkeit ist, stellt sich bei einer bestimmten Schubspannung τ gar kein fester Scherungswinkel γ ein, sondern der Scherungswinkel wächst mit der Zeit immer weiter an: Das Material "fließt". Für eine große Klasse von Flüssigkeiten hängt die Änderungsgeschwindigkeit $\dot{\gamma}$ des Scherungswinkels eindeutig nur von der Schubspannung τ ab:

$$\dot{\gamma} = f\,(\tau) \tag{1.1}$$

Diese Gleichung ist das sog. Fließgesetz der Flüssigkeit.

Zur Erläuterung von $\dot{\gamma}$ denke man sich alle Flüssigkeitsteilchen herausgegriffen, die zur Zeit t auf einer Senkrechten zu den Platten (Fig. 1) liegen. Zu einer späteren Zeit $t + \Delta t$ werden diese Teilchen auf einer Linie liegen, die um den Winkel $\Delta\gamma$ gegen die Senkrechte geneigt ist. Die mittlere Änderungsgeschwindigkeit des Scherungswinkels im Zeitintervall von t bis $t + \Delta t$ ist dann durch $\Delta\gamma/\Delta t$ gegeben. Die augenblickliche Änderungsgeschwindigkeit $\dot{\gamma}$ zur Zeit t definiert man durch den Grenzwert $\dot{\gamma} = \lim_{\Delta t \to 0} \Delta\gamma/\Delta t$.

Bei "Newtonschen Flüssigkeiten" ist das Fließgesetz linear; anstelle von (1.1) gilt dann die speziellere Relation

$$\dot{\gamma} = \frac{\tau}{\eta} \qquad\qquad (1.2)$$

Die Proportionalitätskonstante η heißt "dynamische Viskosität", genauer "dynamische Scherviskosität"; meistens nennt man η kurz "Viskosität". (Hier müssen wir analog wie beim Hookeschen Festkörper bemerken, daß eine Newtonsche Flüssigkeit ganz allgemein durch zwei verschiedene "Viskositäten" charakterisiert wird, was aber in diesem Buch an keiner Stelle eine Rolle spielt; für uns ist nur die o.a. Scherviskosität von Bedeutung.) Das Verhalten vieler technisch wichtiger Flüssigkeiten läßt sich durch das idealisierte Modell der Newtonschen Flüssigkeit hinreichend genau beschreiben (Beispiel: Wasser, Öl, Luft). Die Viskosität ist eine Stoff-"Konstante", die allerdings noch von der Temperatur und dem Druck abhängt. In vielen Fällen kann man jedoch die Druckabhängigkeit vernachlässigen. Die Temperaturabhängigkeit für einige Newtonsche Flüssigkeiten ist aus Fig. 2 zu entnehmen. Luft und andere Gase verhalten sich in sehr guter Näherung wie Newtonsche Flüssigkeiten.

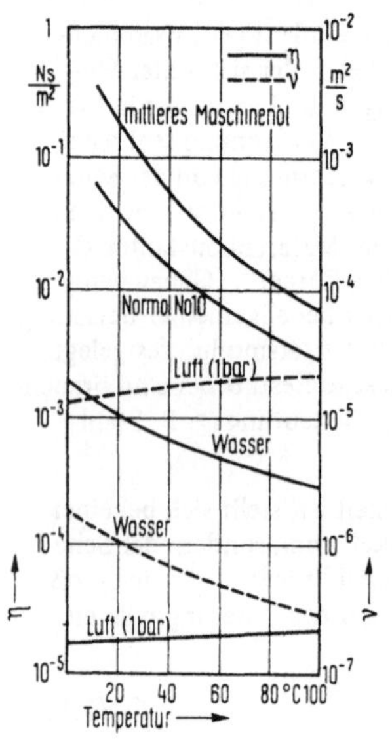

Fig. 2

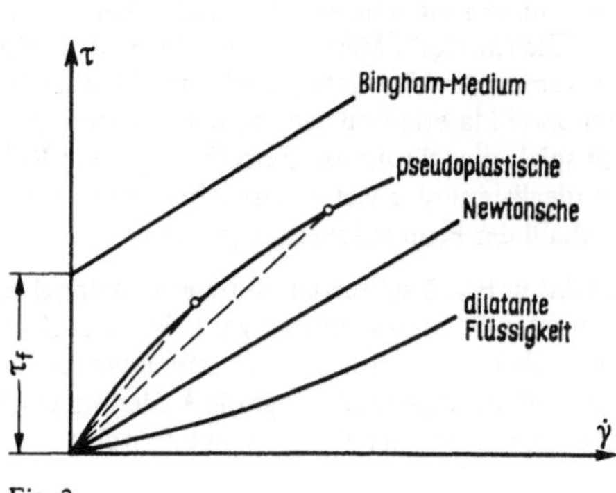

Fig. 3

Suspensionen, hochpolymere Schmelzen, Ölfarbe und viele andere Flüssigkeiten sind "Nicht-Newtonsche Flüssigkeiten", die nicht dem einfachen Gesetz (1.2) genügen, sondern durch ein allgemeineres Fließgesetz der Form (1.1) beschrieben werden, oder sogar durch ein noch komplizierteres Gesetz. Man nennt eine Flüssigkeit "dilatant", wenn zwischen $\dot{\gamma}$ und τ der in Fig. 3 skizzierte Zusammenhang besteht. In Fig. 3 ist außerdem das Fließgesetz für "pseudoplastische" Flüssigkeiten eingetragen. Für beide Flüssigkeitstypen ist das Fließgesetz von der allgemeinen Form (1.1). Auch das Fließgesetz der Newtonschen Flüssigkeit ist in Fig. 3 enthalten; die Steigung der betreffenden Geraden ist ein Maß für die Viskosität η. Definiert man für andere Fließgesetze effektive, von $\dot{\gamma}$ abhängige Viskositäten durch die Steigung der Sekanten im Fließdiagramm, so kann man sagen, daß die effektive Viskosität bei pseudoplastischen Flüssigkeiten mit wachsendem $\dot{\gamma}$ (und damit auch mit wachsender Schubspannung) abnimmt (vgl. die gestrichelten Geraden in Fig. 3) und bei dilatanten Flüssigkeiten zunimmt.

Das "Bingham-Medium", dessen Fließgesetz ebenfalls in Fig. 3 eingetragen ist, hat die Eigenschaft, daß es sich für Schubspannungen unterhalb der Fließspannung τ_f wie ein Hookescher Festkörper verhält ($\gamma = \tau/G$) und oberhalb von τ_f wie eine Newtonsche Flüssigkeit unter Einwirkung der Schubspannung $\tau - \tau_f$:

$$\dot{\gamma} = \frac{\tau - \tau_f}{\eta} \tag{1.3}$$

Es nimmt damit eine Mittelstellung zwischen festen Stoffen und Flüssigkeiten ein. Zahnpasta ist in guter Näherung ein Bingham-Medium. Jedoch auch weiche Stähle (mit ausgeprägter Streckgrenze) lassen sich idealisiert durch das Flüssigkeitsmodell eines Bingham-Mediums beschreiben. Schließlich gibt es eine weitere Klasse von Stoffen, die im gewissen Sinne zwischen festen und flüssigen Stoffen stehen (obwohl sie sich oft in die Klasse der festen oder der flüssigen Stoffe eindeutig einordnen lassen). Dies sind die viskoelastischen Medien. Ein bekanntes Beispiels ist der "hüpfende Kitt" (bouncing putty). Wirft man eine Kugel aus diesem Kitt gegen eine feste Wand, so wird sie wie ein elastischer Ball reflektiert (kurzzeitige Belastung). Läßt man den Kitt längere Zeit auf einem Tisch liegen, so zerfließt er unter seinem Eigengewicht (langzeitige Belastung).

Das seither Gesagte gilt sowohl für tropfbare Flüssigkeiten, oder Flüssigkeiten im engeren Sinne, als auch für Gase. Da im Deutschen tropfbare Flüssigkeiten gewöhnlich einfach "Flüssigkeiten" genannt werden, hat man übrigens den Oberbegriff "Fluide" vorgeschlagen, der die tropfbaren Flüssigkeiten und Gase umfaßt. Wir schließen uns diesem Brauch nicht an, da immer aus dem Zusammenhang hervorgehen wird, ob mit Flüssigkeit der allgemeine Begriff "Fluid" oder der spezielle Begriff "tropfbare Flüssigkeit" gemeint ist. Tropfbare Flüssigkeiten unterscheiden sich von Gasen u.a. dadurch, daß ihre Dichte praktisch nicht von Temperatur und Druck abhängt, während bei Gasen gerade diese Abhängigkeit wichtig ist. Tropfbare Flüssigkeiten sind also "dichtebeständig"; ihre Dichte ist bei vielen Strömungsproblemen eine Stoffkonstante, die man von vornherein kennt, während bei Gasen die Dichte an verschiedenen Stellen verschiedene Werte annehmen kann. Die Dichte ρ ist hierbei als Masse pro Volumeneinheit definiert. Bei ortsveränderlicher Dichte (z.B. in Gasen) muß man einen lokalen Wert der Dichte in jedem Punkt P definieren: Man umgibt den Punkt mit einem Volumen ΔV; Δm sei die in ΔV enthaltene Masse. Die Dichte in P ist dann $\rho(P) = \lim_{\Delta V \to 0} (\Delta m/\Delta V)$, wobei im Grenzübergang das Volumen auf den Punkt P zusammenschrumpfen soll [1]. Für viele Zwecke ist es von Vorteil, die "kinematische Viskosität" ν einzuführen, die durch $\nu = \eta/\rho$ definiert ist. Die kinematische Viskosität für Wasser und Luft ist in Fig. 2 aufgetragen.

Bei der Lösung von Strömungsproblemen für Gase muß man im allgemeinen berücksichtigen, daß die Dichte veränderlich ist und von Druck und Temperatur abhängt. Bei dichtebeständigen Flüssigkeiten spielt dies hingegen keine Rolle. Daher ist die Theorie der Gasströmungen, die "Gasdynamik", bedeutend schwieriger als die Theorie der Flüssigkeitsströmungen, die "Hydrodynamik". In diesem Buch werden die für technische Anwendungen wichtigen Grundbegriffe der Hydrodynamik erörtert. Die Gasdynamik wird erst in Kapitel 9 kurz diskutiert. Dies hat gute Gründe: Bei vielen Gasströmungen kann man die Veränderlichkeit der Dichte vernachlässigen, weil die Dichteunterschiede im Strömungsfeld klein bleiben. Dann sind die Gesetze der Hydrodynamik auch auf Gasströmungen anzuwenden. Dies ist bei stationärer Strömung der Fall, wenn die Strö-

---

[1] Dieser und ähnliche Grenzübergange können nur durchgeführt werden, wenn man die Flüssigkeit als Kontinuum betrachtet. Daß die Materie in Wirklichkeit - wegen ihrer molekularen Struktur - kein Kontinuum ist, spielt bei allen Überlegungen in diesem Buch keine Rolle. Bei allen diesen Überlegungen ist die Vorstellung der Materie als Kontinuum ein brauchbares Modell der Wirklichkeit.

mungsgeschwindigkeiten klein gegen die Schallgeschwindigkeit im Gas bleiben und wenn keine merklichen Dichteunterschiede durch Volumenkräfte (z.B. durch die Schwerkraft, vgl. 2.3.2) erzeugt werden; auch müssen die Temperaturunterschiede im Gas überall klein bleiben. In Luft bei Zimmertemperatur beträgt die Schallgeschwindigkeit rund 340 m/s; die Luftdichte ändert sich auf einer Höhendifferenz von rd. 80 m um 1 %. Wenn die Strömungsgeschwindigkeiten kleiner als etwa 70 m/s und die Höhenerstreckung des Strömungsfeldes kleiner als etwa 100 m bleiben, kann man daher im allgemeinen eine Luftströmung wie die Strömung einer dichtebeständigen Flüssigkeit behandeln. Abschließend bemerken wir noch, daß die Dichteveränderlichkeit eines Gases in der Strömungslehre oft kurz aber unpräzis als seine "Kompressibilität" bezeichnet wird und daß man von kompressibler Strömung (eines Gases) und inkompressibler Strömung (einer dichtebeständigen Flüssigkeit) spricht. Genau genommen, bezeichnet Kompressibilität die Abhängigkeit der Dichte vom Druck.

2.   Hydrostatik

2.1.   Druck in einer ruhenden Flüssigkeit

Aus der im Kapitel 1 gegebenen Definition einer Flüssigkeit folgt, daß in einer ruhenden Flüssigkeit keine Schubspannungen auftreten. Die Kräfte, die von der umgebenden Flüssigkeit (oder von festen, die Flüssigkeit begrenzenden Wänden) auf die Oberfläche eines beliebig herausgegriffenen Flüssigkeitsvolumens (Fig. 4) ausgeübt werden, sind also an jeder Stelle normal zu dieser Oberfläche gerichtet. Damit können diese Kräfte nur Druck- oder Zugkräfte sein, je nachdem ob sie in das herausgegriffene Volumen hinein- oder aus ihm herausgerichtet sind. Wie anschließend erläutert wird, sind in einer Flüssigkeit nur Druckkräfte möglich (Fig. 4). Die Druckkraft auf ein einzelnes Flächenelement der Oberfläche wächst mit der Größe dieses Flächenelementes. Daher führt man zweckmäßig die Druckkraft pro Flächeneinheit ein, die man kurz "Druck" nennt. Der Druck ist im allgemeinen in verschiedenen Punkten der Oberfläche verschieden groß. Man definiert den Druck in einem Punkt P der Oberfläche als Grenzwert (ähnlich wie die Dichte, Kapitel 1): $p(P) = \lim\limits_{\Delta A \to 0} (\Delta F/\Delta A)$. Hierbei ist ΔF die Druckkraft auf das Flächenelement der Größe ΔA, das den Punkt P enthält und beim Grenzübergang auf diesen Punkt zusammenschrumpft.

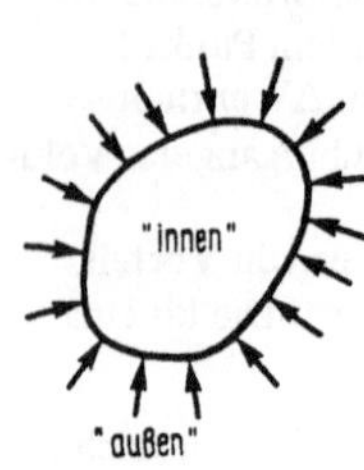

Fig. 4

Wir hatten behauptet, daß in einer Flüssigkeit keine Zugspannungen vorkommen können. Für ein Gas ist dies klar: Eine Gasmasse kann nur dann ein endliches Volumen einnehmen, wenn sie unter Druck steht. Aber auch bei tropfbaren Flüssigkeiten treten im allgemeinen keine Zugspannungen auf, weil eine Flüssigkeit verdampft, wenn an irgendeiner Stelle der Druck unter den Dampfdruck der Flüssigkeit sinkt. Allerdings setzt die Verdampfung nur dann ein, wenn "Verdampfungskerne" vorhanden sind. Dies können kleine Verunreinigungen der Flüssigkeit sein oder kleine Unregelmäßigkeiten an festen

Wänden, von denen die Flüssigkeit begrenzt wird. Vermeidet man sorgfältig alle Verdampfungskerne, so kann man in tropfbaren Flüssigkeiten auch Zugspannungen realisieren. Bei Vorgängen von technischer Bedeutung setzt jedoch Verdampfung ein, sobald der Dampfdruck in der Flüssigkeit unterschritten wird, weil immer Verdampfungskerne vorhanden sind. In der Flüssigkeit entstehen dann Dampfblasen; den Vorgang der Blasen- oder Hohlraumbildung nennt man "Kavitation". Obwohl wir in diesem Abschnitt ruhende Flüssigkeiten betrachten, sei im Vorgriff auf künftige Erörterungen folgendes bemerkt: Der Druck in einer strömenden Flüssigkeit ist - grob gesagt - dort am niedrigsten, wo die Strömungsgeschwindigkeit am größten ist (Bernoullische Gleichung, Abschn. 3.2), z.B. an der Oberfläche schnell umlaufender Schaufeln von hydraulischen Maschinen. Die dort einsetzende Kavitation ist fast immer unerwünscht, da die Dampfblasen wieder zusammenbrechen, wenn sie in Gebiete höheren Druckes abschwimmen. Beim Zusammenbrechen können die Blasen den Werkstoff einer angrenzenden festen Oberfläche mit der Zeit zerstören.

In einer ruhenden Flüssigkeit hängt der Druck in einem Punkt nicht von der Orientierung des Flächenelementes ab, auf das er wirkt [1]. Zum Beweis dieses wichtigen Satzes studieren wir die Gleichgewichtsbedingungen für ein prismenförmiges Flüssigkeitsvolumen (Fig. 5). An seiner Oberfläche greifen die Drücke p_y, p_z, p an. Außerdem greifen an jedem einzelnen Volumenelement im allgemeinen äußere Kräfte an, z.B. die Schwerkraft. So wirkt in einer Flüssigkeit konstanter Dichte auf ein Volumen der Größe ΔV die Schwerkraft $\rho\,g\,\Delta V$ (g = Schwerebeschleunigung, $\rho\,g$ = spezifisches Gewicht, $\rho\,g\,\Delta V$ = Gewicht des Volumens) vertikal nach unten. Pro Volumeneinheit der Flüssigkeit wirkt also in diesem Fall die Kraft $\rho\,g$. Die auf die Volumeneinheit bezogene Kraft nennen wir kurz "Volumenkraft", die auf ein Volumen beliebiger Größe wirkende Kraft soll "resultierende Volumenkraft" heißen. Wir lassen im folgenden den Charakter der Volumenkraft zunächst offen und führen den Volumenkraftvektor $\vec{f}$ mit den Komponenten f_x, f_y, f_z ein (f_x = die in x-Richtung wirkende Volumenkraftkomponente usw.)

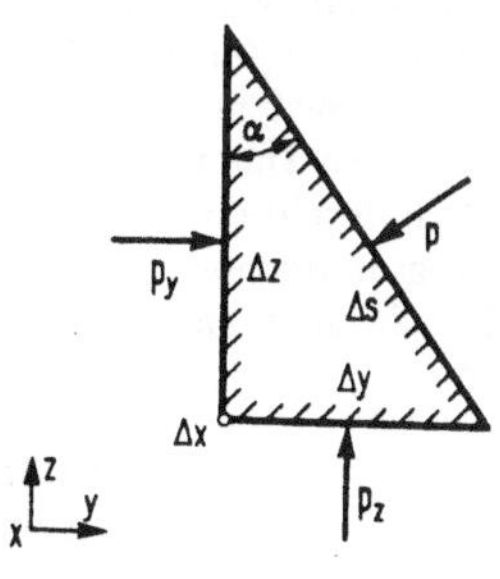

Fig. 5

Bei der Schwerkraft ist $f_x = f_y = 0$, $f_z = -\rho g$ (positive z-Richtung vertikal nach oben). Im allgemeinen wird die Volumenkraft vom Ort abhängig sein. Wir definieren den Volumenkraftvektor in einem Punkt P durch den Grenzwert $\vec{f}(P) = \lim\limits_{\Delta V \to 0} \Delta\vec{F}/\Delta V$; d.h.

$f_x = \lim\limits_{\Delta V \to 0} \Delta F_x/\Delta V$ usw.; ΔV ist der Inhalt eines Volumens, das sich beim Grenzübergang auf den Punkt P zusammenzieht, $\Delta\vec{F}$ die auf das Volumen wirkende resultierende Volumenkraft. Für die Schwerkraft erhält man hiermit in einer Flüssigkeit mit ortsveränderlicher Dichte ρ dasselbe Ergebnis ($f_x = f_y = 0$, $f_z = -\rho g$) wie für eine Flüssigkeit konstanter Dichte.

---

[1] Dieser Satz ist übrigens auch für eine "reibungsfrei" strömende Flüssigkeit richtig (vgl. 3.2).

Wenn man ein Volumen von "hinreichend kleinem" Inhalt ΔV herausgreift und dazu irgendeinen Punkt P im Inneren dieses Volumens, so gilt angenähert für die resultierende Volumenkraft

$$\Delta \vec{F} = \vec{f}(P) \cdot \Delta V \qquad (2.1)$$

Diese Relation gilt umso genauer, je kleiner ΔV ist; in der Grenze $\Delta V \to 0$ wird sie exakt. Man kann dies auch so interpretieren: Durch die Gleichung $\Delta \vec{F} = \vec{f} \cdot \Delta V$ ist eine über das Volumen gemittelte Volumenkraft $\vec{f}$ definiert. Diese gemittelte Volumenkraft stimmt umso besser mit dem Wert $\vec{f}(P)$ der Volumenkraft im Punkte P überein, je kleiner ΔV ist; für $\Delta V \to 0$ werden $\vec{f}$ und $\vec{f}(P)$ identisch. Natürlich kann es vorkommen, daß die gemittelte Volumenkraft zufällig mit der Volumenkraft $\vec{f}(P)$ im Punkte P übereinstimmt; doch trifft dies bei Wahl eines beliebigen Punktes P im Inneren des Volumens im allgemeinen nicht zu. Entsprechende Überlegungen kann man auch für die Druckkraft ΔF auf ein Flächenelement der Größe ΔA anstellen: Wenn P irgendein Punkt dieses Flächenelementes ist, gilt $\Delta F = p(P) \cdot \Delta A$ umso besser, je kleiner ΔA ist. – Diese Überlegungen sind wichtig, weil sie bei vielen "ingenieurmäßigen" Betrachtungen an "infinitesimalen" Volumen- oder Flächenelementen eine Rolle spielen. Hinter all diesen Betrachtungen stehen mathematische Grenzübergänge. Die Darstellung einer physikalisch-technischen Theorie würde viel zu kompliziert, wollte man die Grenzübergänge jeweils explizit durchführen. Man begnügt sich mit "ingenieurmäßigen" Betrachtungen, die keineswegs unpräzise sind, beim Ungeübten aber oft diesen Eindruck erwecken, weil er sich nicht über die Grenzübergänge im Klaren ist, die diesen Betrachtungen zugrunde liegen.

Ein Beispiel einer solchen Betrachtung ist das schon angekündigte Studium des Gleichgewichts eines Flüssigkeitsprismas (Fig. 5): Kräftegleichgewicht in y-Richtung:

$$p_y \Delta x \, \Delta z - p \Delta x \, \Delta s \cos \alpha + f_y \cdot \tfrac{1}{2} \Delta x \, \Delta y \Delta z = 0 \qquad (2.2)$$

Kräftegleichgewicht in z-Richtung:

$$p_z \Delta x \, \Delta y - p \Delta x \, \Delta s \sin \alpha + f_z \cdot \tfrac{1}{2} \Delta x \, \Delta y \Delta z = 0 \qquad (2.3)$$

(Δx ist die Breite des Prismas in x-Richtung).
Gl. (2.2) und Gl. (2.3) sind richtig, wenn man unter p, p_y, p_z, f_y, f_z Mittelwerte, wie oben erläutert, versteht. Beachtet man, daß $\Delta y = \Delta s \sin \alpha$ ist, so schließt man aus (2.2) und (2.3):

$$p_y = p - \tfrac{1}{2} f_y \Delta y \qquad (2.4)$$

$$p_z = p - \tfrac{1}{2} f_z \Delta z \qquad (2.5)$$

Läßt man jetzt das Prisma auf einen Punkt zusammenschrumpfen, so gehen die Mittelwerte in die Werte der betreffenden Größen in diesem Punkt über; außerdem gehen Δy und Δz gegen Null und man erhält:

$$\blacktriangleright \qquad\qquad p_y = p_z = p \qquad (2.6)$$

Kurz gesagt: Der Druck in einer ruhenden Flüssigkeit ist in allen Richtungen gleich.

Die nächste Aufgabe ist nun, den Druck an den verschiedenen Stellen in einer ruhenden Flüssigkeit zu berechnen, also den Druck als Funktion des Ortes zu bestimmen: p = p(x,y,z). Bevor wir diese Aufgabe allgemein anpacken (vgl. 2.3), betrachten wir im folgenden Abschnitt eine Flüssigkeit, auf die als einzige Volumenkraft die Schwerkraft wirkt.

2.2. Druckverteilung in einer schweren Flüssigkeit

Wir betrachten einen Flüssigkeitszylinder mit horizontaler Achse in einer ruhenden Flüssigkeit (Fig. 6). Da der Zylinder im Gleichgewicht ist, müssen die an den beiden achsensenkrechten Stirnflächen angreifenden Druckkräfte sich gegenseitig aufheben (die Druckkräfte am Zylindermantel und die Schwerkraft haben keine Komponenten in Achsenrichtung).

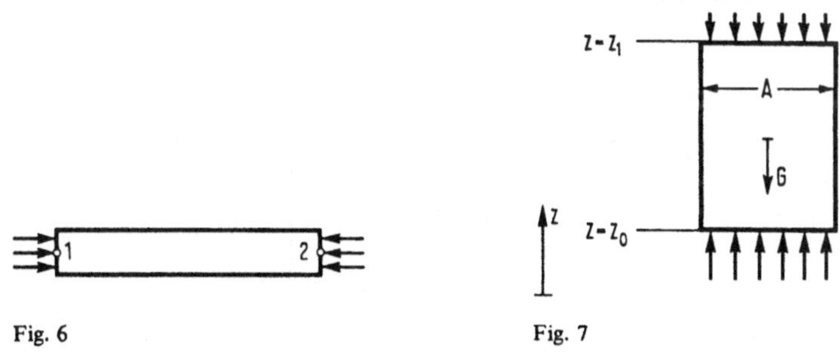

Fig. 6   Fig. 7

Da man den Zylinderquerschnitt beliebig klein wählen kann, bedeutet dies, daß der Druck in den Punkten 1 und 2 übereinstimmen muß. In Punkten gleicher Höhe herrscht also gleicher Druck, der Druck p kann nur von der Höhenkoordinate z abhängen: p = p(z). Aus dem Kräftegleichgewicht für den in Fig. 7 skizzierten Zylinder mit vertikaler Achse und einer Querschnittsfläche der Größe A ergibt sich (G = $\rho g A(z_1 - z_0)$ ist die resultierende Volumenkraft, also das Gewicht des Zylinders):

$$p(z_0)A - p(z_1)A = \rho g A(z_1 - z_0) \tag{2.7}$$

oder

$$p(z_1) + \rho g z_1 = p(z_0) + \rho g z_0 \tag{2.8}$$

Wir denken uns z_0 als festes Niveau und wählen unser Koordinatensystem so, daß $z_0 = 0$ wird. Schreiben wir noch kurz p_0 statt $p(z_0) = p(0)$, dann gilt für den Druck p(z) nach (2.8):

▶▶ $$p(z) = p_0 - \rho g z. \tag{2.9}$$

In einer schweren, dichtebeständigen Flüssigkeit sinkt der Druck also linear mit wachsender Höhe (oder wächst linear mit der Tiefe). Bei Flüssigkeiten mit freier Oberfläche ist es zweckmäßig, den Koordinatenursprung z = 0 dorthin zu legen, so daß dann p_0 der Druck an dieser freien Spiegeloberfläche ist.

Die folgenden Teilabschnitte behandeln einfache
Anwendungen von Gl. (2.9):

2.2.1. Kommunizierende Röhren (Fig. 8). Da der
Druck an den Flüssigkeitsspiegeln in beiden Schenkeln des Rohres gleich ist (nämlich gleich dem Atmosphärendruck p_0), müssen sich beide Spiegel auf
gleicher Höhe befinden, denn der Druck hängt nach
Gl. (2.9) eindeutig von der Höhe ab.

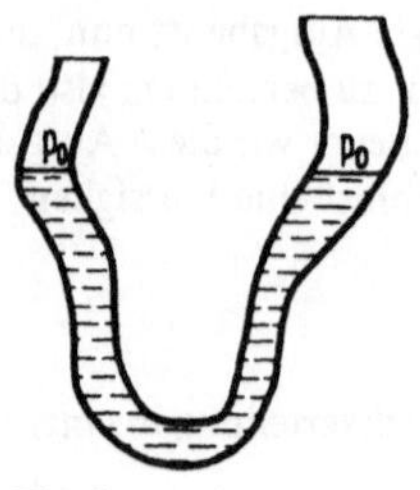

Fig. 8

2.2.2. Pascalsches Paradoxon (Fig. 9). Der Bodendruck ist in allen skizzierten Gefäßen
gleich. Bei gleicher Fläche der lose eingepaßten Bodendeckel ist also unabhängig vom
Gesamtgewicht der darüberstehenden Flüssigkeit die gleiche Kraft F zum Halten der
Deckel erforderlich.

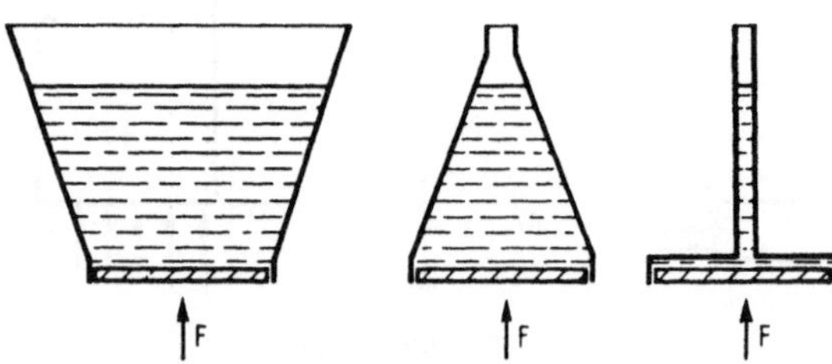

Fig. 9

2.2.3. Hydraulische Presse (Fig. 10). Hier gilt $p_1 = F_1/A_1$ und $p_2 = F_2/A_2$; nach (2.9)
ist andererseits $p_2 = p_1 - \rho g h$, also

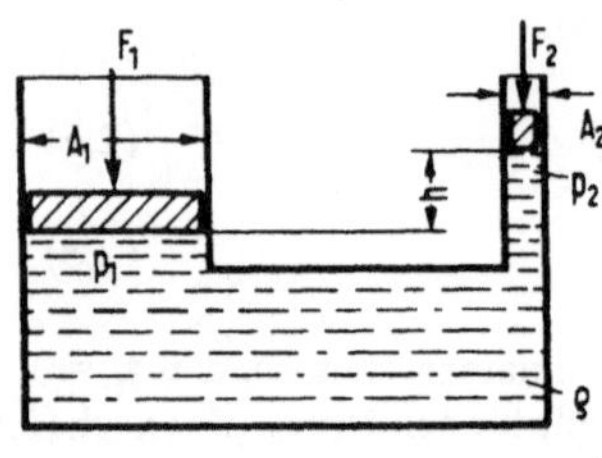

Fig. 10

$$\frac{F_2}{A_2} = \frac{F_1}{A_1} - \rho g h \qquad (2.10)$$

Bei praktischer Anwendung der hydraulischen Presse
ist fast stets $\rho g h \ll F_1/A_1$ und kann daher in (2.10)
vernachlässigt werden. Dann gilt $F_2/F_1 = A_2/A_1$.
Ist $A_2 \ll A_1$, so ist auch $F_2 \ll F_1$ und man kann mit
einer kleinen Kraft F_2 eine große Kraft F_1 "erzeugen".

2.2.4. Manometer. a) U - R o h r - M a n o m e t e r (Fig. 11). Dieses Manometer kann
man zur Messung des Gasdrucks p_G verwenden, der in einem Kessel in Höhe der Öffnung
0 herrscht. Es gilt $p_1 = p_G + \rho_G g h_1$ (ρ_G = Gasdichte). Hierbei betrachten wir das Gas als
dichtebeständige Flüssigkeit, was zulässig ist, wenn die Höhenunterschiede (hier h_1) im

Gas klein sind (vgl. 2.3.2, Formel (2.64)). Weiter ist $p_1 = p_0 + \rho_F g \Delta h$ (ρ_F = Dichte der Manometerflüssigkeit, p_0 = Atmosphärendruck am rechten Flüssigkeitsspiegel). Also gilt

$$p_G + \rho_G g h_1 = p_0 + \rho_F g \Delta h \tag{2.11}$$

oder

$$p_G = p_0 + \rho_F g \Delta h \left(1 - \frac{\rho_G h_1}{\rho_F \Delta h}\right) \tag{2.12}$$

Da fast immer $\rho_G \ll \rho_F$ ist und h_1 meistens nicht wesentlich größer als Δh ist, kann man das 2. Glied in der Klammer vernachlässigen[1] und erhält

$$\blacktriangleright \qquad p_G = p_0 + \rho_F g \Delta h \tag{2.13}$$

Mißt man Δh, kann man p_G nach (2.13) berechnen.

b) **P r a n d t l - M a n o m e t e r** (Fig. 12). An einen flüssigkeitsgefüllten zylindrischen Topf ist ein vertikales, zylindrisches Steigrohr angesetzt. Der Flüssigkeitsspiegel in dem gläsernen Steigrohr kann durch eine Lupe mit Fadenkreuz beobachtet werden. Die Lupe ist parallel zum Steigrohr verschiebbar angebracht, ihre Höhe h' kann an einer Teilung

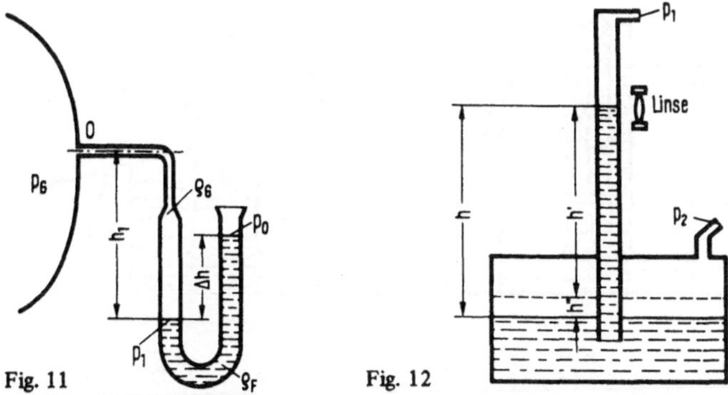

Fig. 11   Fig. 12

mit Nonius auf 1/10 mm abgelesen werden. Es sei: A' = Querschnitt des Steigrohrs, A'' = Querschnitt des Behälters abzüglich Steigrohrquerschnitt, ρ = Dichte der Manometerflüssigkeit; p_1 und p_2 sind Gasdrücke in den beiden Öffnungen des Manometers. Wegen der geringen Gasdichten vernachlässigen wir wieder Druckänderungen im Gas infolge von Höhenänderungen und erhalten:

$$p_2 = p_1 + \rho g h = p_1 + \rho g (h' + h'') \tag{2.14}$$

h' ist dabei die Höhe über dem Niveau, das der Flüssigkeitsspiegel im Behälter einnimmt, wenn kein Druckunterschied $p_2 - p_1$ vorhanden ist und die Flüssigkeit daher im Steig-

---

[1] Man kann sehr oft die in Gasen durch Höhenunterschiede erzeugten Druckunterschiede gegen die entsprechenden Druckunterschiede in Flüssigkeiten vernachlässigen. Vor allem ist es oft zulässig, den Atmosphärendruck konstant anzunehmen, was wir in vielen folgenden Beispielen tun werden.

rohr und im Behälter gleich hoch steht. Das Flüssigkeitsvolumen im Steigrohr oberhalb des Ausgangsniveaus ist ebenso groß wie das aus dem Behälter verdrängte Volumen:

$$A'h' = A''h'' \tag{2.15}$$

Eliminiert man mit Hilfe von (2.15) h'' aus (2.14), so erhält man

$$\blacktriangleright \qquad p_2 - p_1 = \rho g \left(1 + \frac{A'}{A''}\right) h' \tag{2.16}$$

Der Faktor $\rho g(1 + A'/A'')$ ist eine "Gerätekonstante".

c) B e t z - M a n o m e t e r (Fig. 13). Dieses Manometer ist eine Weiterentwicklung des Prandtl-Manometers; eine besondere Vorrichtung erleichtert das Ablesen (der Höhe h'): Auf dem Flüssigkeitsspiegel im Steigrohr ruht ein kleiner Schwimmer, an den eine durchsichtige Skala angehängt ist. Die Skala wird durch das Licht einer kleinen Lampe auf eine Mattscheibe projiziert. Die Skala ist so geteilt, daß man an einer Markierung auf der Mattscheibe unmittelbar die Druckdifferenz $p_2 - p_1$ ablesen kann.

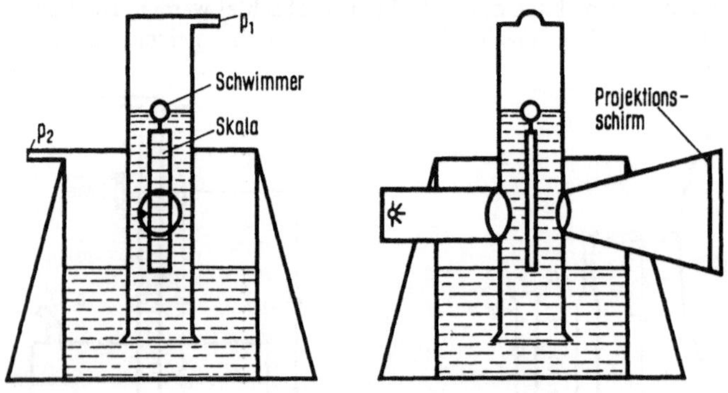

Fig. 13

d) M a n o m e t e r z u r M e s s u n g k l e i n e r D r u c k d i f f e r e n z e n (Fig. 14). In der skizzierten Anordnung sind zwei nicht mischbare Flüssigkeiten übereinandergeschichtet und durch den gut sichtbaren Meniskus M voneinander getrennt. Die Schichtung ist natürlich nur stabil, wenn $\rho_1 < \rho_2$ ist. Jeder der beiden zylindrischen Flüssigkeitsbehälter habe den Querschnitt A'', das Verbindungsrohr den Querschnitt A'. An der freien Oberfläche der Flüssigkeit 2 herrsche zunächst der Druck p_2. Der trennende Meniskus sei in diesem Fall an der Stelle M_0. Es gilt dann:

$$p_1 + \rho_1 g h_1 = p_2 + \rho_2 g h_2 \quad (= p(M_0)) \tag{2.17}$$

Nun werde der Druck p_2 um Δp erhöht. Dabei verschiebt sich der Meniskus um die Strecke Δs von M_0 nach M und die Flüssigkeitsspiegel in den Behältern verschieben sich um Δh. Aus dem linken Behälter strömt hierbei ein Volumen der Flüssigkeit 2 von der Größe $A''\Delta h$ aus. Ein gleichgroßes Volumen wird wegen der Inkompressibilität der Flüssigkeit rechts in das Steigrohr hineingeschoben:

$$A''\Delta h = A'\Delta s \tag{2.18}$$

Schließlich gilt noch

$$p_1 + \rho_1 g(h_1 + \Delta h - \Delta s) = p_2 + \tag{2.19}$$

$$\Delta p + \rho_2 g(h_2 - \Delta h - \Delta s) \; (= p(M))$$

Benutzt man (2.17), so erhält man hieraus

$$\blacktriangleright \quad \Delta s = \frac{\Delta p}{\rho_2 g} \cdot \frac{1}{1 - \frac{\rho_1}{\rho_2} + (1 + \frac{\rho_1}{\rho_2}) \cdot \frac{A'}{A''}} \tag{2.20}$$

In einem mit Flüssigkeit der Dichte ρ_2 gefüllten Prandtl-Manometer mit Querschnitten derselben Größe A' und A'' erzeugt nach Gl. (2.16) die Druckdifferenz Δp eine Verschiebung

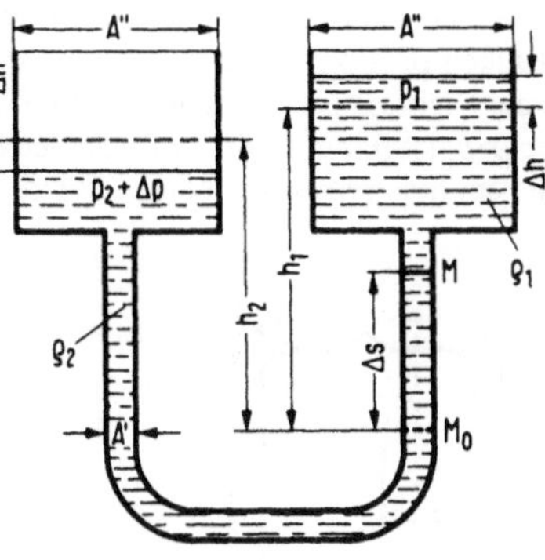

Fig. 14

$$\Delta s_p = \frac{\Delta p}{\rho_2 g} \cdot \frac{1}{1 + \frac{A'}{A''}} \tag{2.21}$$

des Meniskus. Also ist

$$\frac{\Delta s}{\Delta s_p} = \frac{1 + \frac{A'}{A''}}{1 - \frac{\rho_1}{\rho_2} + (1 + \frac{\rho_1}{\rho_2}) \frac{A'}{A''}} \tag{2.22}$$

Wenn $\rho_1 \approx \rho_2$ (Öl/Wasser) und $A'/A'' \ll 1$ gilt, ist der Nenner von (2.22) klein gegen 1, während der Zähler nur wenig von 1 verschieden ist. Die Anzeige des hier betrachteten Manometers ist also unter diesen Umständen sehr viel größer als die eines Prandtl-Manometers. Daher eignet es sich gut zur Messung kleiner Druckdifferenzen [1].

2.2.5. Hydraulischer Heber (Fig. 15). Die Flüssigkeit hat in den beiden Gefäßen verschiedene Spiegelhöhe. Die Gefäße sind, wie skizziert, durch eine flüssigkeitsgefüllte Leitung verbunden, die wir uns zunächst durch ein Ventil verschlossen denken. Für die Drücke links und rechts des Ventils gilt dann:

$$p_1 = p_0 - \rho g h_1 \; ; \; p_2 = p_0 - \rho g h_2 \tag{2.23}$$

Also ist $p_1 > p_2$ und bei Öffnen des Ventils wird der Druckunterschied die Flüssigkeit von links nach rechts (in Richtung vom höheren zum niedrigeren Druck) in Bewegung setzen; (vgl. auch 3.3.1).

2.2.6. Schornstein (Fig. 16). Da der Ofen ständig Frischluft zur Verbrennung benötigt, muß er für die Außenluft geöffnet sein. Deshalb herrscht in ihm derselbe Druck p_0 wie außen (von Druckverlusten beim Einströmen der Verbrennungsluft abgesehen). Die Dichte ρ_i der heißen Gase im Schornstein ist kleiner als die Dichte ρ_a der kalten Außenluft (beim Erhitzen dehnen sich Gase aus!). Denkt man sich den Schornstein zunächst

---

[1] Natürlich gibt es auch viele andere Geräte, die für diesen Zweck geeignet sind (z.B.: Schrägrohrmanometer).

oben verschlossen, so hat man im Schornstein am oberen Ende den Druck $p_i = p_0 - \rho_i\, g\, h$ und außen $p_a = p_0 - \rho_a\, g\, h$. Dabei ist angenommen, daß man Gl. (2.9) anwenden darf, d.h. daß die Dichteänderungen der Gase mit der Höhe noch vernachlässigt werden können. Wegen $\rho_a > \rho_i$ ist $p_i > p_a$. Entfernt man den Schornsteinverschluß, so strömt daher Gas in Richtung vom höheren zum niedrigeren Druck aus dem Schornstein aus.

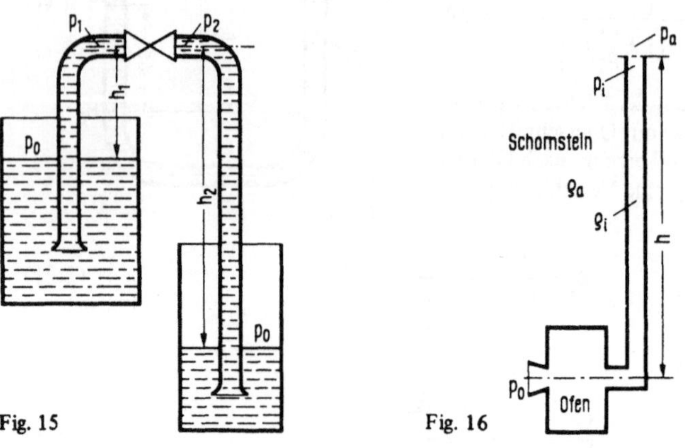

Fig. 15   Fig. 16

2.2.7. Flüssigkeitsdruck auf ebene Wände (Fig. 17). Aus der Wand eines mit Flüssigkeit gefüllten Behälters greifen wir ein ebenes Flächenstück der Größe A heraus und berechnen Betrag und Angriffspunkt der Druckkraft auf diese Fläche. Auf ein Flächenelement

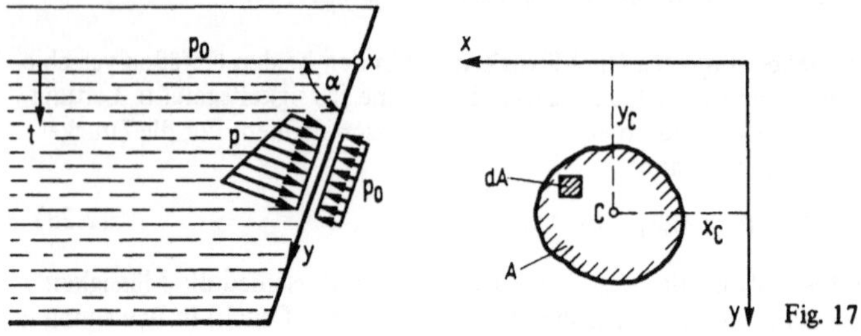

Fig. 17

der Größe dA in der Tiefe $t = y \sin \alpha$ unter der freien Oberfläche wirkt von der Flüssigkeit her der Druck $p(y) = p_0 + \rho g t = p_0 + \rho g y \sin \alpha$. Die resultierende Druckkraft ist daher

$$F = \int p\, dA = \int (p_0 + \rho g y \sin \alpha)\, dA \qquad (2.24)$$

wobei das Integral über die herausgegriffene Fläche zu erstrecken ist. Nun ist nach Definition

$$S_x = \int y\, dA \qquad (2.25)$$

das "statische Moment" der Fläche bezüglich der x-Achse (x-Achse = Schnittlinie des Wasserspiegels mit der Ebene, in der die Fläche liegt.) Bei Einführung des Flächenschwerpunkts C (Koordinaten x_c, y_c) gilt bekanntlich

▶ $$S_x = y_c \cdot A \tag{2.26}$$

Berücksichtigt man (2.25) und (2.26) und bedenkt, daß $\int p_0\, dA = p_0 A$ ist (weil p_0 konstant ist), so geht (2.24) über in

$$F = p_0 A + \rho g y_c \sin \alpha \cdot A \tag{2.27}$$

Der Kraftanteil $p_0 A$ rührt vom Außendruck p_0 (d.h. meistens dem Atmosphärendruck) her und interessiert oft nicht, da er auf der Rückseite der ebenen Fläche in gleicher Größe, aber entgegengesetzter Richtung wirkt (Fig. 17), so daß er nichts zur resultierenden Kraft auf der Fläche beiträgt. Der von der Flüssigkeit allein erzeugte Kraftanteil F_{fl} wird mit $t_c = y_c \sin \alpha =$ Tiefe des Flächenschwerpunktes unter dem Wasserspiegel demnach

▶▶ $$F_{fl} = \rho g t_c A \tag{2.28}$$

Da $p_c = p_0 + \rho g t_c$ ist, kann man (2.27) und (2.28) auch in der Form

$$F = p_c A \; ; \quad F_{fl} = (p_c - p_0)A = \rho g \sin \alpha \, S_x \tag{2.29}$$

schreiben; p_c ist der Druck im Schwerpunkt der Fläche.

Der Angriffspunkt D der von der Flüssigkeit allein ausgeübten Druckkraft F_{fl} ergibt sich daraus, daß die in diesem "Druckmittelpunkt" (Koordinaten x_D, y_D) angreifende Kraft F_{fl} bezüglich jeder Achse dasselbe Drehmoment ausüben muß, wie die über die Fläche verteilten Druckkräfte. Hieraus folgt zunächst (Fig. 18):

$$F_{fl}y_D = \int (p - p_0)y\,dA = \rho g \sin \alpha \int y^2 dA \tag{2.30}$$
$$= \rho g \sin \alpha \, I_x$$

Hierbei ist $I_x = \int y^2 dA$ das "Flächenträgheitsmoment" der herausgegriffenen Fläche bezüglich der x-Achse. Benutzt man (2.29) für F_{fl}, so ergibt sich aus (2.30)

▶▶ $$y_D = \frac{I_x}{S_x} \tag{2.31}$$

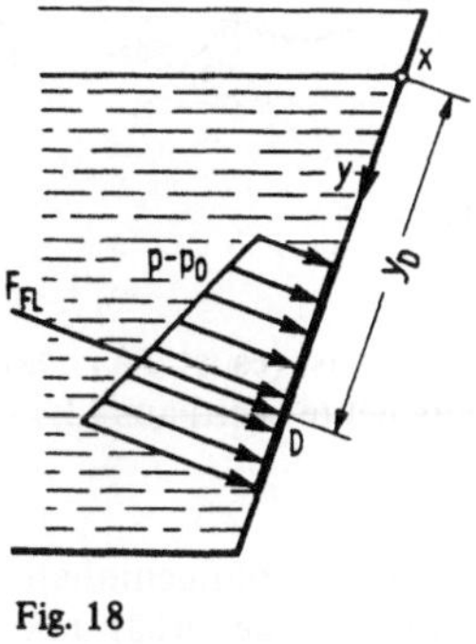

Fig. 18

Das Ergebnis (2.31) kann man noch mit Hilfe des "Steinerschen Satzes" umformen; nach diesem Satz ist $I_x = I_{xc} + y_c^2 A = (i_{xc}^2 + y_c^2)A$, mit $I_{xc} =$ Trägheitsmoment um eine durch den Flächenschwerpunkt C gehende, zur x-Achse parallele Achse; $i_{xc} = \sqrt{I_{xc}/A}$ nennt man auch "Trägheitsradius". Berücksichtigt man noch (2.26), so geht (2.31) über in

▶▶ $$y_D = y_c + \frac{i_{xc}^2}{y_c} \tag{2.32}$$

Da $y_c > 0$ gilt, ist somit $y_D > y_c$: der Druckmittelpunkt D liegt stets tiefer als der Flächenschwerpunkt C. – Zur Bestimmung der Koordinate x_D des Druckmittelpunktes setzt man die Momente der resultierenden Kraft F_{fl} und der flächenhaft verteilten Druckkräfte bezüglich der y-Achse gleich

$$F_{fl}x_D = \int(p - p_0)\, x\, dA = \rho g \sin\alpha \int xy\, dA = \rho g \sin\alpha\, I_{xy} \qquad (2.33)$$

Hierbei wird $I_{xy} = \int xy\, dA$ als "gemischtes Flächenmoment 2. Ordnung" oder "Flächendeviationsmoment" bezeichnet. Setzt man F_{fl} nach (2.28) ein, so erhält man

▶
$$x_D = \frac{I_{xy}}{S_x} \qquad (2.34)$$

Besitzt die belastete Fläche eine Symmetrieachse parallel zur y-Achse, so ist $I_{xy} = x_c y_c A = x_c S_x$. Dann wird $x_D = x_c$, d. h. der Druckmittelpunkt liegt auf dieser Symmetrieachse.

2.2.8. Auftrieb (Fig. 19). Beim Eintauchen eines beliebig geformten Körpers in eine Flüssigkeit stellt man eine scheinbare Gewichtsverminderung fest. Archimedes entdeckte, daß der Betrag, um den sich das Gewicht scheinbar vermindert, gleich ist dem Gewicht der verdrängten Flüssigkeitsmenge. Dies kann man beweisen, indem man zeigt, daß die Druckkräfte an der Oberfläche des Körpers eine Resultierende vertikal nach oben besitzen, deren Betrag dem Gewicht der verdrängten Flüssigkeit gleich ist: Hierzu denkt man sich den Körper in vertikale Elementarzylinder zerlegt, deren horizontale Querschnittsflächen die Größe dA haben. Diese Zylinder "stanzen" Flächenelemente der Größe dA_1 und dA_2 aus der Körperoberfläche aus. Auf diese Flächenelemente wirken die Druckkräfte $p_1\, dA_1$ und $p_2\, dA_2$, deren Resultierende in vertikaler Richtung nach oben durch

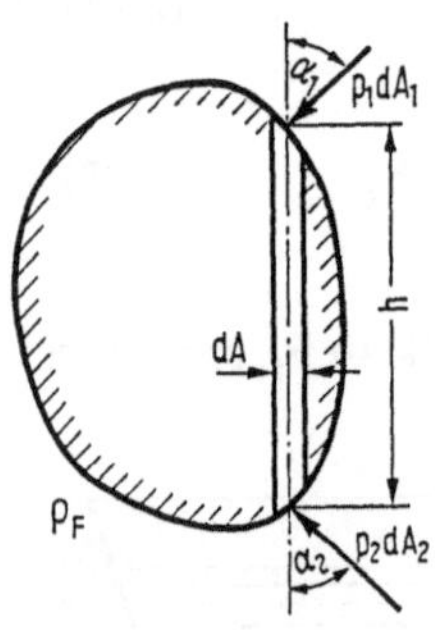

Fig. 19

$$dF_A = p_2 dA_2 \cos\alpha_2 - p_1 dA_1 \cos\alpha_1 \qquad (2.35)$$
$$= (p_2 - p_1)\, dA$$

gegeben ist (es ist $dA_2 \cos\alpha_2 = dA_1 \cos\alpha_1 = dA$). Mit $p_2 - p_1 = \rho g h$ (ρ_F = Flüssigkeitsdichte) wird aus (2.35):

$$dF_A = \rho_F g h\, dA = \rho_F g\, dV \qquad (2.36)$$

dV ist der Volumeninhalt des Elementarzylinders. Durch Integration über alle Elementarzylinder erhält man als resultierende Auftriebskraft

▶▶
$$F_A = \int \rho_F g\, dV = \rho_F g V \qquad (2.37)$$

V ist der Volumeninhalt des eingetauchten Körpers und $\rho_F g V$ ist somit das Gewicht der verdrängten Flüssigkeit. – Man überzeugt sich leicht davon, daß die an der Körperoberfläche angreifenden Druckkräfte keine Resultierende in horizontaler Richtung besitzen: Hierzu denkt man sich den Körper in horizontale Elementarzylinder zerlegt. Die Drücke in den beiden Endflächen eines solchen Zylinders sind gleich und die Druckkräfte auf die beiden Flächenelemente heben sich in horizontaler Richtung gegenseitig auf.

Diese Ergebnisse für den Auftrieb findet man übrigens auch auf folgende Weise: Man denkt sich den eingetauchten Körper vom Volumeninhalt V aus der Flüssigkeit entfernt und den von ihm ursprünglich eingenommenen Raum mit Flüssigkeit ausgefüllt. Diese Flüssigkeitsmenge bleibt sicher in Ruhe. Das heißt aber, daß die an ihrer Oberfläche angreifenden Druckkräfte dem vertikal nach unten gerichteten Gewicht $\rho_F g V$ der Flüssigkeitsmenge das Gleichgewicht halten (ρ_F = Dichte der Flüssigkeit). Die resultierende Druckkraft hat also den Betrag $\rho_F g V$ und ist vertikal nach oben gerichtet. Außerdem geht ihre Wirkungslinie durch den Schwerpunkt der Flüssigkeitsmenge. Die Wirkungslinie des Gewichtes der Flüssigkeit geht nämlich durch den Schwerpunkt, und Druckkraft und Gewicht können sich nur aufheben, wenn ihre Wirkungslinien durch denselben Punkt führen. Bedenkt man nun, daß die an der Oberfläche eines Volumens angreifenden Druckkräfte von der umgebenden Flüssigkeit ausgeübt werden und daher nicht davon abhängen, mit welchem Stoff das Volumen ausgefüllt ist, so erkennt man, daß $\rho_F g V$ die Auftriebskraft auf einen eingetauchten Körper vom Volumeninhalt V ist; zusätzlich ergibt sich, daß diese Auftriebskraft durch den ursprünglichen Schwerpunkt der verdrängten Flüssigkeitsmenge führt; (da die Flüssigkeitsdichte ρ_F konstant ist, ist dies übrigens der Volumenschwerpunkt des eingetauchten Körpers).

Es bleibt dem Leser als Übung überlassen, durch eine analoge Überlegung zu zeigen, daß auch für einen teilweise eingetauchten Körper der Auftrieb dem Gewicht der verdrängten Flüssigkeitsmenge gleich ist und durch den Schwerpunkt dieser Flüssigkeitsmenge führt. Daraus folgt übrigens, daß ein Körper dann an der Oberfläche einer Flüssigkeit schwimmt, wenn seine mittlere Dichte ρ_K kleiner als die Flüssigkeitsdichte ρ_F ist. Das Gewicht der verdrängten Flüssigkeit muß nämlich gleich dem Gewicht des schwimmenden Körpers sein. Da das verdrängte Volumen kleiner als das Körpervolumen ist, geht dies dann, wenn $\rho_F > \rho_K$ ist. Die Gleichgewichtslage eines an der Flüssigkeitsoberfläche schwimmenden Körpers kann stabil, labil oder, im Grenzfall, auch indifferent sein. Um über die Stabilität zu entscheiden, denkt man sich den schwimmenden Körper ein wenig aus seiner Gleichgewichtslage derart ausgelenkt, daß nach der Auslenkung der Schwerpunkt des Körpers und der Schwerpunkt der verdrängten Flüssigkeitsmenge nicht mehr auf derselben vertikalen Geraden liegen. Das Gewicht des Körpers mit seiner durch den Körperschwerpunkt gehenden Wirkungslinie und der Auftrieb auf den Körper mit seiner durch den Schwerpunkt der verdrängten Flüssigkeit gehenden Wirkungslinie erzeugen dann ein auf den Körper wirkendes Drehmoment. Wenn dieses Moment den Körper weiter aus der Ausgangslage herauszudrehen sucht, ist die Ausgangslage labil; notwendig für stabiles Gleichgewicht ist ein rückdrehendes Moment. Eine an der Flüssigkeitsoberfläche schwimmende homogene Kugel befindet sich im indifferenten Gleichgewicht: Wie man die Kugel auch auslenkt, die beiden erwähnten Schwerpunkte bleiben immer vertikal übereinander liegen.

2.2.9. Flüssigkeitsdruck auf gekrümmte Wände (Fig. 20). Man kann die Archimedische Auftriebsformel (2.37) in vielen Fällen auch dazu benutzen, die resultierende Druckkraft auf gekrümmte Wände zu ermitteln. Dies ist von Vorteil, da es oft erheblich einfacher ist, das Volumen eines Körpers zu bestimmen (und damit die Auftriebskraft) als die Druckkraft mehr oder weniger mühsam durch formale Integration des Druckverlaufs über die gekrümmte Fläche in jedem Einzelfall zu berechnen. – Als Beispiel betrachten wir die zylindrisch gekrümmte, an Flüssigkeit grenzende Wand 1-2 und berechnen die Druckkraft $\vec{F}$ mit den Komponenten F_x und F_z, die die Flüssigkeit auf diese Fläche ausübt (Fig. 20 links). Dazu denken wir uns einen zylindrischen "Störkörper" vom Querschnitt 1-2-3 (Achse senkrecht zur Zeichenebene). Trennt man diesen Körper aus seiner Umgebung heraus, läßt ihn jedoch in Flüssigkeit eingetaucht (Fig. 20 Mitte), so

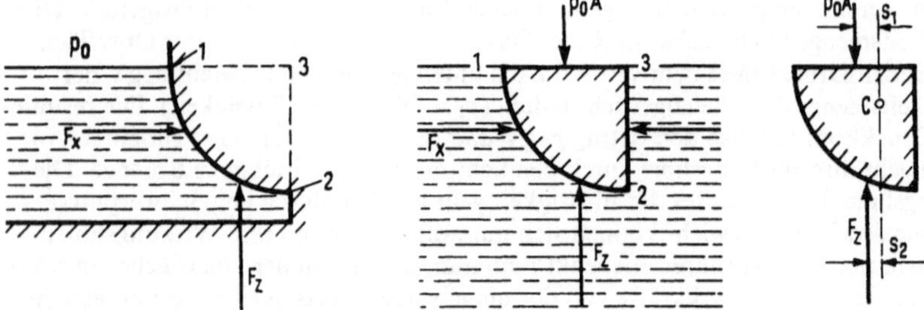

Fig. 20

müssen sich die an ihm angreifenden Kräfte im Gleichgewicht befinden, da der Körper in Ruhe bleiben soll. Die an dem Körper angreifende Auftriebskraft F_A ist die Differenz der von unten und oben einwirkenden Druckkräfte: $F_A = F_z - p_0 A$, wobei A der Inhalt der oberen horizontalen Schnittfläche 1-3 in Höhe der Spiegeloberfläche ist. Also ist

$$F_z = F_A + p_0 A \qquad (2.38)$$

Bei bekannter Lage des Schwerpunktes C der Querschnittsfläche 1-2-3 folgt die Wirkungslinie von F_z aus der Bedingung, daß das Moment der Auftriebskraft bezüglich C verschwindet. Dies ist der Fall, wenn $p_0 A s_1 = F_z s_2$ (Fig. 20 rechts), somit

$$s_2 = \frac{p_0 A}{F_z} \cdot s_1 \qquad (2.39)$$

Hierbei greift $p_0 A$ im Schwerpunkt der horizontalen Fläche 1-3 an, so daß der Abstand s_1 allein durch die Störkörpergeometrie bestimmt ist.

Die horizontale Druckkraftkomponente F_x erhält man aus der Bedingung, daß diese Kraft entgegengesetzt gleich ist der auf die vertikale Seitenfläche 2-3 wirkenden Kraft. Diesen einfachen, für die Berechnung von Druckkräften auf gekrümmte Flächen wichtigen Sachverhalt kann man auch so formulieren: Die horizontale Druckkraftkomponente auf die Fläche 1-2 stimmt überein mit der Druckkraft auf die horizontale Projektion 2-3 dieser gekrümmten Fläche in die Vertikalebene. Die Wirkungslinie dieser Kraft findet man, indem man sie in zwei horizontale Teilkräfte zerlegt denkt: In die allein auf den Flüssigkeitsdruck zurückgehende Kraft F_{fl}, die in Höhe des Druckmittelpunktes der vertikalen Seitenfläche 2-3 angreift (Abschn. 2.2.7) und in die Kraft $p_0 A_{23}$ (mit A_{23} = Inhalt der vertikalen Seitenfläche), die im Schwerpunkt von A_{23} angreift. Die Wirkungslinie der Resultierenden F_x dieser beiden Kräfte wird nach den einschlägigen Regeln der elementaren Statik bestimmt.

Diese Vorgehensweise soll noch auf den Fall verallgemeinert werden, daß die benetzte Fläche 1-2 keine zylindrische sondern beliebigere Gestalt hat; allerdings soll die in der Flüssigkeit befindliche Begrenzungskante 2 (in Fig. 20 ist dies eine Gerade senkrecht zur Zeichenebene) einer vertikalen Ebene, nämlich 2-3, angehören. Die Begrenzungskanten 1 und 2 des Störkörpers sind dann gekrümmte, jedoch ebene Linien, Kante 3 ist weiterhin eine Gerade senkrecht zur Zeichenebene.

Unter diesen Umständen bleibt Formel (2.38) unberührt, ferner gelten alle Aussagen betreffend die horizontale Druckkraftkomponente F_x unverändert weiter. Auch Gl. (2.39) kann weiterhin zur Berechnung des Abstandes s_2 in x-Richtung benutzt werden, wenn man mit C jetzt den Volumenschwerpunkt des Störkörpers 1-2-3 identifiziert. – Die Wirkungslinie von F_z hat im allgemeinen aber auch einen Abstand von der durch C führenden Vertikalen in der zur Zeichenebene senkrechten y-Richtung. Dieser Abstand kann formal gleichfalls mit Gl. (2.39) berechnet werden, nur bedeuten s_1 und s_2 dann die entsprechenden Abstände senkrecht zur Zeichenebene.

2.3. Zusammenhang zwischen Druckverteilung und Volumenkraft

Die Komponenten des Volumenkraftvektors $\vec{f}$ seien als Funktionen des Ortes vorgegeben: $f_x = f_x(x,y,z)$; $f_y = f_y(x,y,z)$; $f_z = f_z(x,y,z)$. Um den Zusammenhang zwischen der Volumenkraft und der Druckverteilung $p(x,y,z)$ in einer ruhenden Flüssigkeit zu finden, ermitteln wir zunächst die in x-Richtung auf einen infinitesimalen Flüssigkeitszylinder (Achslänge dx, Querschnittsfläche dA; Fig. 21) wirkende resultierende Druckkraft:

$$dF_x = p(x)\,dA - p(x + dx)\,dA \qquad (2.40)$$

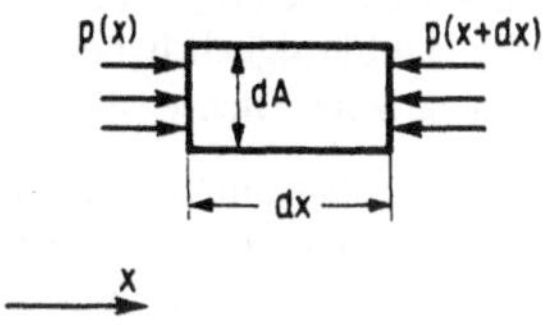

Nun ist aber $p(x + dx) = p(x) + (\partial p/\partial x)\,dx$. Mit dem Symbol $\partial/\partial x$ für die Ableitung nach x wird angedeutet, daß p nicht nur von x, sondern auch von y und z abhängen wird, die Differentiation also eine partielle Differentiation nach x bei festgehaltenem y und z ist. Man erhält hiermit aus (2.40):

Fig. 21

$$dF_x = -\frac{\partial p}{\partial x}\,dx\,dA = -\frac{\partial p}{\partial x}\,dV \qquad (2.41a)$$

mit $dV = dA \cdot dx = $ Volumeninhalt des Zylinders. — Völlig analog gewinnt man durch entsprechende Wahl infinitesimaler Flüssigkeitszylinder mit Achsen parallel zur y- bzw. z-Achse:

$$dF_y = -\frac{\partial p}{\partial y}\,dV \;;\quad dF_z = -\frac{\partial p}{\partial z}\,dV \qquad (2.41b)$$

In ruhender Flüssigkeit muß die resultierende Druckkraft auf die Oberfläche eines Volumenelementes mit der auf das Element wirkenden resultierenden Volumenkraft im Gleichgewicht sein. Es muß also $f_x\,dV - (\partial p/\partial x)\,dV = 0$ sein; ebenso $f_y\,dV - (\partial p/\partial y)\,dV = 0$ und $f_z\,dV - (\partial p/\partial z)\,dV = 0$; also

$$\blacktriangleright\blacktriangleright \qquad \frac{\partial p}{\partial x} = f_x \;;\quad \frac{\partial p}{\partial y} = f_y \;;\quad \frac{\partial p}{\partial z} = f_z \qquad (2.42)$$

Dies sind bei gegebener Volumenkraft f_x, f_y, f_z drei Gleichungen zur Bestimmung der Druckverteilung $p(x,y,z)$. Mit der bekannten Definition des Vektors "grad p" lassen sie sich in eine Vektorgleichung zusammenfassen:

$$\blacktriangleright\blacktriangleright \qquad \operatorname{grad} p = \vec{f} \qquad (2.43)$$

Die Gleichungen (2.42) lassen nicht für jede beliebige Volumenkraft eine Lösung $p(x,y,z)$ zu. Dies wird klar, wenn man bedenkt, daß $\partial^2 p/\partial x \partial y = \partial^2 p/\partial y \partial x$ sein muß (Gleichheit der gemischten partiellen Ableitungen). Nach (2.42) muß demnach gelten

$$\frac{\partial f_x}{\partial y} = \frac{\partial f_y}{\partial x}$$

und analog

$$\frac{\partial f_y}{\partial z} = \frac{\partial f_z}{\partial y}$$

$$(2.44)$$

sowie
$$\frac{\partial f_z}{\partial x} = \frac{\partial f_x}{\partial z} \tag{2.44}$$

Benutzt man die bekannte Definition des Vektors "rot $\vec{f}$", so kann man die Gleichungen (2.44) zu

▶
$$\text{rot } \vec{f} = 0 \tag{2.45}$$

zusammenfassen. Ein Volumenkraftfeld, das den Bedingungen (2.44) genügt, heißt "konservativ". Nur für ein konservatives Kraftfeld können die Gleichungen (2.42) eine Lösung für p besitzen. Dies bedeutet, daß nur unter Wirkung eines konservativen Kraftfeldes die Flüssigkeit überhaupt in Ruhe sein kann[1]. – Wir merken noch an, daß wir bei der Herleitung der Gleichungen (2.42) bis (2.45) an keiner Stelle die Voraussetzung benötigt haben, die Flüssigkeit habe konstante Dichte; diese Gleichungen gelten auch für Flüssigkeiten variabler Dichte (dies wird in 2.3.2 benutzt).

Nach einem bekannten Satz der Vektoranalysis hat ein konservatives Vektorfeld immer ein "Potential". Das heißt hier, daß eine skalare Funktion $\Omega(x,y,z)$ existiert, so daß $f_x = -\partial\Omega/\partial x$, $f_y = -\partial\Omega/\partial y$ und $f_z = -\partial\Omega/\partial z$ ist. Für eine Flüssigkeit konstanter Dichte ρ unter der Wirkung der Schwerkraft ist z.B. $\Omega = \rho g z$, denn durch Differentiation folgt $f_x = f_y = 0$, $f_z = -\rho g$. Wir nehmen an, das Potential Ω der Volumenkraft sei bekannt; dann kann man die Gleichungen (2.42) in folgender Form schreiben:

$$\frac{\partial p}{\partial x} = -\frac{\partial\Omega}{\partial x} \; ; \; \frac{\partial p}{\partial y} = -\frac{\partial\Omega}{\partial y} \; ; \; \frac{\partial p}{\partial z} = -\frac{\partial\Omega}{\partial z} \tag{2.46}$$

oder
$$\text{grad } p = -\text{grad } \Omega \tag{2.47}$$

Aus der ersten der Gleichungen (2.46) folgt $p = -\Omega + \varphi(y,z)$. Setzt man dies in die zweite Gleichung ein, so folgt $\partial\varphi/\partial y = 0$ und daher $\varphi = \varphi(z)$; Einsetzen in die dritte Gleichung ergibt $d\varphi/dz = 0$ und daher $\varphi = C = \text{const}$. Also erhält man für die Druckverteilung $p(x,y,z)$:

▶
$$p(x,y,z) = p_0 - \Omega(x,y,z) \tag{2.48}$$

Die Konstante C wurde in p_0 umbenannt, um anzudeuten, daß sie die Dimension eines Druckes hat. Gl. (2.48) ist der gesuchte Zusammenhang zwischen Druckverteilung und Volumenkraft, vorausgesetzt, das Potential Ω der Volumenkraft ist bekannt[2]. Für eine schwere Flüssigkeit konstanter Dichte ist $\Omega = \rho g z$ und hiermit geht (2.48) in die schon bekannte Formel (2.9) über.

2.3.1. Druck in einer rotierenden Flüssigkeit (Fig. 22). Eine Flüssigkeit konstanter Dichte ρ rotiere mit konstanter Winkelgeschwindigkeit ω um eine vertikale Achse. Für einen mitrotierenden Beobachter ist die Flüssigkeit in Ruhe; er beobachtet folgende Volumenkräfte: 1. die Schwerkraft vertikal nach unten, 2. die Zentrifugalkraft radial von der Drehachse nach außen. Der Betrag der Zentrifugalkraft für ein Volumenelement dV ist

---

[1] Konservativität des Volumenkraftfeldes ist also eine notwendige Bedingung für Ruhe der Flüssigkeit.

[2] Da der Druck seiner physikalischen Bedeutung nach eine eindeutige Funktion des Ortes ist, muß dies auch für das Potential Ω zutreffen. Die notwendige u n d hinreichende Bedingung dafür, daß die Flüssigkeit unter Wirkung eines Volumenkraftfeldes in Ruhe bleiben kann, ist daher die Existenz eines räumlich e i n d e u t i g e n Potentials für dieses Kraftfeld

$\rho dV\omega^2 r$. Hieraus erhält man als Volumenkraftkomponenten (Fig. 22):

$$f_x = \rho\omega^2 x \; ; \; f_y = \rho\omega^2 y \; ; \; f_z = -\rho g \qquad (2.49)$$

Diese Volumenkraft hat das Potential

$$\Omega = -\frac{1}{2}\rho\omega^2(x^2 + y^2) + \rho gz \qquad (2.50)$$

$$= -\frac{1}{2}\rho\omega^2 r^2 + \rho gz$$

(mit $r^2 = x^2 + y^2$), wie man durch Differenzieren und Vergleich mit (2.49) leicht bestätigen kann. Nach (2.48) erhält man somit als Druckverteilung:

$$\blacktriangleright\blacktriangleright \quad p = p_0 + \frac{1}{2}\rho\omega^2 r^2 - \rho gz \qquad (2.51)$$

In vertikaler Richtung nimmt der Druck wie in einer nichtrotierenden Flüssigkeit linear mit der Höhe z ab, in horizontaler Richtung nimmt er mit dem Quadrat der Entfernung von der Drehachse zu. Wählt man p_0 als Druck an der freien Oberfläche der Flüssigkeit, so gilt für die Oberfläche $p_0 = p_0 + \rho\omega^2 r^2/2 - \rho gz$, oder

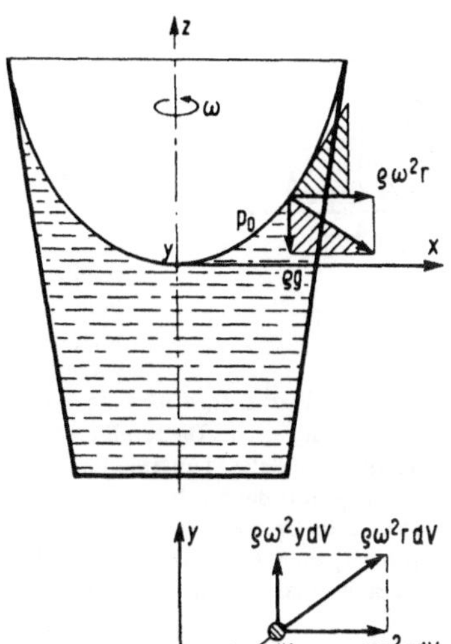

Fig. 22

$$\blacktriangleright \qquad z = \frac{\omega^2 r^2}{2g} \qquad (2.52)$$

Nach dieser Gleichung ist die freie Oberfläche ein Rotationsparaboloid. Die Flächen, auf denen der Druck einen konstanten Wert hat ("Isobaren"), sind dazu kongruente Rotationsparaboloide. Z.B. wird die Fläche $p = p_1$ nach Gl. (2.51) festgelegt durch

$$\blacktriangleright \qquad z = \frac{\omega^2 r^2}{2g} - \frac{p_1 - p_0}{\rho g} \qquad (2.53)$$

Man kann die Isobaren auch durch eine etwas andere Überlegung finden: Man denkt sich einen infinitesimalen Flüssigkeitszylinder, dessen Achse in einer Fläche p = const liegt. Offenbar wirkt auf dieses Volumenelement keine Druckkraft in Achsenrichtung; d.h. die resultierende Druckkraft steht senkrecht auf den Isobaren. Da ihr von der resultierenden Volumenkraft das Gleichgewicht gehalten wird, muß auch diese senkrecht zu den Isobaren gerichtet sein. (Wer sich in Vektoranalysis etwas auskennt, entnimmt dies sofort Gl. (2.43)). Die Anwendung dieser Erkenntnis auf die freie Oberfläche der rotierenden Flüssigkeit ergibt (aus der Ähnlichkeit der in Fig. 22 schraffierten Dreiecke):

$$\frac{dz}{dr} = \frac{\rho\omega^2 r}{\rho g} = \frac{\omega^2 r}{g} \qquad (2.54)$$

Hieraus folgt durch Integration mit der Anfangsbedingung z(0) = 0 Gl. (2.52).

Die Spiegelneigung in einem mit konstanter Beschleunigung a horizontal bewegten Gefäß (Fig. 23) ergibt sich in analoger Weise: Für einen mitbewegten Beobachter ist die Flüssigkeit in Ruhe; er beobachtet als Volumenkräfte die Schwerkraft ρg vertikal nach unten und die Volumenkraft ρa entgegen der Beschleunigungsrichtung ("Trägheitskraft" oder "d'Alembert-Kraft"). Also gilt

$$\blacktriangleright \qquad \tan \alpha = \frac{\rho a}{\rho g} = \frac{a}{g} \qquad (2.55)$$

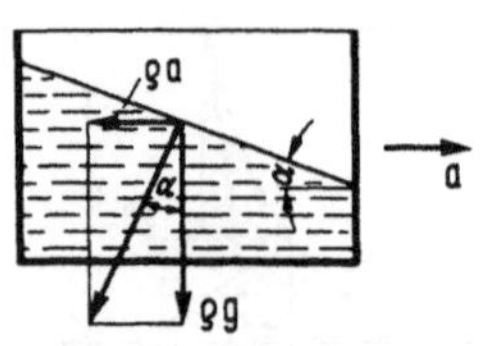

Fig. 23

Wir beschließen diesen Abschnitt mit einer Bemerkung über die resultierende Druckkraft, die von der rotierenden Flüssigkeit auf einen eingetauchten, mitrotierenden, festen Körper ausgeübt wird: Hierzu denken wir uns den festen Körper (vom Volumeninhalt V) entfernt und den von ihm ursprünglich eingenommenen Raum mit Flüssigkeit gefüllt. Diese Flüssigkeitsmenge bleibt im rotierenden System sicher in Ruhe. Die Resultierende der an der Oberfläche der Flüssigkeitsmenge angreifenden Druckkräfte hält also dem vertikal nach unten gerichteten Gewicht $\rho g V$ und der radial nach außen gerichteten Zentrifugalkraft $\rho V \omega^2 \, r_s$ (r_s = Abstand des Schwerpunkts der Flüssigkeitsmenge von der Drehachse) gerade das Gleichgewicht. Die resultierende Druckkraft hat demnach eine Komponente vom Betrag $\rho g V$ vertikal nach oben (Auftrieb) und eine Komponente vom Betrag $\rho V \omega^2 \, r_s$ radial nach innen. Die Wirkungslinie der resultierenden Druckkraft liegt in der durch den Schwerpunkt der Flüssigkeitsmenge und die Drehachse festgelegten Ebene. Wie in 2.2.8 für den Auftrieb, schließen wir, daß $\rho g V$ und $\rho V \omega^2 r_s$ auch die Komponenten der resultierenden Druckkraft auf einen eingetauchten festen Körper sind; (man beachte, daß ρ die Dichte der Flüssigkeit ist).

Hiermit kann man die Wirkungsweise einer Zentrifuge verstehen: Wenn die Dichte ρ_k eines eingetauchten festen Körpers größer ist als die Flüssigkeitsdichte ρ, ist die auf den Körper wirkende Zentrifugalkraft $\rho_k \, V \omega^2 \, r_s$ größer als die entgegenwirkende Druckkraftkomponente $\rho V \omega^2 \, r_s$, und der Körper wird nach außen geschleudert. Diesen Effekt kann man benutzen, um Feststoffpartikeln aus Flüssigkeiten auszuscheiden. Auf diesem Effekt beruht übrigens auch die Reinigung staubhaltiger Gase in "Zyklonabscheidern". Weil die Gasdichte aber sehr viel kleiner ist als die Dichte der Staubpartikel, ist dort die Druckkraft verglichen mit der Zentrifugalkraft auf die Staubteilchen vernachlässigbar klein.

2.3.2. Druckverteilung in der Atmosphäre. Zur Berechnung des Druckes in der Atmosphäre nehmen wir an, daß der feste Erdkörper und die ihn umgebende Atmosphäre kugelsymmetrisch sind; die Erdrotation vernachlässigen wir. Der Atmosphärendruck hängt

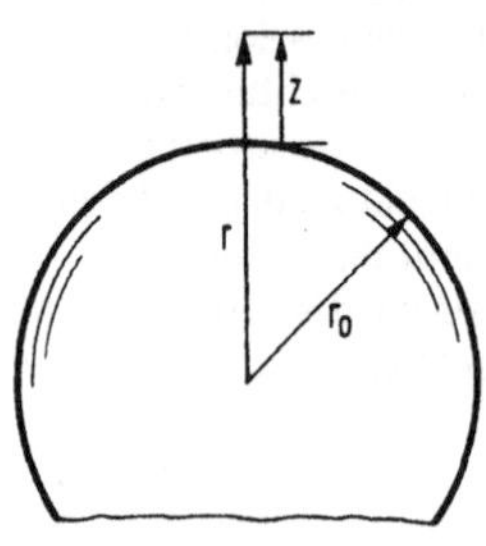

dann nur vom radialen Abstand r vom Erdmittelpunkt und somit nur von der Höhe $z = r - r_0$ (r_0 = Erdradius) von der Erdoberfläche ab (Fig. 24), und die Schwerebeschleunigung nimmt mit dem Quadrat der Entfernung vom Erdmittelpunkt ab: $g(r) = g_0 r_0^2/r^2$ (g_0 = Schwerebeschleunigung an der Erdoberfläche; für $r = r_0$ muß $g = g_0$ sein). Die Volumenkraft (Schwerkraft) ist $\rho g = \rho g_0 r_0^2/r^2$ in Richtung auf den Erdmittelpunkt, d.h.: $\vec{f} = -(\rho g_0 r_0^2/r^2)\vec{e}_r$, wo $\vec{e}_r$ der Einheitsvektor radial nach außen ist. Wegen $p = p(r)$ ist $\operatorname{grad} p = (dp/dr)\vec{e}_r$ und Gl. (2.43) ergibt

Fig. 24

$$\frac{dp}{dr} = -\frac{\rho g_0 r_0^2}{r^2} \qquad (2.56)$$

Um hieraus $p(r)$ berechnen zu können, müssen wir den Zusammenhang zwischen Druck p und Dichte ρ in der Atmosphäre kennen. Die "allgemeine Gasgleichung"

$$\blacktriangleright \qquad\qquad p = RT\rho \qquad\qquad\qquad (2.57)$$

verknüpft p, ρ und die absolute Temperatur T (R ist die spezifische Gaskonstante). Wäre in der Atmosphäre die Temperatur konstant, so wären nach (2.57) p und ρ einander proportional: $\rho = \rho_0 p/p_0$ (ρ_0 und p_0 seien die Werte von ρ und p an der Erdoberfläche; es ist $p_0/\rho_0 = RT_0$, wobei T_0 die konstante Atmosphärentemperatur bedeutet). Da die Atmosphärentemperatur nicht konstant ist, nehmen wir einen etwas allgemeineren Zusammenhang zwischen p und ρ in der Atmosphäre an, nämlich

$$\rho = \rho_0 \cdot \left(\frac{p}{p_0}\right)^n \qquad\qquad\qquad (2.58)$$

Man spricht dann von "polytroper" Atmosphäre und nennt n den "Polytropenexponenten" (n>0). In den unteren Atmosphärenschichten (bis ca. 12 km Höhe) gibt (2.58) mit n = 0,8 eine brauchbare Annäherung an die Wirklichkeit. Wenn 0<n<1 ist, nimmt die Temperatur mit wachsender Dichte zu, für n>1 nimmt sie mit wachsender Dichte ab. Einsetzen von ρ nach (2.58) in (2.56) liefert eine Differentialgleichung für p(r):

$$\frac{dp}{dr} = -\frac{\rho_0 g_0 r_0^2}{r^2}\left(\frac{p}{p_0}\right)^n \qquad\qquad\qquad (2.59)$$

die durch Trennen der Veränderlichen mit der Anfangsbedingung $p(r_0) = p_0$ gelöst werden kann; Ergebnis:

$$\blacktriangleright \qquad \frac{p}{p_0} = \left[1 - (1-n)\frac{\rho_0 g_0 r_0^2}{p_0}\left(\frac{1}{r_0} - \frac{1}{r}\right)\right]^{\frac{1}{1-n}} \qquad \text{für } n \neq 1 \qquad (2.60)$$

und

$$\blacktriangleright \qquad \frac{p}{p_0} = \exp\left[-\frac{\rho_0 g_0 r_0^2}{p_0}\left(\frac{1}{r_0} - \frac{1}{r}\right)\right] \quad \text{für } n = 1 \qquad (2.61)$$

(Man beachte, daß n = 1 der isothermen Atmosphäre $T = T_0$ = const entspricht). Im allgemeinen interessiert die Atmosphäre nur bis zu Höhen $z \ll r_0$. Dann kann man folgendermaßen vereinfachen:

$$\frac{1}{r_0} - \frac{1}{r} = \frac{1}{r_0} - \frac{1}{r_0(1 + z/r_0)} \approx \frac{1}{r_0}\left(1 - 1 + \frac{z}{r_0}\right) = \frac{z}{r_0^2} \qquad (2.62)$$

Mit der Abkürzung $H = p_0/\rho_0 g_0$ geht dann (2.60) über in

$$\blacktriangleright \qquad \frac{p}{p_0} \approx \left[1 - (1-n)\frac{z}{H}\right]^{\frac{1}{1-n}} \qquad\qquad (2.63)$$

Für die bekannten Werte $\rho_0 = 1{,}293$ kg/m^3, $p_0 = 1{,}013 \cdot 10^5$ kg/(s^{2}m), $g_0 = 9{,}81$ m/s^2 ist $H \approx 8.10^3$ m. Wenn nun $z \ll H$ ist, kann man (2.63) nach z/H entwickeln ("binomische Reihe") und nach dem zweiten Glied abbrechen:

$$p \approx p_0 - p_0 \cdot \frac{z}{H} = p_0 - \rho_0 g_0 z \qquad\qquad (2.64)$$

Man erhält dann dieselbe hydrostatische Druckverteilung wie in einer Flüssigkeit der konstanten Dichte ρ_0 (Gl. (2.9)), dort steht statt g_0 einfach g, weil wir die Veränderlichkeit von g mit der Höhe nicht berücksichtigt haben). Die Anwendung von Gl. (2.9) auf Gase ist damit unter der Bedingung $z \ll H$ gerechtfertigt. Das Ergebnis (2.64) ist unabhängig von n und folgt daher auch aus (2.61) wenn $z \ll H$ ist. Setzt man die Näherung (2.62) in (2.61) ein, so erhält man übrigens mit $p_0/\rho_0 = RT_0$:

$$\blacktriangleright \qquad \frac{p}{p_0} = \exp\left(- \frac{g_0}{RT_0} z\right) \qquad\qquad (2.65)$$

Dies ist die "barometrische Höhenformel" für die "isotherme" Atmosphäre $(T = T_0)$.

2.4. Oberflächenspannung

Bei verschiedenen Anwendungen der hydrostatischen (und auch der hydrodynamischen) Gesetze auf Flüssigkeiten mit freier Oberfläche muß man die Oberflächenspannung berücksichtigen. Die Oberflächenspannung macht sich vor allem dann bemerkbar, wenn räumliche Abmessungen der Flüssigkeitsmenge hinreichend klein sind, nämlich von der Größenordnung der weiter unten definierten „Kapillarlänge" oder kleiner. Beispiele sind Flüssigkeiten in dünnen Kapillarrohren, Tropfen u.a.m.

In der Oberflächenspannung äußert sich der Widerstand, den Flüssigkeiten einer Vergrößerung ihrer Oberfläche entgegensetzen. Etwas pauschal, aber anschaulich ausgedrückt wirkt die Oberflächenspannung so, als sei die Flüssigkeit von einer dünnen, gepannten Membran bedeckt. Wenn man die Oberfläche der Flüssigkeit vergrößert, also diese fiktive Membran dehnt, muß man gegen die Spannung in der Membran Arbeit leisten. Dies zeigt der folgende Versuch (Fig. 25): Ein rechtwinkliger Drahtbügel ist durch das verschiebbare Draht-

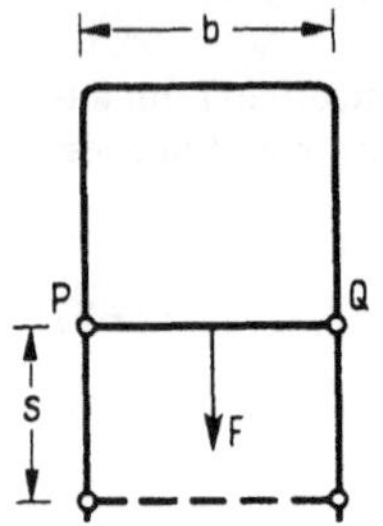

stück PQ zu einem Rechteck geschlossen. In diesem Rechteck ist ein Flüssigkeitsfilm, etwa ein Film aus Seifenlösung, eingespannt. Um den Draht PQ in Ruhe zu halten, ist eine Kraft F nötig. Versuche mit Bügeln verschiedener Breite b zeigen, daß F proportional zur Breite b ist:

$$F = 2\,\sigma\,b \qquad\qquad (2.66)$$

Fig. 25

Der Faktor 2 in dem Proportionalitätsfaktor 2σ berücksichtigt die Tatsache, daß der Flüssigkeitsfilm zwei freie Oberflächen hat, nämlich eine „Vorder"- und eine „Rückseite", eine einzelne Oberfläche liefert den Beitrag σb zur Kraft. Die Größe σ ist also die Kraft pro Längeneinheit des Randes der Oberfläche, d.h. des Randes der fiktiven Membran. Man nennt σ "Oberflächenspannung" oder "Kapillarkonstante". Der in Fig. 25 skizzierte Versuch zeigt, daß σ sich bei Vergrößerung oder Verkleinerung der Oberfläche nicht ändert und somit eine Konstante ist, die das in der Oberfläche aneinandergrenzende Stoffpaar kennzeichnet, also z.B. das Stoffpaar Seifenlösung/Luft. Eine reale Membran, etwa eine Gummihaut, verhält sich in dieser Hinsicht anders: die Spannung in einer solchen Membran ist nicht konstant, sondern wächst mit zunehmender Dehnung. Verschiebt man das Drahtstück PQ um die Strecke s, so leistet man die Arbeit $W = Fs = \sigma \cdot 2\,bs = \sigma \cdot 2A$. Hierbei ist $2A$ die Fläche, um die sich beide Oberflächen des Flüssigkeitsfilms insgesamt vergrößern. Die geleistete Arbeit W wird als Oberflächenenergie in den beiden Flüssigkeitsoberflächen gespeichert. Daher kann man σ auch als Oberflächenenergie pro Flächeneinheit deuten.

Wir betrachten nun eine ruhende Flüssigkeit, die eine konvexe, kreiszylindrisch gekrümmte freie Oberfläche vom Radius R und von der Länge b (senkrecht zur Zeichenebene in Fig. 26) besitzt. Der Druck in der Flüssigkeit sei p_1, der Druck außerhalb p_2; der Einfluß der Schwerkraft wird zunächst vernachlässigt, d.h. p_1 hat überall in der Flüssigkeit denselben Wert. Es wird sich zeigen, daß $p_1 \neq p_2$ ist und daß somit ein Drucksprung an der freien Oberfläche der Flüssigkeit auftritt. Um dies einzusehen, betrachten wir das Gleichgewicht der in einem Halbzylinder enthaltenen Flüssigkeitsmenge. An diesem Gleichgewicht ändert sich nichts, wenn sowohl p_1 als auch p_2 um denselben Betrag vergrößert oder verkleinert werden, d.h. wenn sich das Druckniveau überall um einen konstanten Betrag verschiebt. Wir können uns deshalb das Druckniveau um den Betrag p_2 gesenkt denken, so daß auf der ebenen Unterseite der herausgegriffenen Flüssigkeitsmenge der Druck $p_1 - p_2$ und auf der gekrümmten Oberseite der Druck null wirkt. Dies ergibt eine resultierende Kraft der Größe $(p_1 - p_2) \cdot 2Rb$ nach oben, denn $2Rb$ ist der Flächeninhalt der Unterseite. Nun wirkt

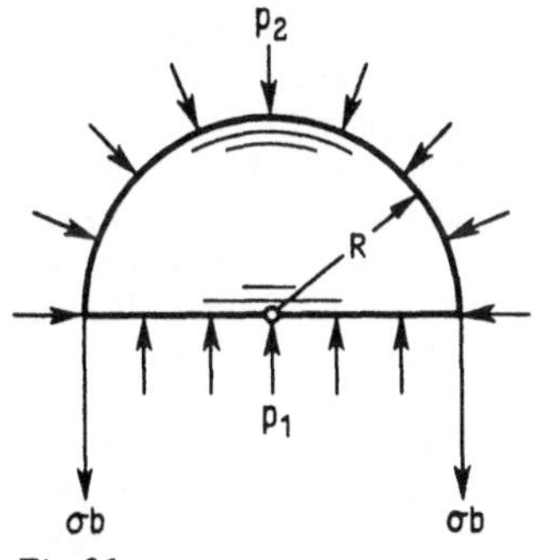

Fig. 26

aber längs der beiden Ränder der Länge b in der fiktiven Oberflächenmembran die Oberflächenspannung, die in jedem Rand die Kraft σb, insgesamt also die Kraft $2\sigma b$ nach unten erzeugt. Die beiden Kräfte müssen sich im Gleichgewicht aufheben: $(p_1 - p_2) \cdot 2Rb = 2\sigma b$. Hieraus folgt

$$\blacktriangleright \qquad p_1 - p_2 = \frac{\sigma}{R} \qquad \text{(zylindrische Oberfläche)} \qquad (2.67)$$

Diese Überlegung läßt sich leicht auf eine kugelförmig gekrümmte Oberfläche vom Radius R übertragen; Fig. 26 ist auch für diesen Fall verwendbar. Der auf die ebene Unterseite der Halbkugel wirkende Druck erzeugt jetzt die Kraft $(p_1 - p_2) \cdot \pi R^2$. Die Oberflächenspannnung wirkt längs des Randes der Länge $2\pi R$. Die Gleichgewichtsbedingung ist: $(p_1 - p_2) \cdot \pi R^2 = \sigma \cdot 2\pi R$; hieraus ergibt sich:

$$\blacktriangleright \qquad p_1 - p_2 = 2\,\frac{\sigma}{R} \qquad \text{(kugelförmige Oberfläche)} \qquad (2.68)$$

Diese Formeln zeigen, daß an einer gekrümmten Flüssigkeitsoberfläche der Druck springt. Je nachdem die Oberfläche zylindrisch oder kugelförmig gekrümmt ist, wird dieser Drucksprung durch (2.67) oder (2.68) quantitativ gegeben. Dabei ist zu beachten, daß p_1 den Druck auf der konkaven, p_2 den Druck auf der konvexen Seite der Oberfläche bedeutet. Der Druck ist demnach auf der konkaven Seite stets größer als auf der konvexen. Die Ergebnisse für zylinder- und kugelförmig gekrümmte Oberflächen sind Sonderfälle der "Laplaceschen Formel" für den Drucksprung an beliebig gekrümmten Flüssigkeitsoberflächen:

$$\blacktriangleright\blacktriangleright \qquad p_1 - p_2 = \sigma \left(\frac{1}{R_1} + \frac{1}{R_2} \right) \qquad\qquad (2.69)$$

R_1 und R_2 sind die sog. Hauptkrümmungsradien der Oberfläche. Bei einer zylindrisch gekrümmten Fläche ist $R_1 = R$, $R_2 = \infty$, bei einer sphärisch gekrümmten Fläche ist $R_1 = R_2 = R$. Gl. (2.69) reduziert sich in diesen beiden Fällen auf (2.67) bzw. (2.68). Bei einer ebenen Oberfläche ist $R_1 = R_2 = \infty$, und der Drucksprung verschwindet: $p_1 = p_2$.

Man kann nun das Aufsteigen einer Flüssigkeit in einem dünnen Kapillarrohr vom Radius r verstehen (Fig. 27). Der Druck unmittelbar unter der ebenen Oberfläche im Punkt A stimmt mit dem Atmosphärendruck p_0 überein. Der Punkt B unmittelbar unter der gekrümmten Oberfläche im Kapillarrohr liegt um die Steighöhe h über A. Deshalb hat der Druck in B nach Gl. (2.9) den Wert $p_0 - \rho g h$. Unmittelbar oberhalb der gekrümmten Oberfläche, im Punkt B', herrscht Atmosphärendruck p_0. Der Drucksprung $\rho g h$ an der Oberfläche kann nur durch die Oberflächenspannung aufrechterhalten werden. Um diese Tatsache zur Berechnung der Steighöhe ausnutzen zu können, muß man erstens beachten, daß die Flüssigkeitsoberfläche unter einem "Grenzwinkel" ϑ auf die Wand des Kapillarrohres trifft (Fig. 27). Dieser Grenzwinkel hängt von den Werten der Oberflächenspannung der drei auf der Rohrwand aufeinandertreffenden Grenzflächen Flüssigkeit/Luft (dies ist die mit σ bezeichnete Oberflächenspannung), Flüssigkeit/Wand und Luft/Wand in einfacher Weise ab. Wir gehen auf diese Abhängigkeit nicht näher ein[1]) und nehmen den Grenzwinkel als bekannt an; zunächst wollen wir voraussetzen, es sei $0 \leqslant \vartheta < 90°$, wie in Fig. 27 angenommen. Zweitens ist zu bedenken, daß in einem hinreichend dünnen Kapillarrohr die Flüssigkeitsoberfläche mit genügender Genauigkeit die Form einer Kugelkalotte annimmt; der Kugelradius ist dann durch $R = r/\cos \vartheta$ gegeben

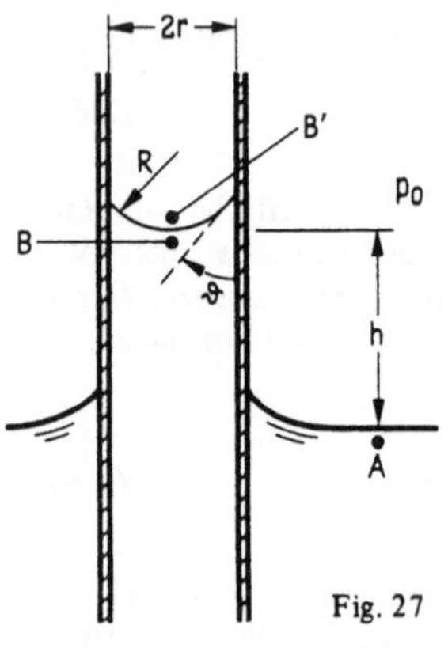

Fig. 27

(vgl. Fig. 27). Der Druck in der Flüssigkeit, d.h. hier auf der konvexen Seite der Oberfläche, ist daher nach (2.68) um den Drucksprung $2\sigma/R = 2\sigma \cdot \cos \vartheta/r$ kleiner als der Atmosphärendruck außerhalb. Gleichsetzen dieses Drucksprungs mit dem oben berechneten Drucksprung $\rho g h$ ergibt für die Steighöhe:

$$\blacktriangleright \qquad h = \frac{2\sigma \cos \vartheta}{\rho g r} = 2 \frac{\lambda^2}{r} \cos \vartheta \qquad\qquad (2.70)$$

Hierbei wurde die Abkürzung λ durch folgende Definition eingeführt:

$$\blacktriangleright \qquad \lambda = \sqrt{\frac{\sigma}{\rho g}} \qquad\qquad (2.71)$$

---

[1]) Bezeichnet man die Oberflächenspannungen für diese Grenzflächen in der angegebenen Reihenfolge mit σ_{FL} ($= \sigma$), σ_{FW} und σ_{LW}, so gilt $\cos \vartheta = (\sigma_{LW} - \sigma_{FW})/\sigma_{FL}$.

λ hat die Dimension einer Länge; es ist die „Kapillarlänge", die beispielsweise für die Oberfläche Wasser/Luft 0.27 cm beträgt (dies entspricht $\sigma = 0{,}072$ N/m). Bei kleinen Rohrradien r können nach (2.70) beachtliche Steighöhen erreicht werden. Dies erklärt die Saugwirkung feinporöser Materialien. Es sei hier angemerkt, daß die Voraussetzung, die Flüssigkeitsoberfläche im Kapillarrohr habe Kugelkalottenform, und damit die Voraussetzung für die Gültigkeit von (2.70) umso besser erfüllt ist, je kleiner der Rohrradius r gegen die Kapillarlänge λ ist.

In manchen Fällen benetzt die Flüssigkeit die feste Wand vollkommen. Dann ist $\vartheta = 0$, $\cos\vartheta = 1$. Dies trifft z.B. für Alkohol in einer Glaskapillaren zu. Bei nicht benetzender Flüssigkeit kann ϑ Werte über $90°$ annehmen. Wie eine einfache Überlegung zeigt, gilt Gl. (2.70) auch in diesem Fall. Man erkennt, daß dann wegen $\cos\vartheta < 0$ die Flüssigkeit im Kapillarrohr nicht aufsteigt, sondern absinkt. Dies ist bei Quecksilber in einer Glaskapillaren der Fall. Bei Wasser in einem Glasrohr hängt der Grenzwinkel ϑ stark von Verunreinigungen der Glasoberfläche ab, so daß man sowohl Aufsteigen als auch Absinken beobachten kann.

Wenn der Rohrradius $r \gg \lambda$ ist, spricht man nicht mehr von einem "Kapillarrohr". Der Flüssigkeitsspiegel ist in einem solchen Rohr über den größten Teil des Rohrquerschnitts eben und wird nur in Wandnähe deformiert. Die Form der Oberfläche in Wandnähe läßt sich wie folgt berechnen: Die Wand kann mit hinreichender Genauigkeit als eben und die Oberfläche daher als zylindrisch gekrümmt angesehen werden (Fig. 28); die Oberfläche sei durch $y = y(x)$ gegeben. Wegen der hydrostatischen

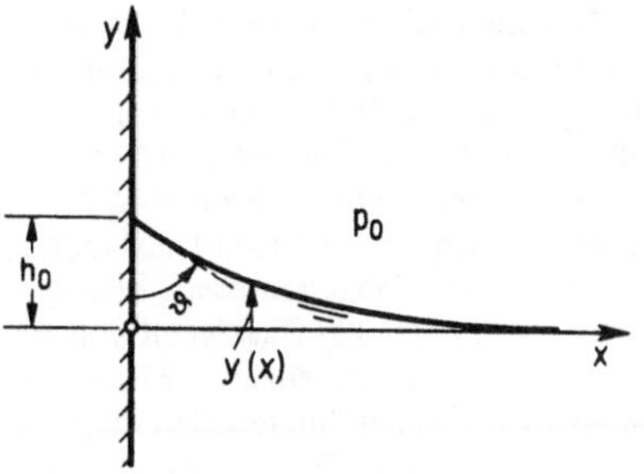

Fig. 28

Druckverteilung in der Flüssigkeit liegt der Druck unmittelbar unter der Oberfläche an der Stelle x um $\rho g y(x)$ unter dem Atmosphärendruck p_0. Diese Druckabsenkung muß dem Drucksprung aufgrund der Oberflächenspannung gleich sein; dies ergibt:

$$\rho g y(x) = \sigma/R \tag{2.72}$$

Da y von x abhängt, muß nach dieser Gleichung auch der Krümmungsradius R der Oberfläche von x abhängen. Nach einem bekannten Resultat der Analysis ergibt sich der Krümmungsradius R(x) aus y(x) nach der Formel $R(x) = \sqrt{1 + y'^2}^{\,3}/y''$. Damit geht (2.72) in die folgende Differentialgleichung für y(x) über:

$$\rho g y = \sigma y'' / \sqrt{1 + y'^2}^{\,3} \tag{2.73}$$

Um diese Differentialgleichung elementar lösen zu können, vereinfachen wir sie durch die Annahme, daß der Grenzwinkel ϑ nicht zu sehr von $90°$ abweicht. Die Oberfläche wird dann nur wenig gegen die Horizontale geneigt sein, so daß $y'^2 \ll 1$ gilt und $1 + y'^2 \approx 1$ gesetzt werden kann. Unter Beachtung der Definition (2.71) für λ geht (2.73) unter diesen Umständen über in

$$y'' = y/\lambda^2 \qquad (2.74)$$

Die Lösung dieser Gleichung, die an der Stelle $x = 0$ die Bedingung $y'(0) = -\cot\vartheta$ erfüllt und für $x \to \infty$ den Grenzwert $y = 0$ liefert (vgl. Fig. 28) ist

$$\blacktriangleright \qquad y = \lambda \cot\vartheta \cdot \exp(-x/\lambda) \qquad (2.75)$$

Hiernach steigt die Flüssigkeit an der Wand ($x = 0$) um $h_0 = \lambda \cot\vartheta$ an; wenn $\vartheta > 90°$ ist, sinkt die Flüssigkeit wegen $\cot\vartheta < 0$ an der Wand ab. Die Erhebung des Flüssigkeitsspiegels klingt mit wachsender Entfernung x von der Wand exponentiell ab; die Abklinglänge stimmt mit der Kapillarlänge λ überein. Man darf allerdings nicht vergessen, daß (2.75) nur für Grenzwinkel in der Nähe von 90°, d.h. für $|\cot\vartheta| \ll 1$ gilt. Doch ist auch für Grenzwinkel, die diese Bedingung nicht erfüllen, die Abklinglänge weiterhin von der Größenordnung λ; allerdings ist h_0 dann nicht mehr proportional zu $\cot\vartheta$.

3.   Bernoullische Gleichung

3.1.   Kinematische Grundbegriffe

3.1.1. Bahn- und Stromlinien. Im folgenden wird der Begriff "Flüssigkeitsteilchen" benutzt. Zu seiner Erläuterung definieren wir zunächst den Begriff "abgeschlossene Flüssigkeitsmenge": Wir denken uns durch eine geschlossene Fläche in der Flüssigkeit ein Volumen abgegrenzt. Durch die begrenzende Fläche soll weder Flüssigkeit in das Volumen ein- noch aus ihm ausströmen, die Fläche soll also in der Flüssigkeit mitschwimmen. Unter diesen Umständen nennt man die von ihr eingeschlossene Flüssigkeitsmenge eine "abgeschlossene Flüssigkeitsmenge". (Man verwendet oft auch die Bezeichnung "materielles Flüssigkeitsvolumen".) Denkt man sich die eine abgeschlossene Flüssigkeitsmenge begrenzende Fläche auf einen Punkt zusammengezogen, so schrumpft die Menge auf einen "materiellen Punkt". Unter einem "Flüssigkeitsteilchen" wollen wir eine abgeschlossene Flüssigkeitsmenge sehr kleiner Ausdehnung verstehen. Je kleiner ein Flüssigkeitsteilchen ist, desto näher kommt es einem materiellen Punkt. Daher benutzt man die Bezeichnung Flüssigkeitsteilchen oft auch dann, wenn eigentlich ein materieller Punkt gemeint ist. In diesem Sinne spricht man etwa von der Geschwindigkeit oder der Beschleunigung eines Flüssigkeitsteilchens, obwohl Geschwindigkeit und Beschleunigung Größen sind, die nur für ein punktförmiges Gebilde exakt definiert werden können (die verschiedenen Punkte eines ausgedehnten Körpers, etwa einer abgeschlossenen Flüssigkeitsmenge haben ja im allgemeinen verschiedene Geschwindigkeiten, wenn auch die Unterschiede umso kleiner sind, je kleiner die Abmessungen des Körpers sind). Wir werden, dem etwas laxen aber üblichen Brauch folgend, immer von Flüssigkeitsteilchen sprechen, notieren aber, daß z.B. in diesem Abschnitt unter den Flüssigkeitsteilchen streng genommen materielle Punkte zu verstehen sind. Ein einzelnes Flüssigkeitsteilchen kann man in einer ausgedehnten Masse einer tropfbaren Flüssigkeit sichtbar machen und auf seinem Weg verfolgen, indem man ein kleines Flüssigkeitsvolumen durch Zugabe von Farbstoff anfärbt. Je kleiner das angefärbte Flüssigkeitsteilchen ist, desto besser wird durch die Anfärbung ein einzelner materieller Punkt der Flüssigkeit markiert.

Die Bewegung einer Flüssigkeit beschreibt man, indem man das "Geschwindigkeitsfeld" $\vec{v}(x,y,z,t)$ angibt. Der Vektor $\vec{v}(x,y,z,t)$ mit den Komponenten $u(x,y,z,t)$, $v(x,y,z,t)$ und $w(x,y,z,t)$ in x-, y- und z-Richtung gibt die Geschwindigkeit des Flüssigkeitsteilchens an, das sich zur Zeit t am Ort x, y, z befindet. Die Richtung von $\vec{v}$ ordnet jedem Punkt des Raumes eine bestimmte Richtung zu (Fig. 29). Da $\vec{v}$ im allgemeinen von der Zeit t abhängt, ändern sich auch diese Richtungen mit der Zeit. Wir betrachten nun für einen festen Zeitpunkt t das durch $\vec{v}$ gegebene Richtungsfeld (Fig. 29). Die Integralkurven dieses Richtungsfeldes, d. h. die Kurven, deren Tangentenrichtungen überall mit der Richtung von $\vec{v}$ übereinstimmen, nennt man "Stromlinien". Die Form der Stromlinien ändert sich im allgemeinen mit der Zeit. Wenn $\vec{v}$ nicht von t abhängt, also wenn $\vec{v} = \vec{v}(x, y, z)$ gilt, sind die durch $\vec{v}$ definierten Richtungen und damit auch die Stromlinien zeitunabhängig[1]. Sind auch alle anderen Strömungsgrößen, z. B. Druck und Dichte von der Zeit unabhängig, nennt man die Strömung "stationär", sonst "instationär".

Fig. 29

Von den Stromlinien sind die "Bahnlinien" zu unterscheiden. Dies sind die Bahnen, die von den individuellen Flüssigkeitsteilchen im Laufe der Zeit beschrieben werden. Eine Bahnlinie hängt daher nicht von der Zeit ab, sondern nur von dem Flüssigkeitsteilchen, dem sie zugeordnet ist. Man kann eine Bahnlinie dadurch sichtbar machen, daß man ein Flüssigkeitsteilchen markiert. (In tropfbaren Flüssigkeiten ist dies durch Anfärben eines kleinen Flüssigkeitsvolumens einigermaßen zu realisieren.) Photographiert man das Strömungsgebiet, in dem sich das markierte Teilchen bewegt, mit langer Belichtungszeit, so wird die Teilchenbahn abgebildet. Ganz ähnlich erhält man eine anschauliche Vorstellung von den Stromlinien, wenn man sehr viele Teilchen markiert und mit kurzer Belichtungszeit photographiert. Auf dem Bild sieht man dann eine Reihe von kurzen Strichen, deren Richtung die Geschwindigkeitsrichtung zum Zeitpunkt der Aufnahme wiedergibt. Dem Auge fällt es leicht, in dieses Richtungsfeld die Stromlinien hineinzusehen.

Bei stationärer Strömung fallen Strom- und Bahnlinien zusammen[2]: ein Teilchen entfernt sich nie von der Stromlinie, auf der es sich einmal befindet. Andernfalls müßte sich nämlich das Teilchen quer zur den Stromlinien bewegen. Dann würde aber seine Geschwindigkeitsrichtung nicht mit der Stromlinienrichtung übereinstimmen, was der Definition der Stromlinien widerspricht. Für instationäre Strömungen kann man nur folgendes sagen: Die Bahnlinie eines Teilchens tangiert jeweils (d.h. zu allen Zeiten t) die durch den Teilchenort gehende Stromlinie (Fig. 30). Die Geschwindigkeit des Teilchens ist nämlich immer tangential zur Bahn gerichtet und, nach Definition der Stromlinie, auch tangential zur Stromlinie.

---

[1] Dies ist hinreichend, aber nicht notwendig für Zeitunabhängigkeit der Stromlinien. Auch bei manchen Strömungen, bei denen $\vec{v}$ von t abhängt, ändern sich die Stromlinien nicht mit der Zeit. Das ist beispielsweise der Fall, wenn die Strömungsrichtung durch eine feste Wand, etwa eine Rohrleitung, erzwungen wird, die Strömung in dieser Leitung aber zeitlich veränderlich ist.

[2] Auch bei manchen instationären Strömungen ist dies der Fall.

Den Unterschied zwischen Bahn- und Stromlinie veranschaulicht Fig. 31: Eine Platte
wird senkrecht zu ihrer Ebene durch eine Flüssigkeit geschleppt, die in weiter Entfernung von der Platte in Ruhe ist. In der Figur ist ein Flüssigkeitsteilchen herausgegriffen,

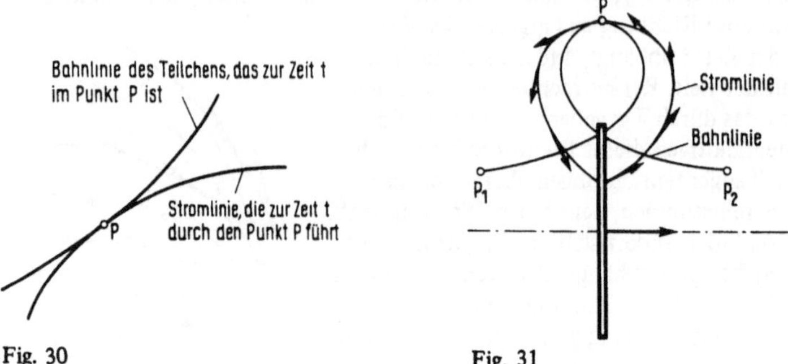

Fig. 30   Fig. 31

das sich im Zeitpunkt der Betrachtung an der Stelle P befindet. Die qualitative Form
seiner Bahnlinie ergibt sich daraus, daß das Teilchen bei Annäherung der Platte zunächst
aus seiner Ausgangslage P_1 nach rechts in Bewegung gesetzt wird und gleichzeitig der
Platte nach oben ausweicht. Ist die Platte an dem Teilchen vorbeigewandert, bewegt
sich dieses wieder nach unten und gleichzeitig hinter der Platte her nach vorn in seine
Endlage P_2. Die in Fig. 31 eingezeichnete Stromlinie ergibt sich aus dem skizzierten
Richtungsfeld. – Die Strömung wird stationär für einen Beobachter, der sich mit der
Platte bewegt. Strom- und Bahnlinien fallen dann zusammen, wie in Fig. 32 skizziert[1].

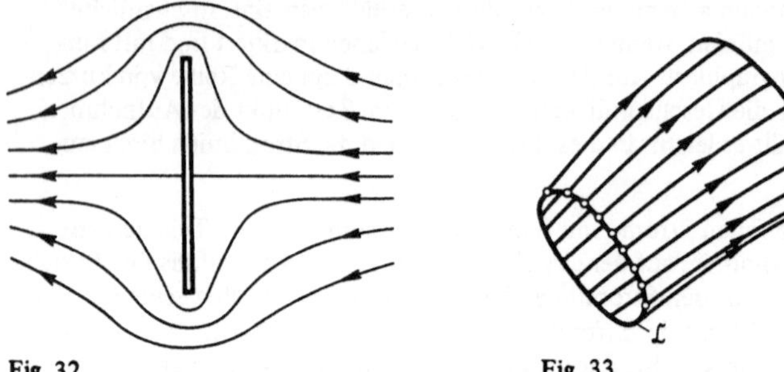

Fig. 32   Fig. 33

Strömungen zeichnen sich oft durch gewisse Symmetrien aus, derart, daß der Geschwindigkeitsvektor $\vec{v}$ von weniger als drei Raumkoordinaten abhängt und daß eine oder mehrere seiner Komponenten – bei geeigneter Wahl des Koordinatensystems – verschwinden.
Bei ''ebener Strömung`` sind z. B. nur die u- und v-Komponente von Null verschieden
und diese hängen (außer von t) nur von x und y ab: $u = u(x, y, t)$; $v = v(x, y, t)$; $w = 0$.

---

[1] Allerdings ist die Strömung in Fig. 31 und Fig. 32 idealisiert: In Wirklichkeit bildet sich hinter der
Platte ein Wirbelgebiet aus, vgl. Fig. 120.

Die Strom- und Bahnlinien sind Kurven in den Ebenen z = const. Die Kurven einer
Ebene $z = z_1$ sind denjenigen einer anderen Ebene $z = z_2$ kongruent und gehen durch
Verschiebung in z-Richtung auseinander hervor.

3.1.2. Kontinuitätsgleichung. Sämtliche durch die Punkte einer geschlossenen Kurve $\mathfrak{C}$
gehenden Stromlinien bilden den Mantel einer "Stromröhre" (Fig. 33). Wir setzen im
folgenden voraus, die Strömung sei stationär. In stationärer Strömung sind die durch
raumfeste Kurven $\mathfrak{C}$ erzeugten Stromröhren raumfest; durch den Mantel einer solchen
Röhre fließt keine Flüssigkeit hindurch. Die feste Wand einer Rohrleitung ist somit eine
spezielle Stromröhre für die Strömung durch diese Rohrleitung. Wir betrachten nun eine
Stromröhre oder eine Rohrleitung, die an den Stellen 1 und 2 zylindrisch ist (Fig. 34).
Der Flächeninhalt des Rohrquerschnittes an diesen Stellen sei A_1 und A_2, die Geschwindigkeit sei U_1 und U_2, die Dichte ρ_1 und ρ_2. Geschwindigkeit und Dichte seien jeweils
über den ganzen Stromröhrenquerschnitt konstant. Die abgeschlossene Flüssigkeitsmenge,
die sich zur Zeit t zwischen den Querschnitten 1 und 2 befindet, nimmt zur Zeit t + dt
den Raum zwischen den Querschnitten 1' und 2' ein. Diese Querschnitte sind um die
Strecken U_1 dt und U_2 dt gegen die Querschnitte 1 und 2 verschoben. Die Masse der abgeschlossenen Flüssigkeitsmenge ändert sich nicht; außerdem hat bei stationärer Strömung die Masse der Flüssigkeit zwischen den Querschnitten 1' und 2 zur Zeit t + dt
denselben Wert wie zur Zeit t. Deshalb muß die Masse $\rho_1 A_1 U_1$ dt im Raum zwischen
1 und 1', der im Zeitintervall dt von der abgeschlossenen Flüssigkeitsmenge geräumt
wird, ebenso groß sein wie die Masse
$\rho_2 A_2 U_2$ dt im Raum zwischen 2 und
2', der in diesem Zeitintervall neu besetzt wird. D.h.: $\rho_1 A_1 U_1$ dt =
$\rho_2 A_2 U_2$ dt, oder:

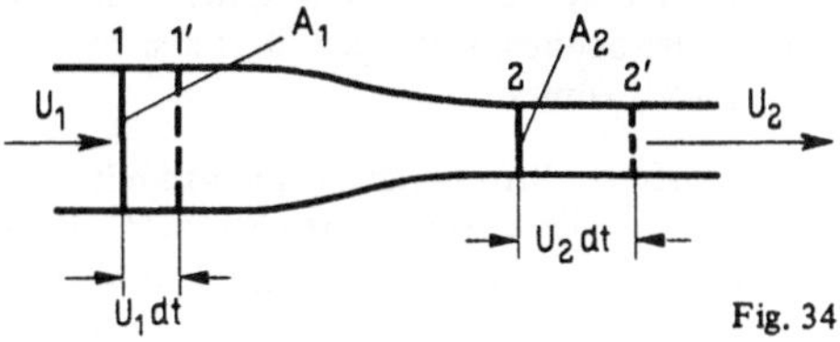

▶▶ $$\rho_1 A_1 U_1 = \rho_2 A_2 U_2 \qquad (3.1)$$

Fig. 34

Bei dichtebeständiger Flüssigkeit ist $\rho_1 = \rho_2$ und (3.1) vereinfacht sich zu

▶▶ $$A_1 U_1 = A_2 U_2 \qquad (3.2)$$

Man kann diese "Kontinuitätsgleichungen" (3.1) und (3.2) auch folgendermaßen
interpretieren: Durch den ortsfesten Querschnitt 2 fließt im Zeitintervall dt die Flüssigkeitsmenge, die den Raum zwischen 2 und 2' besetzt, d.h. es fließt während dt die
Masse $\rho_2 A_2 U_2$ dt durch diesen Querschnitt. Pro Zeiteinheit fließt durch den Querschnitt also die Masse $\rho_2 A_2 U_2$ und damit das Flüssigkeitsvolumen $A_2 U_2$. Man bezeichnet die pro Zeiteinheit durch einen raumfesten Querschnitt fließende Masse als
Massenstrom $\dot{m}$ und das durch den Querschnitt fließende Volumen als Volumenstrom $\dot{V}$:

▶▶ $$\dot{V} = AU; \quad \dot{m} = \rho\dot{V} = \rho AU \qquad (3.3)$$

Die Kontinuitätsgleichung (3.1) besagt, daß der Massenstrom im Querschnitt 1 gleich
dem Massenstrom im Querschnitt 2 ist; (3.2) besagt, daß bei dichtebeständiger Flüssigkeit auch der Volumenstrom im Querschnitt 1 gleich dem Volumenstrom im Querschnitt
2 ist. Bei dichtebeständiger Flüssigkeit gilt (3.2) übrigens auch dann, wenn die Strömung
instationär, die Stromröhre aber weiterhin raumfest ist; dieser Fall liegt bei einer Rohrleitung vor, die mit zeitlich veränderlicher Geschwindigkeit durchströmt wird. Abschlie-

ßend sei bemerkt, daß die Kontinuitätsgleichungen auch für beliebige (nicht zylindrische) Stromröhren gelten, bei denen ρ und U über den Stromröhrenquerschnitt nicht konstant

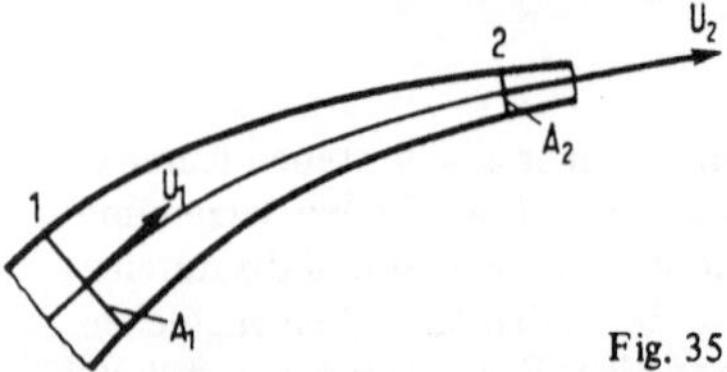

sind (Fig. 35). Man muß dann unter A den Inhalt des Stromröhrenquerschnitts senkrecht zu einer aus der Röhre herausgegriffenen Stromlinie verstehen, und unter ρ und U geeignete Mittelwerte dieser Größen über den Querschnitt.

Fig. 35

Die folgenden Kapitel sind auf die Strömung dichtebeständiger Flüssigkeiten (ρ = const) beschränkt; erst in Kapitel 9 werden auch Gase mit veränderlicher Dichte betrachtet.

3.2. Bernoullische Gleichung für stationäre Strömung

In einer strömenden Flüssigkeit treten außer dem Druck im allgemeinen auch Schubspannungen auf (vgl. Kap. 1). Dies ist immer dann der Fall, wenn sich die Flüssigkeit bei der Bewegung "deformiert", d. h. wenn sie sich nicht wie ein starrer Körper als Ganzes bewegt (z. B. rotiert). Man kann diese Schubspannungen aber oft gegenüber dem Druck vernachlässigen. Dann spricht man von "reibungsfreier Strömung"; das Auftreten der Schubspannungen führt man auf die "innere Reibung" oder "Zähigkeit" der Flüssigkeit zurück.

Bei reibungsfreien Strömungen kann man mit den Schubspannungen eine Erscheinung vernachlässigen, die in einer realen Strömung immer auftritt: das Haften der Flüssigkeit an festen Wänden. Bei einer reibungsfreien Strömung darf man daher annehmen, daß die Flüssigkeit an festen Wänden tangential mit endlicher Geschwindigkeit entlangströmt. In Wirklichkeit sinkt allerdings die Geschwindigkeit nahe einer ruhenden Wand in einer "Grenzschicht" auf null ab (Fig. 36). Man kann deshalb die Bedingung dafür, daß eine Strömung als reibungsfrei betrachtet werden darf, meistens auch so formulieren: Die Grenzschichten an festen Wänden müssen so dünn bleiben, daß ihre Dicke gegen die übrigen Abmessungen des Strömungsfeldes vernachlässigt werden kann; die Grenzschichten bleiben im allgemeinen dann dünn, wenn eine bestimmte, den

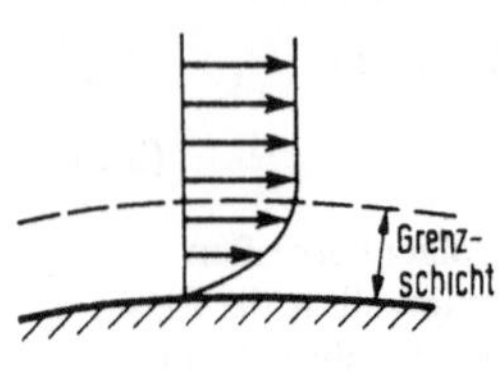

Fig. 36

Strömungsvorgang charakterisierende dimensionslose Zahl, die sog. "Reynoldszahl", groß ist. (Näheres hierüber in 8.1.)

Im folgenden setzen wir reibungsfreie Strömung voraus[1]; außerdem nehmen wir zunächst (3.2 bis 3.5) an, die Strömung sei stationär. In reibungsfreier Strömung sind die einzigen auf ein Flüssigkeitsteilchen wirkenden Kräfte Druckkräfte und Volumenkräfte,

---

[1]Quantitativ wird die innere Reibung erst von Kapitel 6 ab betrachtet, obwohl vorher schon an verschiedenen Stellen die innere Reibung als Ursache gewisser Strömungserscheinungen erwähnt wird (vgl. 4.2.2 und 5.2).

wie sie schon in der Hydrostatik (Kapitel 2) betrachtet wurden. In einer ruhenden, schweren Flüssigkeit gilt nach Gl. (2.9) für die Drücke in zwei Punkten mit den Höhen z_1 und z_2:

$$p_2 + \rho g z_2 = p_1 + \rho g z_1 \tag{3.4}$$

Betrachtet man in einer strömenden Flüssigkeit, auf die keine Volumenkräfte wirken, zwei Punkte 1 und 2 auf einer Stromlinie, so kann man folgendes feststellen: Wenn der Druck von 1 nach 2 abnimmt und damit $p_2 < p_1$ gilt, dann ist die auf ein Flüssigkeitsteilchen in Stromlinienrichtung wirkende Druckkraftkomponente von 1 nach 2 gerichtet (vgl. etwa Gl. (2.41a)). Das Teilchen wird daher in der Richtung von 1 nach 2 beschleunigt, und es ist $U_2 > U_1$. Bei sinkendem Druck steigt also die Geschwindigkeit; die umgekehrte Aussage ist auch richtig. Dieser qualitative Zusammenhang zwischen Druck und Geschwindigkeit auf einer Stromlinie wird quantitativ durch die Gleichung

$$p_2 + \frac{\rho}{2} U_2{}^2 = p_1 + \frac{\rho}{2} U_1{}^2 \tag{3.5}$$

gegeben, wie weiter unten bewiesen wird. Wirkt nun als Volumenkraft die Schwerkraft auf die Flüssigkeit, dann ändert sich der Druck längs einer Stromlinie erstens infolge der Höhenänderung und zweitens infolge der Geschwindigkeitsänderung. Es gilt in diesem Falle die "Bernoullische Gleichung" (Gl. (3.4) und (3.5) sind Spezialfälle hiervon):

$$\blacktriangleright\blacktriangleright \qquad p_2 + \frac{\rho}{2} U_2{}^2 + \rho g z_2 = p_1 + \frac{\rho}{2} U_1{}^2 + \rho g z_1 \tag{3.6}$$

Nimmt man den Punkt 2 als variablen Punkt auf der Stromlinie und den Punkt 1 als festen Bezugspunkt, so kann man (unter Weglassen des Index "2") die Bernoullische Gleichung (3.6) auch in der Form

$$p + \frac{\rho}{2} U^2 + \rho g z = C = \text{const} \tag{3.7}$$

schreiben. Es muß ausdrücklich darauf hingewiesen werden, daß die "Konstante" C von Stromlinie zu Stromlinie verschieden sein kann: Gl. (3.7) gilt im allgemeinen nur für Punkte auf einer Stromlinie. Doch gibt es eine große Klasse von Strömungen, für die C im ganzen Raum denselben Wert hat, sich also nicht von Stromlinie zu Stromlinie ändert. Ohne Beweis sei mitgeteilt, daß dies bei den "Potentialströmungen" zutrifft, also bei den Strömungen, deren Geschwindigkeitsfeld der Bedingung rot $\vec{v} = 0$ genügt (auch "wirbelfreie" Strömungen genannt). – Folgende Bezeichnungen sind gebräuchlich: Der Druck p wird oft "statischer" Druck genannt. $p_d = \rho U^2/2$ heißt "Staudruck" oder "dynamischer" Druck, und $p^* = p + \rho g z$ wird als "piezometrischer" Druck bezeichnet. Schließlich benutzt man für $p + (\rho/2)\, U^2$ die Abkürzung p_g[1] und bezeichnet die Größe p_g als "Gesamtdruck". – Durch Division mit ρg geht Gl. (3.7) über in

$$\frac{p}{\rho g} + \frac{U^2}{2g} + z = \frac{C}{\rho g} = C^* \tag{3.8}$$

Hier haben alle Glieder die Dimension einer Höhe. Man nennt $p/\rho g$ "Druckhöhe", $U^2/2g$ "Geschwindigkeitshöhe" und z "Ortshöhe". Schließlich sei noch erwähnt, daß die drei

---

[1] In der deutschen und fremdsprachigen Literatur wird oft auch das international leichter verständliche Symbol p_t verwendet (p_t = "totaler" Druck; "Totaldruck").

Summanden in Gl. (3.7) die Dimension und die Bedeutung von Energien pro Volumeneinheit haben: $(\rho/2)U^2$ ist die kinetische Energie, ρgz die potentielle Energie je Volumeneinheit der Flüssigkeit; p heißt daher auch "Druckenergie pro Volumeneinheit". Die Interpretation des Druckes als Energie (bei dichtebeständigen Flüssigkeiten!) ist nicht ganz trivial; wir werden in 3.7 sehen, wie man die Bernoullische Gleichung auch aus dem Satz von der Erhaltung der Energie herleiten kann. Wenn man durch Messung feststellt, daß die Größe $p + (\rho/2)U^2 + \rho gz$ auf einer Stromlinie in Strömungsrichtung abnimmt, dann muß der Flüssigkeit mechanische Energie entzogen werden; in einer nichtreibungsfreien Strömung wird durch die Schubspannungen dauernd mechanische Energie in Wärme dissipiert.

Der nun folgende Beweis der Gl. (3.6) ist eine quantitative Präzisierung des qualitativen Gedankenganges, mit dessen Hilfe oben Gl. (3.6) plausibel gemacht wurde: Wir greifen eine Stromlinie heraus und messen die Bogenlänge s auf dieser Stromlinie von einem festen Anfangspunkt; in Bewegungs

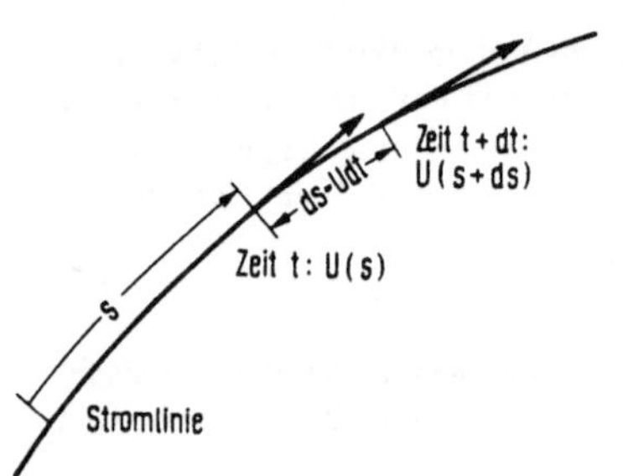

Fig. 37

richtung der Flüssigkeit soll s wachsen. Der Ort eines Flüssigkeitsteilchens auf der Stromlinie liegt bei Angabe von s fest (Fig. 37). In Stromlinienrichtung wirkt auf ein Teilchen vom Volumeninhalt dV die Druckkraft $-\partial p/\partial s\, dV^{1)}$ (vgl. Gl. (2.41a); man stelle sich die x-Achse tangential zur Stromlinie vor) und die resultierende Volumenkraft $f_s dV$, wobei f_s die Volumenkraftkomponente in Stromlinienrichtung (d.i. in Bewegungsrichtung) ist. Die Beschleunigung des Teilchens in Stromlinienrichtung, die sog. "Bahnbeschleunigung" a_s, ist die zeitliche Änderung des Betrages U der Teilchengeschwindigkeit. Auf folgende Weise kann man a_s durch den Geschwindigkeitsbetrag U ausdrücken (Fig. 37): Zur Zeit t befinde sich das Teilchen am Ort s, zur Zeit t + dt am Ort s + ds = s + U dt. Die Änderung des Geschwindigkeitsbetrags im Zeitintervall dt ist: $dU = U(s + U\,dt) - U(s) = \dfrac{\partial U}{\partial s} U\, dt$ und hieraus folgt $a_s = \dfrac{dU}{dt} = U\dfrac{\partial U}{\partial s}$. Für das Flüssigkeitsteilchen gilt das Grundgesetz der Mechanik: "Masse $\times$ Beschleunigung = Kraft". Zerlegt man in dieser Gleichung die Vektoren Beschleunigung und Kraft in Komponenten, so ergibt sie speziell für die Komponenten in Stromlinienrichtung: $\rho dV \cdot U\dfrac{\partial U}{\partial s} = -\dfrac{\partial p}{\partial s}dV + f_s dV$, oder

$$\rho U\frac{\partial U}{\partial s} = -\frac{\partial p}{\partial s} + f_s \tag{3.9}$$

Wegen $U\dfrac{\partial U}{\partial s} = \dfrac{\partial}{\partial s}\left(\dfrac{U^2}{2}\right)$ und ρ = const kann man dies auch in der Form

$$\frac{\partial}{\partial s}\left(\rho\frac{U^2}{2} + p\right) - f_s = 0 \tag{3.10}$$

schreiben. Integriert man (3.10) über s von einem Punkt 1 bis zu einem Punkt 2 der Stromlinie, so er

---

1) Daß wir hier das partielle Differentiationssymbol $\partial/\partial s$ wählen, hat folgenden Grund: Der Ort eines Teilchens auf einer bestimmten Stromlinie liegt zwar durch s fest, seine Lage im Raum ist aber erst fixiert, wenn man weiß, auf welcher Stromlinie es liegt. Die Angabe der Stromlinie läuft auf die Angabe weiterer Koordinaten hinaus, die bei unserer auf eine Stromlinie beschränkten Überlegung allerdings keine Rolle spielen, an die aber das partielle Differentiationssymbol erinnert.

gibt sich:

$$\left(\rho\frac{U_2^2}{2}+p_2\right)-\left(\rho\frac{U_1^2}{2}+p_1\right)-\int_1^2 f_s ds = 0 \qquad (3.11)$$

$-\int_1^2 f_s ds$ ist die gegen die Volumenkraft bei Verschiebung von 1 nach 2 zu leistende Arbeit. Bei Beschrän-kung auf die Schwerkraft als Volumenkraft ist diese Arbeit gleich der Differenz der potentiellen Ener-gie eines Einheitsvolumens in der Lage 2 zu derjenigen in der Lage 1, also: $-\int_1^2 f_s ds = \rho g z_2 - \rho g z_1$. Setzt man dies in Gl. (3.11) ein, so erhält man Gl. (3.6).

3.3. Einfache Anwendungen der Bernoullischen Gleichung

3.3.1. Torricellische Ausflußformel (Fig. 38). Wir nehmen an, der Querschnitt A_2 der Ausflußöffnung sei so klein gegen den Behälterquerschnitt A_1, daß die Sinkgeschwindig-keit des Flüssigkeitsspiegels und damit die Geschwindigkeit der Flüssigkeit unmittelbar

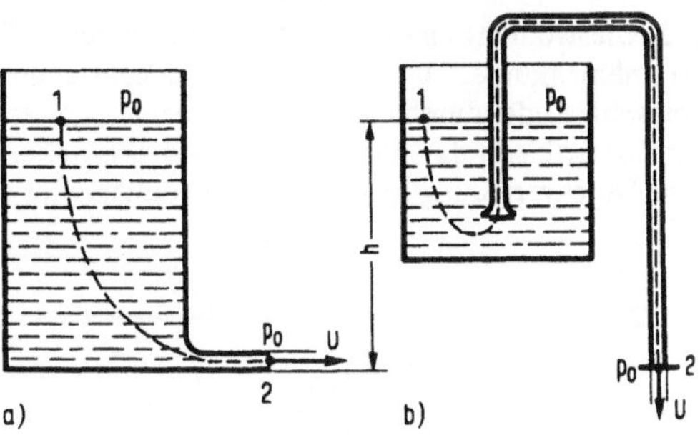

Fig. 38

am Spiegel vernachlässigt werden kann. Wendet man die Bernoullische Gleichung (3.6) auf eine vom Spiegel bis in die Ausflußöffnung führende Stromlinie an (Fig. 38), so er-hält man wegen $p_1 = p_2 = p_0$ (= Atmosphärendruck) und $U_1 = 0$, $U_2 = U$:

$$p_0 + \frac{\rho}{2}0^2 + \rho g h = p_0 + \frac{\rho}{2}U^2 + \rho g 0 \qquad (3.12)$$

oder (Torricellische Ausflußformel):

$$\blacktriangleright \qquad U^2 = 2gh \ ; \ \underline{U = \sqrt{2gh}} \qquad (3.13)$$

Die Ausflußgeschwindigkeit U hängt also nur von der Höhendifferenz h zwischen Aus-flußöffnung und Flüssigkeitsspiegel im Behälter ab und ist gerade so groß, als fielen die Flüssigkeitsteilchen die Höhe h frei herab.

Man kann mit Hilfe des Resultats (3.13) die Zeit Δt berechnen, die für die Leerung des Behälters von einer Anfangshöhe h_a auf eine Endhöhe h_e benötigt wird: Im Zeitinter-vall dt strömt aus der Austrittsöffnung das Flüssigkeitsvolumen $UA_2 dt$ aus. Um dieses Volumen vermindert sich der Inhalt des Behälters; bei einer Spiegelsenkung von h auf h + dh (mit dh$<$0) in der Zeit dt ist die Inhaltsverringerung $- A_1$dh. Also gilt

$$-A_1\,dh = UA_2\,dt \tag{3.14}$$

Setzt man U nach Gl. (3.13) ein, so ergibt sich

$$dt = -\frac{1}{\sqrt{2g}} \cdot \frac{A_1}{A_2} \cdot \frac{dh}{\sqrt{h}} \tag{3.15}$$

Integration mit der Anfangsbedingung h = h_a für t = 0 liefert den folgenden Zusammenhang zwischen Entleerungszeit Δt und Spiegelhöhe h_e:

$$\blacktriangleright \qquad \Delta t = \int_0^{\Delta t} dt = -\frac{1}{\sqrt{2g}} \cdot \frac{A_1}{A_2} \int_{h_a}^{h_e} \frac{dh}{\sqrt{h}} = \sqrt{\frac{2}{g}} \cdot \frac{A_1}{A_2} \left(\sqrt{h_a} - \sqrt{h_e}\right) \tag{3.16}$$

3.3.2. Umströmung eines festen Körpers. Ein fester Körper, z. B. der in Fig. 39 skizzierte "Stromlinienkörper" bewege sich mit der konstanten Geschwindigkeit U_∞ durch die Atmosphäre oder durch eine andere ruhende, schwere Flüssigkeit. In weiter Entfernung vom Körper bleibt die Flüssigkeit ungestört in Ruhe, daher herrscht dort eine hydrostatische Druckverteilung: p = $p_0 - \rho gz$ (Bedingung für die Gültigkeit dieser Formel in der

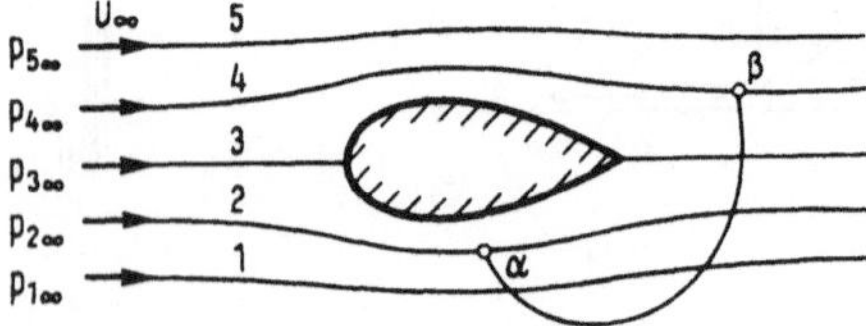

Fig. 39

Atmosphäre: s. 2.3.2). Für einen mit dem Körper bewegten Beobachter ist die Strömung stationär; für diesen Beobachter wird der Körper mit der Geschwindigkeit U_∞ angeströmt (Fig. 39). Wegen der hydrostatischen Druckverteilung in weiter Entfernung vom Körper gilt

$$p_{1\infty} + \rho g z_{1\infty} = p_{2\infty} + \rho g z_{2\infty} = \ldots \tag{3.17}$$

Addiert man zu diesen Ausdrücken jeweils die Größe $\frac{\rho}{2} U_\infty^2$, so erhält man

$$p_{1\infty} + \frac{\rho}{2} U_\infty^2 + \rho g z_{1\infty} = p_{2\infty} + \frac{\rho}{2} U_\infty^2 + \rho g z_{2\infty} = \ldots = C \tag{3.18}$$

Nach der Bernoullischen Gleichung gilt andrerseits für zwei beliebige Punkte α und β

(die z.B. auf den Stromlinien 2 und 4 liegen, Fig. 39):

$$p_\alpha + \frac{\rho}{2}U_\alpha^2 + \rho g z_\alpha = p_{2\infty} + \frac{\rho}{2}U_\infty^2 + \rho g z_{2\infty}$$

$$p_\beta + \frac{\rho}{2}U_\beta^2 + \rho g z_\beta = p_{4\infty} + \frac{\rho}{2}U_\infty^2 + \rho g z_{4\infty}$$

$$(3.19)$$

Da die rechten Seiten nach Gl. (3.18) einander gleich sind, müssen es auch die linken Seiten sein:

▶ $$p_\alpha + \frac{\rho}{2}U_\alpha^2 + \rho g z_\alpha = p_\beta + \frac{\rho}{2}U_\beta^2 + \rho g z_\beta \qquad (3.20)$$

Die betrachtete Strömung ist also ein Beispiel für eine Strömung, bei der die Bernoullische Gleichung nicht nur längs einer Stromlinie, sondern längs beliebiger Kurven im Raum (z.B. längs der in Fig. 39 skizzierten, α und β verbindenden Kurve) Geschwindigkeit, Druck und Höhe verknüpft. Mit anderen Worten: Hier hat die Konstante C der Bernoullischen Gleichung (3.7) auf allen Stromlinien denselben, durch Gl. (3.18) gegebenen Wert.

3.3.3. Strömung längs einer festen Wand (Fig. 40).

Längs einer festen Wand strömt eine schwere Flüssigkeit. Von den beiden Öffnungen 1 und 2 in der Wand ("Druckanbohrungen") führen Zuleitungen zu einem Manometer. Dieses Manometer mißt die Druckdifferenz $\Delta p_M = p_{li} - p_{re}$. Da das Manometer nicht durchströmt wird, die Flüssigkeit in den Zuleitungen also ruht, gelten die hydrostatischen Beziehungen

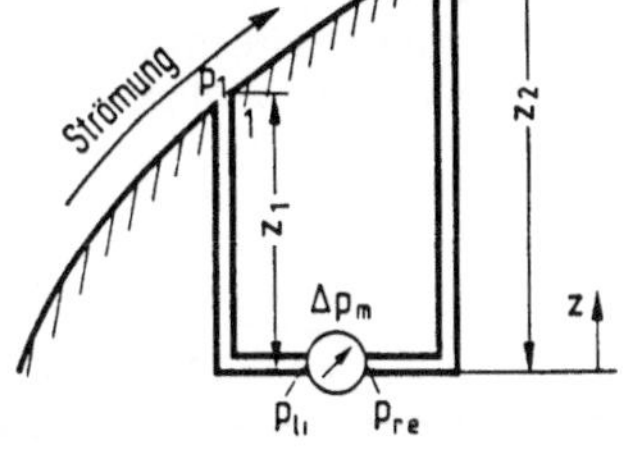

$$p_{li} = p_1 + \rho g z_1 \qquad (3.21)$$

$$p_{re} = p_2 + \rho g z_2 \qquad (3.22)$$

und somit

$$\Delta p_M = (p_1 + \rho g z_1) - (p_2 + \rho g z_2) \qquad (3.23)$$

Fig. 40

Aus der Bernoullischen Gleichung (3.6) folgt unmittelbar, daß $(p_1 + \rho g z_1) - (p_2 + \rho g z_2) = \rho/2 \cdot (U_2^2 - U_1^2)$ ist; somit gilt auch statt (3.23)

▶ $$\Delta p_M = \frac{\rho}{2}(U_2^2 - U_1^2) \qquad (3.24)$$

Das Monometer mißt also nicht etwa — wie man bei unkritischer Betrachtung hätte annehmen können — die Druckdifferenz an den Druckmeßstellen sondern in reibungsfreier Strömung die Differenz der Staudrücke in den Punkten 1 und 2.

Analoges gilt auch für die in Fig. 41 skizzierte Anordnung: An die von Flüssigkeit durchströmte Leitung sind zwei vertikale Standrohre angeschlossen. Die Differenz der Spiegelhöhen in diesem "Standrohrmanometer" sei Δz. Es ist

$$p_1 + \frac{\rho}{2}U_1^2 = p_2 + \frac{\rho}{2}U_2^2 - \rho g h \qquad (3.25)$$

und
$$p_1 = p_0 + \rho g z_1$$
$$p_2 = p_0 + \rho g(z_2 + h)$$
(3.26)

Aus (3.26) folgt $\rho g \Delta z = p_1 - p_2 + \rho g h$; setzt man hier $p_1 - p_2$ aus (3.25) ein, so erhält man:

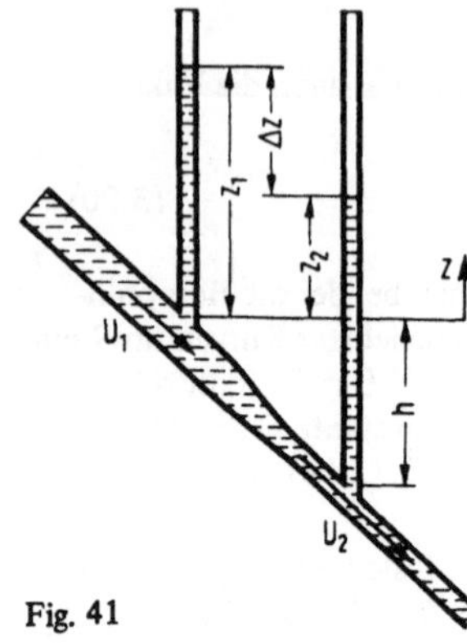

Fig. 41

▶ $$\rho g \Delta z = \frac{\rho}{2} U_2^2 - \frac{\rho}{2} U_1^2 \quad (= \Delta p_M)$$
(3.27)

Die Spiegelhöhendifferenz Δz ist also ein Maß der Staudruckdifferenz $\frac{\rho}{2} U_2^2 - \frac{\rho}{2} U_1^2$. Wenn die Flüssigkeit überall ruht ($U_1 = U_2 = 0$), ist $\Delta z = 0$: die beiden Standrohre sind dann ein Beispiel für kommunizierende Röhren (vgl. 2.2.1).

3.3.4. Prandtlrohr und Staurohr. Auf der Oberfläche eines ruhenden, von Flüssigkeit umströmten festen Körpers gibt es mindestens einen Punkt, den "Staupunkt", in dem die Strömungsgeschwindigkeit null ist (Fig. 42). Die auf den Staupunkt führende Stromlinie heißt "Staustromlinie". – Wir betrachten nun eine homogene Parallelströmung der Geschwindigkeit U_∞.

Diese Geschwindigkeit kann mit einem handelsüblichen "Prandtlrohr" gemessen werden (Fig. 43): An der seitlichen Druckanbohrung in der schlanken, zylindrischen Sonde hat die Strömungsgeschwindigkeit den Wert U_∞ (die von dem stumpfen Sondenkopf ver-

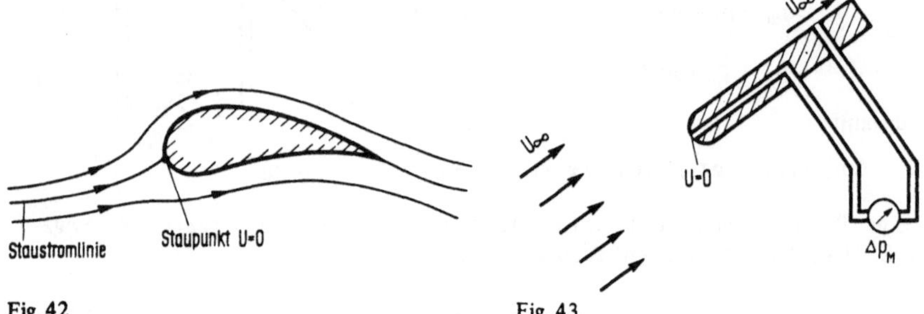

Fig. 42   Fig. 43

ursachte Störung der Parallelströmung ist dort abgeklungen). An der Druckanbohrung im Staupunkt ist die Strömungsgeschwindigkeit null; (man beachte, daß keine Flüssigkeit durch die Druckanbohrungen strömt, da das Manometer nicht durchströmt werden kann). Wie wir in 3.3.3 gesehen haben (vgl. Fig. 40 und die dazugehörige Diskussion), zeigt das Manometer die Differenz der an den beiden Bohrungen vorhandenen Staudrücke an, hier also die Größe $\rho U_\infty^2/2$. Aus der Manometeranzeige Δp_M läßt sich somit U_∞ ermitteln:

▶ $$U_\infty = \sqrt{\frac{2 \Delta p_M}{\rho}}$$
(3.28)

Bei vielen technisch wichtigen Strömungsvorgängen spielen Höhenunterschiede im Strömungsfeld keine große Rolle. Druckunterschiede in verschiedenen Punkten einer Stromlinie gehen dann im wesentlichen auf Geschwindigkeitsunterschiede und nicht auf Höhenunterschiede zurück. Anstelle von (3.6) kann man dann die einfachere Form

$$\blacktriangleright \qquad p_1 + \frac{\rho}{2} U_1^2 = p_2 + \frac{\rho}{2} U_2^2 \qquad (3.29)$$

der Bernoullischen Gleichung benutzen. Die Druckunterschiede in einer Strömung infolge von Geschwindigkeitsunterschieden sind im allgemeinen von der Größenordnung eines charakteristischen Staudrucks $\rho U_c^2/2$, wo U_c eine charakteristische Geschwindigkeit ist (etwa $U_c = U_\infty$ bei der in Fig. 39 skizzierten Strömung). Die auf Höhenunterschiede zurückgehenden Druckunterschiede sind von der Größenordnung $\rho g \Delta z$, wo Δz ein charakteristischer Höhenunterschied im Strömungsfeld ist. Gl. (3.29) ist daher im allgemeinen anwendbar, wenn $\rho U_c^2/2 \gg \rho g \Delta z$, oder $U_c^2 \gg 2g\Delta z$ ist. — Im Rest dieses Abschnittes 3.3.4, und auch in vielen folgenden Abschnitten, vernachlässigen wir die durch Höhenunterschiede hervorgerufenen Druckunterschiede und verwenden Gl. (3.29).

Nach Gl. (3.29) ist der Gesamtdruck $p_g = p + \rho U^2/2$ längs einer Stromlinie konstant. Im Staupunkt eines umströmten Körpers stimmt aber der Druck p_s mit dem Gesamtdruck p_g auf der Staustromlinie überein:

$$\blacktriangleright \qquad p_s = p + \frac{\rho}{2} U^2 = p_g \qquad (3.30)$$

Den Gesamtdruck p_g kann man daher mit einem "Staurohr" oder "Pitotrohr" messen (Fig. 44). Das Manometer zeigt die Differenz $p_g - p_0 = p_\infty + \rho U_\infty^2/2 - p_0$ an (p_0 ist z.B. der Atmosphärendruck). — Das Staurohr kann auch zur Messung der Geschwindigkeit U_∞ eines homogenen Parallelstroms dienen (Fig. 45): Hier zeigt das Manometer wie das Prandtl-Rohr die Differenz $\Delta p_M = p_g - p_\infty = \rho U_\infty^2/2$ an, so daß auch bei dieser Meßordnung Gl. (3.28) für die Berechnung von U_∞ gilt.

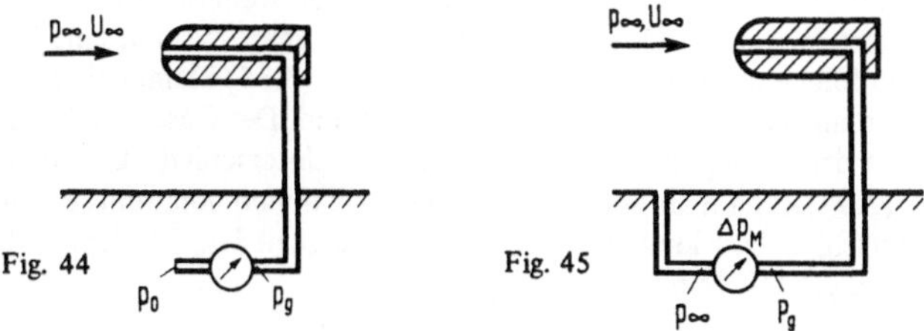

Fig. 44   Fig. 45

3.3.5. Ausgleich von Geschwindigkeitsunterschieden. In Fig. 46 ist ein Rohr skizziert, das sich in Strömungsrichtung verengt. Im Querschnitt 1 strömt Flüssigkeit mit ungleichmäßig über den Querschnitt verteilter Geschwindigkeit ein; zwei Ströme verschiedener Geschwindigkeiten U_{1a} und U_{1b} fließen dort nebeneinander. Der Geschwindigkeitsunterschied würde sich auf einer genügend langen Rohrstrecke durch Wirkung der Schubspannungen ausgleichen (vgl. 4.2.3). Auf einer verhältnismäßig kurzen Rohrstrecke bleiben aber die beiden Ströme ohne merkliche Vermischung erhalten; diesen Fall betrachten wir hier. Bei der Strömung durch die Querschnittsverengung ändern sich die Geschwindigkeiten der beiden Teilströme auf U_{2a} und U_{2b}. Die piezometrischen Drücke

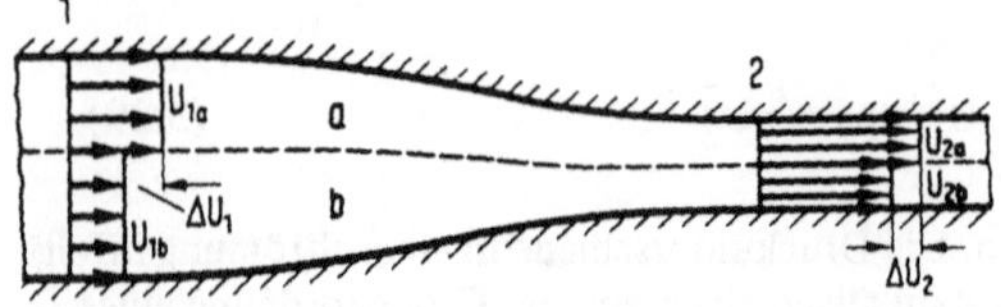

Fig. 46

$p^* = p + \rho gz$ müssen sowohl im Querschnitt 1 als auch im Querschnitt 2 in beiden Teilströmen übereinstimmen (p_1^* und p_2^*), da sich der piezometrische Druck senkrecht zu geraden Stromlinien nicht ändern kann (vgl. 3.38). Die Bernoullische Gleichung ergibt für die beiden Teilströme:

$$\frac{\rho}{2}U_{2a}^2 - \frac{\rho}{2}U_{1a}^2 = p_1^* - p_2^* \tag{3.31}$$

$$\frac{\rho}{2}U_{2b}^2 - \frac{\rho}{2}U_{1b}^2 = p_1^* - p_2^* \tag{3.32}$$

Subtrahiert man (3.32) von (3.31) und dividiert durch $\rho/2$, so erhält man

$$(U_{2a} - U_{2b})(U_{2a} + U_{2b}) = (U_{1a} - U_{1b})(U_{1a} + U_{1b}) \tag{3.33}$$

oder

$$\frac{U_{2a} - U_{2b}}{U_{1a} - U_{1b}} = \frac{U_{1a} + U_{1b}}{U_{2a} + U_{2b}} \tag{3.34}$$

Aus den Gleichungen (3.31) und (3.32) schließt man, daß die Differenzen $U_{2a}^2 - U_{1a}^2$ und $U_{2b}^2 - U_{1b}^2$ gleiches Vorzeichen haben. Die Geschwindigkeiten beider Teilströme werden also in gleichen Sinne geändert, d.h. entweder beide vergrößert oder beide verkleinert. Wegen der Querschnittsverengung kommt hier nur eine Vergrößerung in Frage. Dann folgt aber, daß die rechte Seite von Gl. (3.34) kleiner als 1 ist, da die Geschwindigkeiten im Nenner größer als die im Zähler sind. Der Geschwindigkeitsunterschied ΔU_2 hinter der Verengung ist also kleiner als der Unterschied ΔU_1 vor der Verengung (Fig. 46 Gl. (3.34) kann man noch vereinfachen, wenn man annimmt, daß der Geschwindigkeitsunterschied ΔU_1 klein gegen die Geschwindigkeit U_{1a} ist; dann gilt $U_{1a} \approx U_{1b} \approx U_1$ und $U_{2a} \approx U_{2b} \approx U_2$. Somit ist:

$$\blacktriangleright \qquad \frac{\Delta U_2}{\Delta U_1} = \frac{U_1}{U_2} = \frac{A_2}{A_1} < 1 \tag{3.35}$$

Hierbei ist die Kontinuitätsgleichung $U_1 A_1 = U_2 A_2$ benutzt. Man kann auch die relativen Geschwindigkeitsunterschiede $\Delta U_1/U_1$ und $\Delta U_2/U_2$ einführen und erhält:

$$\blacktriangleright \qquad \frac{\Delta U_2/U_2}{\Delta U_1/U_1} = \frac{U_1^2}{U_2^2} = \frac{A_2^2}{A_1^2} < 1 \tag{3.36}$$

Bei Querschnittsverringerung auf die Hälfte werden demnach die relativen Geschwindigkeitsunterschiede auf ein Viertel reduziert.

Von der hier studierten Vergleichmäßigung der Geschwindigkeitsverteilung durch Querschnittsverengung macht man häufig Gebrauch: Der Querschnitt eines Windkanals für aerodynamische Modelluntersuchungen z.B. wird unmittelbar vor der Meßstrecke stark verengt, um in der Meßstrecke eine möglichst gleichmäßige Geschwindigkeitsverteilung zu erzielen. Auch instationäre, unregelmäßige, turbulente Geschwindigkeitsschwankungen werden auf diese Weise verringert (der ”Turbulenzgrad“ der Strömung wird verkleinert).

3.4. Druckänderung senkrecht zu den Stromlinien

Ein Flüssigkeitsteilchen kann sich, wie jeder andere Körper, nur dann auf einer gekrümmten Bahn bewegen, wenn es eine Kraft in Richtung auf den Krümmungsmittelpunkt der Bahn erfährt. Falls keine Volumenkräfte wirken, kann diese Kraft nur eine Druckkraft sein. Eine Druckkraft in Richtung auf den Krümmungsmittelpunkt der Bahn, bei stationärer Strömung also auf den Krümmungsmittelpunkt der Stromlinie, ist nur dann vorhanden, wenn sich der Druck in dieser Richtung, d. h. senkrecht zur Stromlinie ändert. Führt man die Koordinate n senkrecht (”normal“) zur Stromlinie in Richtung auf den Krümmungsmittelpunkt M ein (Fig. 47), so gilt [1] (Beweis folgt weiter unten):

$$\blacktriangleright\blacktriangleright \qquad \frac{\partial p}{\partial n} = -\rho \, \frac{U^2}{R} \qquad\qquad (3.37)$$

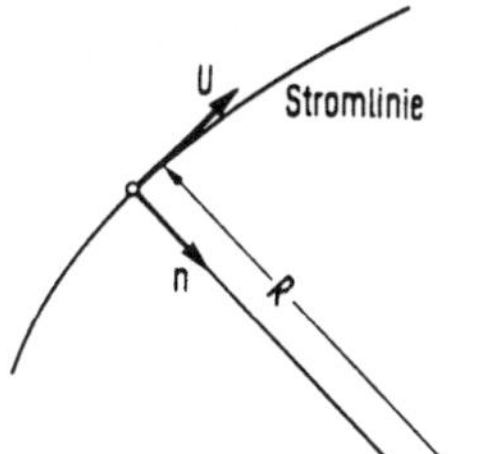

wobei R der Krümmungsradius der Stromlinie ist. Aus Gl. (3.37) folgt, daß der Druck in Richtung vom Krümmungsmittelpunkt nach außen wächst. Bei geraden Stromlinien ist R = ∞ und aus (3.37) folgt $\partial p / \partial n = 0$: senkrecht zu geraden Stromlinien kann sich also der Druck nicht ändern. Hieraus schließt man auf die Tatsache, daß in einer Parallelströmung überall derselbe Druck herrscht. Dies zeigt weiterhin, daß eine Parallelströmung, bei der die

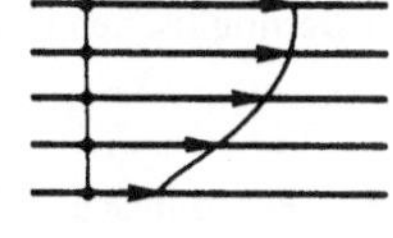

Fig. 47

Geschwindigkeit auf verschiedenen Stromlinien verschiedene Werte hat (Fig. 48) eine Strömung ist, bei der die Konstante C in der Bernoullischen Gleichung (3.29) von Stromlinie zu Stromlinie verschieden ist. Es ist ja $C = p + \rho/2 \cdot U^2$ und p ist auf allen Stromlinien gleich, während U nach unserer Annahme sich ändert.

Beweist von Gl. (3.37): Der Beschleunigungsvektor eines auf gekrümmter Bahn laufenden Teilchens läßt sich in der Bahnbeschleunigung a_s in Bewegungsrichtung (vgl. 3.2) und die ”Zentripetalbeschleunigung“ a_n in Richtung auf den Krümmungsmittelpunkt der Bahn zerlegen, wobei $a_n = U^2/R$ ist. Die auf das Teilchen vom Volumeninhalt dV in Richtung auf

Fig. 48

---

[1] Wegen der Verwendung des partiellen Differentiationssymbols vgl. man die Fußnote auf S. 36.

den Krümmungsmittelpunkt wirkende Druckkraft ist $-\partial p/\partial n$ dV (vgl. Gl. (2.41 a); man identifiziere dort x mit n). Die resultierende Volumenkraftkomponente in Richtung auf den Krümmungsmittelpunkt sei f_ndV. Nach dem Grundgesetz "Masse x Beschleunigung = Kraft" muß dann ρdV $\cdot U^2/R =$ $= (-\partial p/\partial n + f_n)$ dV sein. Wenn die Volumenkraft die Schwerkraft ist, gilt $f_n = -\partial(\rho gz)/\partial n$ (vgl. Seite 26: $\Omega = \rho gz$). Daher ergibt sich, mit $p^* = p + \rho gz$:

$$\blacktriangleright \qquad \rho\,\frac{U^2}{R} = -\frac{\partial p^*}{\partial n} \qquad\qquad (3.38)$$

Im Schwerefeld ändert sich hiernach der piezometrische Druck p^* senkrecht zu geraden Bahnlinien $(R = \infty)$ nicht. Bei vernachlässigter Schwerkraft geht (3.38) in (3.37) über.

Als Anwendungsbeispiel für Gl. (3.37) betrachten wir die in Fig. 49 skizzierte volumenkraftfreie, rotationssymmetrische Strömung: Die Stromlinien sind konzentrische Kreise, und für den Geschwindigkeitsbetrag gilt $U = c/R$ mit konstantem c. R ist der Kreisradius und damit der Abstand von dem allen Stromlinien gemeinsamen Krümmungsmittelpunkt. Da R vom Krümmungsmittelpunkt nach außen wächst, ist $\partial p/\partial n = -\partial p/\partial R$ und Gl. (3.37) ergibt:

$$\frac{dp}{dR} = \rho\,\frac{U^2}{R} = \rho\,\frac{c^2}{R^3} \qquad\qquad (3.39)$$

(Wir haben dp/dR anstatt $\partial p/\partial R$ geschrieben, weil hier der Druck nur von R abhängt). Integration von (3.39) mit der Anfangsbedingung $p(R_0) = p_0$ ergibt

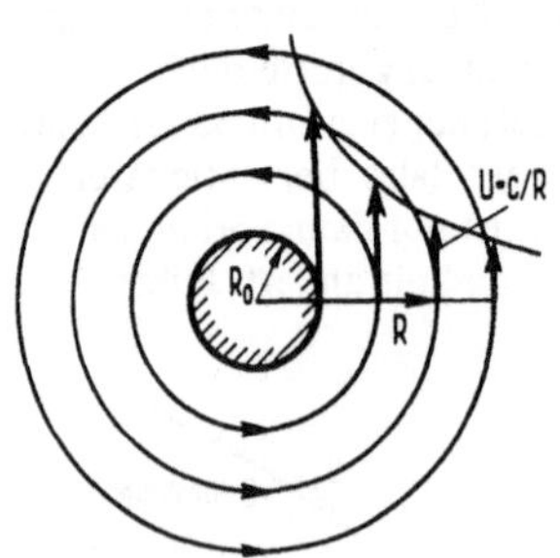

Fig. 49

$$\blacktriangleright \qquad p(R) = p_0 + \frac{\rho c^2}{2}\Big(\frac{1}{R_0^2} - \frac{1}{R^2}\Big) \qquad\qquad (3.40)$$

Dies kann man auch in folgender Form schreiben:

$$p(R) + \frac{\rho}{2}U^2(R) = p_0 + \frac{\rho}{2}U_0^2 = C \qquad\qquad (3.41)$$

Bei der betrachteten Strömung hat demnach die Konstante C der Bernoullischen Gleichung auf allen Stromlinien den Wert $p_0 + \frac{\rho}{2}U_0^2$. Man kann zeigen, daß die Strömung trotz kreisförmiger Strom- und Bahnlinien wirbelfrei ist (rot $\vec{v} = 0$); diese Eigenschaft war in 3.2 als hinreichende Bedingung dafür genannt worden, daß sich die Konstante der Bernoullischen Gleichung nicht von Stromlinie zu Stromlinie ändert.

3.5. Bernoullische Gleichung in rotierenden Bezugssystemen

Wir denken uns ein Bezugssystem, das mit konstanter Winkelgeschwindigkeit ω um eine feste Achse rotiert, und betrachten eine Strömung vom Standpunkt eines mit diesem System rotierenden Beobachters. Die Strömung sei für diesen Beobachter stationär. Wäre die Flüssigkeit für diesen Beobachter in Ruhe, so würde für den Druck an zwei verschiedenen Stellen nach Gl. (2.51) gelten: $p_1 + \rho g z_1 - \dfrac{\rho \omega^2 r_1^2}{2} = p_2 + \rho g z_2 - \dfrac{\rho \omega^2 r_2^2}{2}$. Ist die Flüssigkeit in Bewegung und betrachtet man 2 Punkte auf einer Stromlinie, so ist Gl. (2.51) durch Hinzufügen der Glieder $\dfrac{\rho}{2} U_1^2$ und $\dfrac{\rho}{2} U_2^2$ zu ergänzen. (Auf ganz analoge Weise geht auch in einem ruhenden System aus Gl. (2.9) die Bernoullische Gleichung (3.6) durch Hinzufügen dieser Staudrücke hervor.) Man erhält somit:

$$\blacktriangleright\blacktriangleright \qquad p_2 + \frac{\rho}{2} U_2^2 + \rho g z_2 - \frac{\rho \omega^2 r_2^2}{2} = p_1 + \frac{\rho}{2} U_1^2 + \rho g z_1 - \frac{\rho \omega^2 r_1^2}{2} \qquad (3.42)$$

(r = Abstand von der Drehachse).

Man kann die hiermit plausibel gemachte Gl. (3.42) wie folgt beweisen: Für einen Beobachter im rotierenden System kommen zu der von außen wirkenden Volumenkraft (also zu der hier allein berücksichtigten Schwerkraft) noch Trägheitskräfte als Volumenkräfte hinzu. Dies sind die "Zentrifugalkraft" $\vec{f}_r = \rho \omega^2 r\, \vec{e}_r$ in der Richtung von der Drehachse senkrecht nach außen ($\vec{e}_r$ ist der Einheitsvektor in dieser Richtung; Fig. 50) und die "Corioliskraft" $\vec{f}_c$. Die Corioliskraft ist überall senkrecht zur Geschwindigkeit und daher senkrecht zu den Stromlinien gerichtet; $\vec{f}_c$ hat also keine Komponente in Stromlinienrichtung. Die Grundgleichung: "Masse × Beschleunigung = Kraft" für ein Flüssigkeitsteilchen, angeschrieben für die Komponenten der Beschleunigung und Kraft in Stromlinienrichtung, ergibt jetzt anstelle von Gl. (3.9):

$$\rho U \frac{\partial U}{\partial s} = -\frac{\partial p}{\partial s} + f_s + \rho \omega^2 r \cos \vartheta \qquad (3.43)$$

(f_s = Schwerkraftkomponente in Stromlinienrichtung, $\rho \omega^2 r \cos \vartheta$ = Zentrifugalkraftkomponente in Stromlinienrichtung; ϑ = Winkel zwischen Stromlinien- und Radialrichtung, Fig. 50). Schreitet man auf einer Stromlinie um ds fort, so ändert sich der Abstand von der Drehachse um $dr = ds \cdot \cos \vartheta$. Die Integration der Gl. (3.43) liefert daher unter Berücksichtigung von

$$\int_1^2 \rho \omega^2 r \cos \vartheta \, ds = \rho \omega^2 \int_{r_1}^{r_2} r\, dr = \frac{\rho}{2} \omega^2 (r_2^2 - r_1^2) \qquad (3.44)$$

und
$$\int_1^2 f_s\, ds = \rho g (z_1 - z_2) \qquad (3.45)$$

(vgl. die an Gl. (3.11) anschließende Diskussion) das Ergebnis (3.42). Anwendungen der Gl. (3.42) verschieben wir auf einen später folgenden Abschnitt (vgl. 4.3).

3.6. Bernoullische Gleichung für instationäre Strömung

Wir lassen nun die Voraussetzung fallen, die Strömung sei stationär. Zur Einführung betrachten wir eine sehr einfache instationäre Strömung, nämlich die Strömung in einem Rohr konstanten Querschnitts (Fläche A). Die Geschwindigkeit sei über den ganzen Querschnitt konstant, die Flüssigkeit bewegt sich wie ein starrer Körper durch das Rohr. Wir greifen die Flüssigkeit zwischen zwei Querschnitten 1 und 2 im Abstand 1 heraus (Fig. 51); die Masse dieser Flüssigkeit ist ρ A 1. Wenn sich die Geschwindigkeit mit der Zeit ändert, $U = U(t)$, erfährt die Flüssigkeit eine Beschleunigung $a = \partial U / \partial t$ (das partielle

Differentiationssymbol wird hier deshalb benutzt, weil im folgenden die Überlegungen auf den Fall erweitert werden, daß U nicht nur von der Zeit t, sondern auch vom Ort s

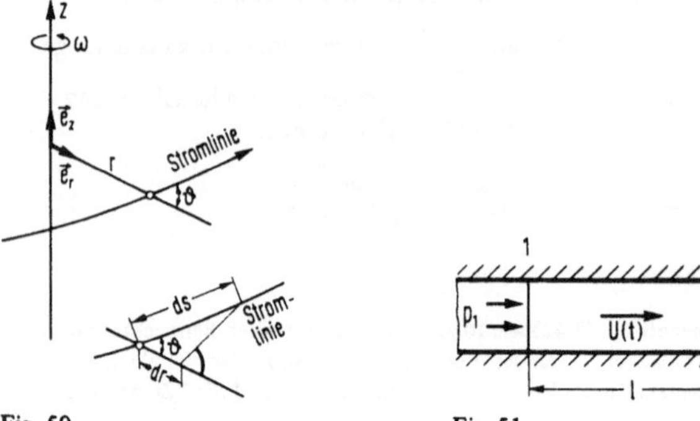

Fig. 50   Fig. 51

abhängt). Falls keine Volumenkräfte wirken, oder wenn diese nur senkrecht zur Bewegungsrichtung wirken, wie etwa die Schwerkraft bei horizontalem Rohr, ist die einzige auf die herausgegriffene Flüssigkeitsmenge in Bewegungsrichtung wirkende Kraft die Druckkraft $(p_1 - p_2)A$. Also muß nach dem Grundgesetz der Mechanik gelten:

$$\rho A l \cdot \frac{\partial U}{\partial t} = (p_1 - p_2)A \qquad (3.46)$$

$$(\text{Masse} \times \text{Beschleunigung} = \text{Kraft})$$

oder

$$p_2 + \rho l \frac{\partial U}{\partial t} = p_1 \qquad (3.47)$$

Bei positiver Beschleunigung (in Richtung von 1 nach 2) ist also der Druck an der Stelle 1 höher als an der Stelle 2, was auch unmittelbar einleuchtet.

Man kann aus Gl. (3.47) einen einfachen, aber technisch wichtigen Schluß ziehen: An der Stelle 2 sei im Rohr ein Schieber, der in einer gewissen Zeitspanne Δt geschlossen wird; an der Stelle 1 sei der Druck durch äußere Bedingungen festgelegt (etwa durch die Flüssigkeitshöhe in einem anschließenden Staubecken). Während der Schieber geschlossen wird, nimmt die Geschwindigkeit von einem Anfangswert U_0 auf null ab. Wenn U(t) während des Schließens linear mit der Zeit absinkt, gilt $\partial U/\partial t = -U_0/\Delta t$ und der Druck p_2 unmittelbar am Schieber wird

▶
$$p_2 = p_1 + \rho l \frac{U_0}{\Delta t} \qquad (3.48)$$

p_2 ist also um so größer, je kleiner die Schließzeit Δt und je größer die Rohrlänge l ist. Bei relativ langen Rohrleitungen (Trinkwasserleitungen einer Großstadt, Pipelines) muß man daher durch entsprechende Konstruktion die Schließzeit von Schiebern möglichst groß machen, um eine Überlastung von Leitung und Schieber durch zu hohe Drücke zu vermeiden. Für ein plötzliches Schließen des Schiebers ($\Delta t = 0$) ergibt Gl. (3.48) formal $p_2 = \infty$. Dieses Ergebnis ist natürlich nicht realistisch: Bei sehr großen Druckänderungen muß man in allen Flüssigkeiten (also auch in tropfbaren Flüssigkeiten) die Kompressibilität berücksichtigen. Außerdem muß man dann beachten, daß sich das Rohr unter hohem Innendruck ausdehnen wird. Durch beide Effekte wird Gl. (3.48) in der Weise abgeändert, daß auch bei plötzlichem Schließen des Schiebers der Druck p_2 endlich bleibt. Die Erscheinungen, die hierbei auftreten, bezeichnet man als "Wasserschlag". — Beim schnellen Öffnen eines Schiebers können auch beträchtliche Unterdrücke in der Leitung vorkommen; diese sind jedoch nicht so gefährlich wie die möglichen Überdrücke beim Wasserschlag, da sie betragsmäßig auf p_1 beschränkt bleiben (nur dann erreichbar, wenn p_2 plötzlich auf null abgesenkt würde).

Nach diesem Exkurs über einige praktische Konsequenzen der Gl. (3.47) diskutieren wir die theoretischen Beziehungen für instationäre Strömungen weiter und stellen zunächst folgendes fest: Bei instationärer Strömung ändert sich nach Gl. (3.47) auch dann der Druck längs einer Stromlinie, wenn keine Volumenkräfte wirken und wenn sich der Betrag U der Strömungsgeschwindigkeit auf der Stromlinie nicht ändert. Dies macht plausibel, daß in der Bernoullischen Gleichung für instationäre Strömung ein Glied hinzukommen muß, das die Beschleunigung $\partial U/\partial t$ enthält. Tatsächlich gilt bei einer beliebigen, instationären Strömung für zwei Punkte 1 und 2 auf einer Stromlinie (mit der Schwerkraft als der einzigen Volumenkraft) zu jeder festen Zeit t:

▶▶
$$\rho \int_1^2 \frac{\partial U(s,t)}{\partial t} ds + p_2 + \frac{\rho}{2} U_2^2 + \rho g z_2 = p_1 + \frac{\rho}{2} U_1^2 + \rho g z_1 \tag{3.49}$$

Bei der oben betrachteten einfachen Rohrströmung hängt U nicht von s ab; dann ist $U_1 = U_2$ und $\rho \int_1^2 \frac{\partial U}{\partial t} ds = \rho l \frac{\partial U}{\partial t}$. Vernachlässigt man außerdem die Schwerkraftglieder, so geht Gl. (3.49) in Gl. (3.47) über.

Gl. (3.49) leitet man auf ähnliche Weise wie Gl. (3.6) her (d.h. wie Gl. (3.11), aus der Gl. (3.6) sofort folgt). Man muß dabei beachten, daß die Bahnbeschleunigung eines Flüssigkeitsteilchens jetzt nicht mehr durch den Ausdruck $U \cdot \partial U/\partial s$ sondern durch $\partial U/\partial t + U \cdot \partial U/\partial s$ gegeben ist. Um dies einzusehen, denken wir uns eine raumfeste Kurve $\mathfrak{C}$, die zu einer bestimmten Zeit t mit einer Stromlinie zusammenfällt (Fig. 52). Auf dieser Kurve $\mathfrak{C}$ ist die Geschwindigkeit eine Funktion der Bogenlänge und der Zeit. Nun betrachten wir ein Flüssigkeitsteilchen, das sich zur Zeit t, zu der die Kurve $\mathfrak{C}$ Stromlinie ist, am Ort s auf $\mathfrak{C}$ befindet; der Betrag der Geschwindigkeit dieses Teilchens zur Zeit t ist U(s,t). In der Zeit dt wandert das Teilchen an den Nachbarort s + ds = s + U dt. Das Teilchen wandert auf seiner Bahnlinie, aber da $\mathfrak{C}$ zur Zeit t Stromlinie ist und Strom- und Bahnlinie am Teilchenort zusammenfallen, ist es auch richtig zu sagen, das Teilchen lege die Strecke ds auf $\mathfrak{C}$ zurück. Es hat dann den Geschwindigkeitsbetrag U(s + U dt, t + dt). Sein Geschwindigkeitsbetrag hat sich also in der Zeit dt um dU = U(s + U dt, t + dt) - U(s,t) = $\partial U/\partial s \cdot U$ dt + $\partial U/\partial t \cdot$ dt geändert und seine Bahnbeschleunigung ist daher $a_s = dU/dt = \partial U/\partial t + U \cdot \partial U/\partial s$. Setzt man den gefundenen Ausdruck für a_s in das Grundgesetz der Mechanik für das Flüssigkeitsteilchen ein, so ergibt sich an Stelle von Gl. (3.9):

$$\rho \frac{\partial U}{\partial t} + \rho U \frac{\partial U}{\partial s} = -\frac{\partial p}{\partial s} + f_s \tag{3.50}$$

Integriert man Gl. (3.50) bei festgehaltener Zeit t längs $\mathfrak{C}$ über s, also längs einer Stromlinie von einem Punkt 1 zu einem Punkt 2, so erhält man Gl. (3.49).

Als Anwendungsbeispiel für Gl. (3.49) betrachten wir die Flüssigkeitsschwingungen in einem Rohr der in Fig. 53 skizzierten Gestalt. Das Rohr habe konstanten Querschnitt. In der Ruhelage stehen die Flüssigkeitsspiegel in beiden Rohrschenkeln gleich hoch. Die

Auslenkung x der Spiegel aus der Ruhelage ist in beiden Schenkeln gleich groß, weil sich die Länge l des Flüssigkeitsfadens wegen der Konstanz des Rohrquerschnitts bei der Schwingung nicht ändert. Wendet man Gl. (3.49) auf die gestrichelt skizzierte von Punkt 1

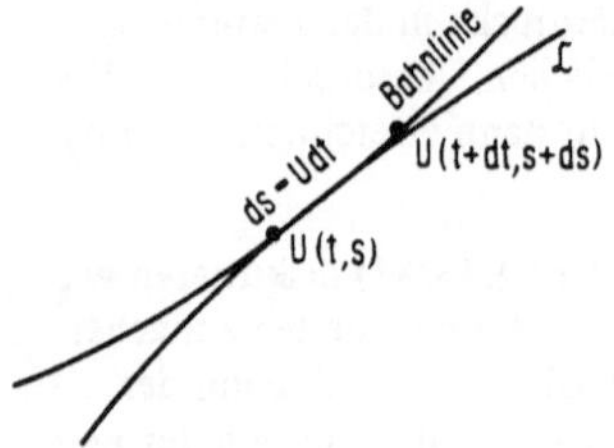

Fig. 52

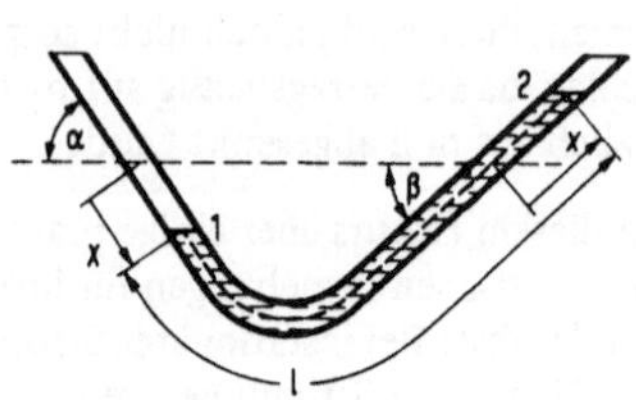

Fig. 53

nach Punkt 2 führende Stromlinie an und beachtet dabei, daß $p_1 = p_2 = p_0$ (Atmosphärendruck) und $U = \dot{x}$, $\partial U/\partial t = \ddot{x}$ gilt, so erhält man

$$\rho l\ddot{x} + p_0 + \frac{\rho}{2}\dot{x}^2 + \rho g x \sin\beta = p_0 + \frac{\rho}{2}\dot{x}^2 - \rho g x \sin\alpha \tag{3.51}$$

Hieraus ergibt sich die Schwingungsgleichung:

$$\ddot{x} + \frac{g}{l}(\sin\alpha + \sin\beta)x = 0 \tag{3.52}$$

Die Kreisfrequenz der harmonischen Schwingung ist nach (3.52)

▶
$$\omega = \sqrt{\frac{g}{l}(\sin\alpha + \sin\beta)} \tag{3.53}$$

Die Schwingungsdauer ist $T = 2\pi/\omega$. Für $\alpha = \beta = 90^\circ$ ist das Rohr ein U-Rohr mit parallelen, vertikalen Schenkeln und es ist

▶
$$\omega = \sqrt{\frac{g}{l/2}} \tag{3.54}$$

Hier stimmt also die Schwingungsdauer mit derjenigen eines mathematischen Pendels (Punktpendels) der Länge $l/2$ überein.

Abschließend sei noch ohne Beweis mitgeteilt, daß die Bernoullische Gleichung für instationäre Strömung in einem System, das mit konstanter Winkelgeschwindigkeit rotiert, folgende Form hat:

▶▶
$$\rho\int_1^2 \frac{\partial U}{\partial t}\,ds + p_2 + \frac{\rho}{2}U_2^2 + \rho g z_2 - \frac{\rho\omega^2 r_2^2}{2}$$
$$= p_1 + \frac{\rho}{2}U_1^2 + \rho g z_1 - \frac{\rho\omega^2 r_1^2}{2} \tag{3.55}$$

Die Punkte 1 und 2 liegen auf einer Stromlinie. Gl. (3.55) ist plausibel: für nichtrotierende Systeme ($\omega = 0$) geht sie in Gl. (3.49) über und für stationäre Strömung ($\frac{\partial U}{\partial t} = 0$) im rotierenden System in Gl. (3.42).

3.7. Leistung einer Strömungsmaschine

Wir leiten in diesem Abschnitt eine wichtige und häufig gebrauchte Formel für die Leistung einer Strömungsmaschine her; diese Herleitung liefert außerdem einen neuen Beweis der Bernoullischen Gleichung (3.6). Zugleich bietet dieser Abschnitt einen ersten Einstieg in die quantitative Behandlung reibungsbehafteter Strömungen. Zur Erleichterung der Vorstellung nehmen wir an, die Strömungsmaschine sei eine Pumpe, die in stationärem Betrieb pro Zeiteinheit das Volumen V einer dichtebeständigen Flüssigkeit fördert. Die Flüssigkeit strömt der Pumpe in einem Rohr vom Querschnitt A_1 mit der Geschwindigkeit U_1 zu und verläßt sie in einem Rohr vom Querschnitt A_2 mit der Geschwindigkeit U_2 (Fig. 54). Wir betrachten die abgeschlossene Flüssigkeitsmenge (zur Definition vgl. 3.1), die sich zur Zeit t zwischen den Querschnitten 1 und 2 befindet. Zur Zeit t + dt wird diese Menge von den Querschnitten 1' und 2' begrenzt, die gegen die Querschnitte 1 und 2 um die Strecken U_1dt und U_2dt verschoben sind. Auf diese abgeschlossene Flüssigkeitsmenge wenden wir nun den Energiesatz der Mechanik an: Die Änderung der Gesamtenergie (= Summe von kinetischer und potentieller Energie) der Flüssigkeitsmenge in der Zeitspanne dt muß gleich sein der Arbeit, die während dieser Zeitspanne an der Flüssigkeitsmenge verrichtet wird.

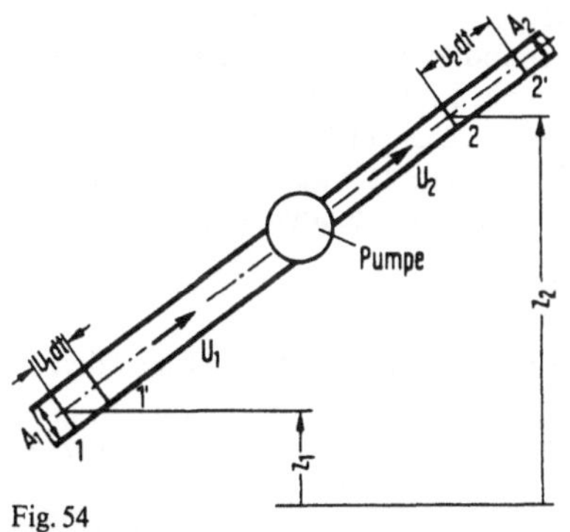

Fig. 54

Diese Arbeit berechnen wir zunächst: Die im Zuflußrohr nachströmende Flüssigkeit leistet an der von uns herausgegriffenen Flüssigkeitsmenge die Arbeit $p_1A_1 \cdot U_1$dt, denn sie verschiebt die Grenzfläche 1 gegen die Druckkraft p_1A_1 um die Strecke U_1dt. Andererseits verrichtet die herausgegriffene Flüssigkeitsmenge an der in Strömungsrichtung vor ihr liegenden Flüssigkeit die Arbeit $p_2A_2 \cdot U_2$dt. Bezeichnen wir schließlich die von der Pumpe (Maschine) während dt auf die Flüssigkeit übertragene (Netto-)Arbeit mit dW_M und die im Rohr zwischen den Stellen 1 und 2 durch innere Reibungskräfte verrichtete "Verlust"arbeit mit dW_V, so beträgt die für Änderungen der mechanischen Energie der abgeschlossenen Flüssigkeitsmenge insgesamt zur Verfügung stehende Gesamtarbeit:

$$dW_{ges} = p_1A_1U_1dt - p_2A_2U_2dt + dW_M - dW_V \qquad (3.56)$$

Um die Änderung der potentiellen Energie der betrachteten Flüssigkeitsmenge zu berechnen, bedenken wir, daß diese Menge während der Zeitspanne dt den Raum zwischen den Querschnitten 1 und 1' freigibt und dadurch die potentielle Energie $\rho g \cdot A_1 U_1 dt \cdot z_1$ verliert; gleichzeitig nimmt sie aber den Raum zwischen 2 und 2' neu ein und gewinnt dadurch die potentielle Energie $\rho g \cdot A_2 U_2 dt \cdot z_2$. Zur Erklärung dieser beiden Ausdrücke merken wir an, daß $A_1 U_1 dt$ der Rauminhalt des Rohres zwischen den Querschnitten 1 und 1' ist, $\rho dA_1 U_1 dt$ also das Gewicht der zwischen diesen Querschnitten enthaltenen Flüssigkeit und $\rho g A_1 U_1 dt z_1$ daher die potentielle Energie dieser Flüssigkeit; entsprechend erklärt man $\rho g A_2 U_2 dt z_2$. Durch eine ganz analoge Überlegung sieht man ein, daß die abgeschlossene Flüssigkeitsmenge durch Aufgabe des Raumes zwischen 1 und 1' die kinetische Energie $(\rho A_1 U_1 dt) \cdot U_1^2/2$ verliert, gleichzeitig aber durch Neueinnahme des Raumes zwischen 2 und 2' die kinetische Energie

$(\rho A_2 U_2 dt) \cdot U_2^2/2$ gewinnt. Insgesamt beträgt daher die Energieänderung dE der herausgegriffenen Flüssigkeitsmenge

$$dE = (\rho A_2 U_2 dt)\,\frac{U_2^2}{2} - (\rho A_1 U_1 dt)\,\frac{U_1^2}{2} + (\rho g A_2 U_2 dt)z_2 - (\rho g A_1 U_1 dt)z_1 \quad (3.57)$$

Setzt man die Energieänderung nach (3.57) der geleisteten Arbeit nach (3.56) gleich, $dE = dW_{ges}$, und beachtet, daß $U_1 A_1 = U_2 A_2 = \dot{V}$ der von der Pumpe geförderte Volumenstrom ist, so ergibt sich nach Division durch dt:

$$\frac{dW_M}{dt} = P_M = \dot{V}\left[\left(p_2 + \frac{\rho}{2}\,U_2^2 + \rho g z_2\right) - \left(p_1 + \frac{\rho}{2}\,U_1^2 + \rho g z_1\right)\right] + \frac{dW_V}{dt} \quad (3.58)$$

Der letzte Ausdruck, $dW_V/dt = P_V$, stellt die "Verlust"leistung dar. Um diesen Betrag vermindert sich pro Zeiteinheit die mechanische Energie der zwischen den Stellen 1 und 2 in der Rohrleitung befindlichen Flüssigkeitsmenge und dissipiert in Wärme. Praktisch wirkt sich dieser Verlust so aus, daß zwischen 1 und 2 ein Druckverlust Δp_V auftritt. Dieser bewirkt, daß sich bei etwa vorgegebenem Druck p_1 ein kleinerer Druck p_2 als bei reibungs- und demnach verlustfreier Strömung einstellt. Dieser Druckverlust beträgt

▶▶
$$\Delta p_V = \frac{P_V}{\dot{V}} \quad (3.59)$$

wodurch sich Gl. (3.58) in folgende Form bringen läßt:

▶▶
$$P_M = \dot{V}\left[\left(p_2 + \frac{\rho}{2}\,U_2^2 + \rho g z_2 + \Delta p_V\right) - \left(p_1 + \frac{\rho}{2}\,U_1^2 + \rho g z_1\right)\right] \quad (3.60)$$

Hierbei ist P_M die Nutzleistung der Pumpe, d. h. die von der Pumpe pro Zeiteinheit an der Flüssigkeit geleistete Arbeit. Gl. (3.60) gilt nicht nur für Pumpen zur Förderung dichtebeständiger Flüssigkeiten, sondern auch für gasfördernde Gebläse, solange man das geförderte Gas als inkompressibel betrachten kann (vgl. Kapitel 1). Auch für Turbinen gilt Gl. (3.60). In diesem Fall wird P_M negativ; dies bedeutet, daß die Leistung P_M von der Flüssigkeit an die Turbine abgegeben wird.

Denkt man sich die Pumpe aus dem Flüssigkeitsstrom entfernt und ist die Strömung reibungsfrei, so muß man in (3.60) $P_M = 0$ und $\Delta p_V = 0$ setzen. Gl. (3.60) geht dann in die Bernoullische Gleichung (3.6) über; unsere Überlegungen haben also, wie angekündigt, auch einen Beweis der Bernoullischen Gleichung, ausgehend von dem Satz von der Erhaltung der mechanischen Energie, geliefert: die Bernoullische Gleichung hat demnach die Bedeutung einer Energiegleichung für reibungsfreie Strömungen. – Im Abschn. 9.3 werden diese Überlegungen auf die Strömung kompressibler Fluide (Gase) erweitert.

Entfernt man lediglich die Pumpe aus dem Flüssigkeitsstrom, setzt man in Gl. (3.60) also nur $P_M = 0$, so erhält man

▶▶
$$p_2 + \frac{\rho}{2}\,U_2^2 + \rho g z_2 + \Delta p_V = p_1 + \frac{\rho}{2}\,U_1^2 + \rho g z_1 \quad (3.61)$$

Diese wichtige, weil vielfach nutzbare Gleichung kann man als "erweiterte" Bernoullische Gleichung für Strömungen mit innerer Reibung bezeichnen, wobei letztere gesamthaft durch das additive Druckverlustglied Δp_V berücksichtigt wird. Wir werden später, etwa in Abschn. 4.2.2, insbesondere aber in Abschn. 7 sehen, wie sich dieser Druckverlust bei der Behandlung konkreter realer Strömungsvorgänge berechnen läßt.

4.   Impulssatz für stationäre Strömung

4.1.   Grundlagen; Herleitung der Impulsgleichung

Ein wichtiges Hilfsmittel bei der Behandlung von Strömungsaufgaben ist der Impulssatz.
Zur Vorbereitung auf die Impulsgleichung für stationär strömende Flüssigkeiten erinnern
wir uns zunächst einiger Begriffe aus der Mechanik der Massenpunkte: Gegeben sei ein
System von n Massenpunkten mit den Massen $m_1, m_2, ..., m_n$. Unter einem "System"
versteht man dabei eine Menge von stets denselben Massenpunkten. Diese Massenpunkte
mögen sich mit den Geschwindigkeiten $\vec{v}_1, \vec{v}_2, ..., \vec{v}_n$ bewegen. Auf den i-ten Massenpunkt
wirke die "äußere Kraft" $\vec{F}_i$. Diese Kraft $\vec{F}_i$ ist die Resultierende aller auf den i-ten Massenpunkt wirkenden Kräfte, die nicht (wie die "inneren" Kräfte) von den übrigen Massenpunkten des Systems herrühren, sondern von außen her einwirken (wie beispielsweise
die Schwerkraft). Der Impuls des i-ten Massenpunktes ist definiert als der Vektor $\vec{I}_i = m_i \vec{v}_i$.
Den Impuls $\vec{I}$ des Systems der n Massenpunkte definiert man als Vektorsumme der Ein-
zelimpulse: $\vec{I} = \vec{I}_1 + \cdots + \vec{I}_n$, d.h.

$$\blacktriangleright \qquad \vec{I} = \sum_{i=1}^{n} \vec{I}_i = \sum_{i=1}^{n} m_i \vec{v}_i \qquad\qquad (4.1)$$

$\vec{I}$ hängt im allgemeinen von der Zeit t ab: $\vec{I} = \vec{I}(t)$. Es gilt nun die Impulsgleichung:

$$\blacktriangleright \qquad \frac{d\vec{I}}{dt} = \sum_{i=1}^{n} \vec{F}_i \qquad\qquad (4.2)$$

In Worten: Die zeitliche Änderung des Impulses eines Systems von Massenpunkten ist
gleich der Vektorsumme aller äußeren Kräfte, die auf das System wirken ("Impulssatz").

Wenn man die Kräfte $\vec{F}_i$ und den Impuls $\vec{I}$ in Komponenten in x-,y-,z-Richtung zerlegt,
erhält man anstelle der Vektorgleichungen (4.1) und (4.2) jeweils drei skalare Gleichungen:

$$\blacktriangleright \qquad I_x = \sum_{i=1}^{n} m_i u_i \;\; ; \; I_y = \sum_{i=1}^{n} m_i v_i \;\; ; \; I_z = \sum_{i=1}^{n} m_i w_i \qquad\qquad (4.3)$$

$$\blacktriangleright \qquad \frac{dI_x}{dt} = \sum_{i=1}^{n} F_{xi} \;\; ; \; \frac{dI_y}{dt} = \sum_{i=1}^{n} F_{yi} \;\; ; \; \frac{dI_z}{dt} = \sum_{i=1}^{n} F_{zi} \qquad\qquad (4.4)$$

Bei der Lösung konkreter Probleme muß man natürlich eine solche Zerlegung immer vor-
nehmen; die Vektorgleichungen (4.1) und (4.2) sind nichts anderes als Kurzfassungen
der Gleichungen (4.3) und (4.4).

Für den Leser, dem die Herleitung der Impulsgleichung (4.2) aus den Newtonschen Grundgleichun-
gen der Mechanik nicht geläufig ist, wird diese Gleichung im folgenden für einen ganz einfachen Fall
hergeleitet (Fig. 55): Zwei Massenpunkte m_1 und m_2 bewegen sich auf einer Geraden; u_1 und u_2
sind ihre Geschwindigkeiten, F_1 und F_2 die auf sie wirkenden äußeren Kräfte. R ist die von dem 1.
auf den 2. Massenpunkt ausgeübte innere Kraft; nach dem Reaktionsprinzip übt der 2. auf den 1.
Massenpunkt eine dem Betrag nach gleiche, aber entgegengesetzt gerichtete innere Kraft aus. Die

Bewegungsgleichungen für die beiden Massenpunkte sind:

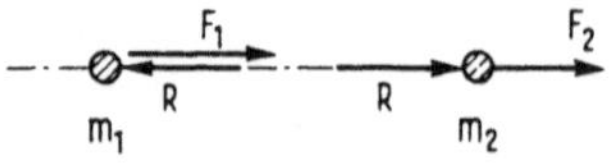

$$m_1\frac{du_1}{dt} = F_1 - R \qquad (4.5)$$

$$m_2\frac{du_2}{dt} = F_2 + R \qquad (4.6)$$

Fig. 55

Addiert man beide Gleichungen, so ergibt sich

$$m_1\frac{du_1}{dt} + m_2\frac{du_2}{dt} = \frac{d}{dt}(m_1 u_1 + m_2 u_2) = F_1 + F_2 \qquad (4.7)$$

Dies ist nichts anderes als ein Sonderfall von Gl. (4.2).

Der Impulssatz ist auch für Systeme von Flüssigkeitsteilchen gültig, z.B. für ein System, das aus allen Flüssigkeitsteilchen innerhalb einer geschlossenen Fläche besteht. Nach der Definition eines Systems besteht dieses stets aus denselben Flüssigkeitsteilchen und ist daher identisch mit einer abgeschlossenen Flüssigkeitsmenge in dem in Abschn. 3.1 definierten Sinn. Da ein solches System keine diskreten Massenpunkte enthält, sondern kontinuierlich von Masse erfüllt ist, muß in der Impulsdefinition (4.1) allerdings die Summe über die Impulse $m_i\vec{v}_i$ der Massenpunkte ersetzt werden durch ein Integral über die Beiträge $\rho\vec{v}\,dV$, die von der Flüssigkeit in den Volumenelementen dV, d.h. also von den Massenelementen $dm = \rho dV$ zum Gesamtimpuls geliefert werden:

$$\vec{I} = \int \vec{v}\,dm = \int \rho\vec{v}\,dV \qquad (4.8)$$

Das Integral erstreckt sich über das gesamte Volumen der abgeschlossenen Flüssigkeitsmenge. Die auf dieses System wirkenden äußeren Kräfte sind zum einen die resultierende Volumenkraft (z.B. im Schwerefeld das Gewicht) und zum anderen die Resultierende der an der Oberfläche angreifenden Kräfte; in reibungsfreier Strömung sind dies Druckkräfte allein, in reibungsbehafteter Strömung kommen noch Schubspannungskräfte hinzu. Zur Anwendung des Impulssatzes muß man die zeitliche Änderung $d\vec{I}/dt$ des Impulses der abgeschlossenen Flüssigkeitsmenge berechnen. Dabei ist zu beachten, daß die geschlossene Fläche, die dieses System begrenzt, mit der Flüssigkeit m i t s c h w i m m t. Bevor wir die Berechnung von $d\vec{I}/dt$ und damit die Anwendung des Impulssatzes an einem Beispiel erörtern, machen wir uns einen für die folgenden Überlegungen wichtigen Sachverhalt klar: Wir denken uns eine r a u m f e s t e (also eine nicht mitschwimmende) geschlossene Fläche. Das von dieser Fläche umschlossene feste Volumen enthält in einer Strömung zu verschiedenen Zeiten verschiedene Flüssigkeitsteilchen. Bei stationärer Strömung ist jedoch der gesamte Impuls aller jeweils in dem Volumen enthaltenen Flüssigkeitsteilchen zu allen Zeiten gleich. Wenn nämlich ein Flüssigkeitsteilchen ein raumfestes Volumenelement der Größe dV räumt, wird es durch ein neues das Element ausfüllendes Teilchen gleicher Masse ρdV ersetzt. Dieses neue Teilchen hat an dieser Stelle dieselbe Geschwindigkeit $\vec{v}$ wie das Teilchen, das sich vorher dort befand, und liefert damit auch den gleichen Beitrag $\rho dV \cdot \vec{v}$ zum gesamten Impuls. (Analoges gilt auch für die potentielle und kinetische Energie der Flüssigkeit innerhalb einer raumfesten Fläche; hiervon wurde stillschweigend in Abschn. 3.7 Gebrauch gemacht).

Wir diskutieren nun als Beispiel die stationäre Strömung durch einen "Rohrkrümmer" (Fig. 56); es sollen keine Volumenkräfte wirken. Vorgegeben seien: p_1, U_1, A_1, A_2, β; das Endergebnis unserer Überlegungen wird ein Ausdruck für die Kraft sein, die von der Flüssigkeit auf den Krümmer ausgeübt wird. Den Vektor der Anströmgeschwindigkeit bezeichnen wir mit $\vec{v}_1$; sein Betrag ist U_1. Die entsprechenden Bezeichnungen für die Abströmgeschwindigkeit sind $\vec{v}_2$ und U_2. Aus der Kontinuitätsgleichung folgt: $U_2 = U_1 A_1 / A_2$. Die Bernoullische Gleichung ergibt den Druck: $p_2 = p_1 + \rho(U_1^2 - U_2^2)/2$. Als System, auf das wir den Impulssatz anwenden, greifen wir die abgeschlossene Flüssigkeitsmenge heraus, die sich zur Zeit t zwischen den Querschnitten 1 und 2 befindet (gestrichelte Berandung in Fig. 56). Zur späteren Zeit t + dt befindet sich diese Flüssigkeitsmenge zwischen den Querschnitten 1' und 2' (strichpunktierte Berandung). Der Impuls der Flüssigkeitsmenge besteht zur Zeit t aus dem Impuls der Flüssigkeit zwischen 1' und 2, den wir kurz $\vec{I}_0$ nennen, und dem Impuls der Flüssigkeit zwischen 1 und 1'.

Da alle Teilchen zwischen 1 und 1' dieselbe Geschwindigkeit $\vec{v}_1$ haben, ist der gesamte Impuls dieser Teilchen gegeben durch $\rho A_1 U_1 dt \cdot \vec{v}_1$. Es ist nämlich $U_1 dt$ der Abstand der Querschnitte 1 und 1', $A_1 U_1 dt$ also das Volumen und $\rho A_1 U_1 dt$ die Masse der Flüssigkeit zwischen 1 und 1'. Zur Zeit t + dt besteht der Impuls der abgeschlossenen Flüssigkeitsmenge aus dem Impuls der Teilchen zwischen 1' und 2,

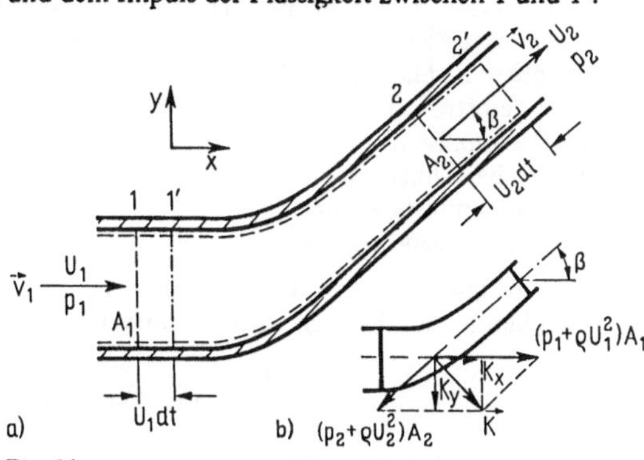

Fig. 56

der in stationärer Strömung, nach der obigen Erörterung, weiterhin $\vec{I}_0$ ist, und dem Impuls zwischen 2 und 2'. Dieser ist durch $\rho A_2 U_2 dt \cdot \vec{v}_2$ gegeben. Die Änderung $d\vec{I}$ des Impulses der betrachteten Flüssigkeitsmenge im Zeitintervall dt ist also

$$d\vec{I} = (\vec{I}_0 + \rho A_2 U_2 dt\,\vec{v}_2) - (\vec{I}_0 + \rho A_1 U_1 dt\,\vec{v}_1)$$
$$= (\rho A_2 U_2 \vec{v}_2 - \rho A_1 U_1 \vec{v}_1) dt \tag{4.9}$$

Führt man den Massenstrom

$$\dot{m} = \rho A_2 U_2 = \rho A_1 U_2 \tag{4.10}$$

ein, so kann man (4.9) auch in folgender Form schreiben:

$$\blacktriangleright \qquad \frac{d\vec{I}}{dt} = \dot{m}\,(\vec{v}_2 - \vec{v}_1) \tag{4.11}$$

In Komponenten geschrieben lautet diese Vektorgleichung:

$$\blacktriangleright \qquad \frac{dI_x}{dt} = \dot{m}\,(u_2 - u_1) \tag{4.12}$$

$$\blacktriangleright \qquad \frac{dI_y}{dt} = \dot{m}\,(v_2 - v_1) \tag{4.13}$$

worin u und v die Komponenten des Vektors $\vec{v}$ in x- bzw. y-Richtung sind. Im betrachteten Beispiel sind: $u_1 = U_1$, $v_1 = 0$, $u_2 = U_2 \cos \beta$, $v_2 = U_2 \sin \beta$. Hiermit ergibt sich aus (4.12), (4.13):

$$\frac{dI_x}{dt} = \dot{m} (U_2 \cos \beta - U_1) = \rho U_2^2 A_2 \cos \beta - \rho U_1^2 A_1 \tag{4.14}$$

$$\frac{dI_y}{dt} = \dot{m} U_2 \sin \beta = \rho U_2^2 A_2 \sin \beta \tag{4.15}$$

Die Gleichungen (4.11) bis (4.13) für die zeitliche Änderung des Impulses der von uns betrachteten abgeschlossenen Flüssigkeitsmenge können wie folgt interpretiert werden: Wir fassen die gestrichelte Berandung in Fig. 56 als raumfeste "Kontrollfläche" auf. Dann ist $\dot{m}$ die Flüssigkeitsmasse, die pro Zeiteinheit an der Stelle 1 in das von dieser Kontrollfläche umrandete "Kontrollvolumen" einströmt. Nach der Kontinuitätsgleichung strömt pro Zeiteinheit die Masse $\dot{m}$ an der Stelle 2 wieder aus. $\dot{m} \vec{v}_1$ ist der an der Stelle 1 pro Zeiteinheit "einströmende Impuls", $\dot{m} \vec{v}_2$ der an der Stelle 2 "ausströmende Impuls". Die zeitliche Impulsänderung $d\vec{I}/dt$ der betrachteten abgeschlossenen Flüssigkeitsmenge läßt sich also berechnen, wenn man die Oberfläche, die diese Flüssigkeitsmenge zur Zeit t begrenzt, als raumfeste Kontrollfläche betrachtet und die Differenz zwischen dem aus- und dem eintretenden Impulsstrom bildet.

Die oben berechnete zeitliche Impulsänderung muß nach (4.2) gleich sein der Summe der auf die betrachtete Flüssigkeitsmenge wirkenden Kräfte:

$$\blacktriangleright \qquad \frac{d\vec{I}}{dt} = \dot{m} (\vec{v}_2 - \vec{v}_1) = \Sigma \vec{F}_i \tag{4.16}$$

oder in Komponenten geschrieben:

$$\blacktriangleright\blacktriangleright \qquad \dot{m} (u_2 - u_1) = \Sigma F_{ix}; \quad \dot{m} (v_2 - v_1) = \Sigma F_{iy} \tag{4.17}$$

Die Kräftesumme $\Sigma \vec{F}_i$ enthält i. a. Volumenkraftanteile $\vec{F}_V$ sowie Oberflächenkraftanteile $\vec{F}_0$. Letztere zerlegt man zweckmäßigerweise in zwei Teile: 1) In die vom Druck p in den Querschnitten 1 und 2 ausgeübte Kraft $\vec{F}_p$ sowie 2) in die von der Krümmerwand auf die Flüssigkeit ausgeübte Kraft $\vec{F}_w$: $\Sigma \vec{F}_i = \vec{F}_V + \vec{F}_0 = \vec{F}_V + \vec{F}_p + \vec{F}_w$. Bei vielen praktischen Anwendungen ist jedoch $\vec{F}_V$ gegenüber $\vec{F}_0$ vernachlässigbar klein oder besitzt gar keine Komponente in der Wirkungsebene von $\vec{F}_0$.

In dem betrachteten Beispiel des Rohrkrümmers wird die Volumenkraft $\vec{F}_V$ vernachlässigt. Man stelle sich hierzu etwa vor, die Schwerkraft wirke senkrecht zur Zeichenebene von Fig. 56. Dann ist $\Sigma \vec{F}_i = \vec{F}_p + \vec{F}_w$. Die x-Komponente der Kraft $\vec{F}_p$ beträgt:

$$F_{px} = p_1 A_1 - p_2 A_2 \cos \beta \tag{4.18}$$

Die x-Komponente der Vektorgleichung (4.17) ergibt mit (4.14) und (4.18):

$$\rho U_2^2 A_2 \cos \beta - \rho U_1^2 A_1 = p_1 A_1 - p_2 A_2 \cos \beta + F_{wx} \tag{4.19}$$

Nach dem Reaktionsprinzip ist die Kraft $\vec{K}$, die von der Flüssigkeit zwischen 1 und 2 auf die Krümmerwand ausgeübt wird: $\vec{K} = -\vec{F}_w$. Damit erhält man aus (4.19) für die x-Komponente $K_x = -F_{wx}$ dieser Kraft (vgl. Fig. 56b):

$$K_x = (p_1 + \rho U_1^2)A_1 - (p_2 + \rho U_2^2)A_2 \cos\beta \qquad (4.20)$$

Die y-Komponente von (4.17) ergibt mit $F_{py} = -p_2 A_2 \sin\beta$ und mit (4.15):

$$\rho U_2^2 A_2 \sin\beta = -p_2 A_2 \sin\beta + F_{wy} \qquad (4.21)$$

Hieraus ergibt sich $K_y = -F_{wy}$ zu (vgl. Fig. 56b):

$$K_y = -(p_2 + \rho U_2^2)A_2 \sin\beta \qquad (4.22)$$

Als "Rezept" für die Anwendung des Impulssatzes entnehmen wir dem Beispiel folgende Regel: Man wähle eine geschlossene Kontrollfläche in der Flüssigkeit und berechne die Differenz zwischen dem aus der Kontrollfläche pro Zeiteinheit ausströmenden und dem einströmenden Impuls (in x-, y-, z-Richtung). Diese Differenz ist gleich der resultierenden Kraft, die auf die Flüssigkeit im Inneren der Kontrollfläche wirkt (in x-, y-, z-Richtung). Die Kraft setzt sich zusammen aus den Druckkräften an der Kontrollfläche selbst (bei nicht reibungsfreier Strömung sind hier auch die Schubspannungen zu berücksichtigen) und der resultierenden Volumenkraft auf das Kontrollvolumen. Die Kunst bei der Anwendung des Impulssatzes besteht gewöhnlich darin, eine Kontrollfläche so zu wählen, daß die Impulsgleichung die für das konkrete Problem gewünschten Informationen liefert. Da in vielen Fällen die Kraft gesucht ist, die von der Flüssigkeit auf feste, die Strömung begrenzende Wände ausgeübt wird (in unserem Beispiel die Kraft auf den Krümmer, in anderen Fällen etwa die Kraft auf umströmte Körper), muß man die Kontrollfläche so wählen, daß diese Wände Teil der Kontrollfläche werden. Im übrigen muß man sich durch Übung Gewandtheit in der Wahl der Kontrollfläche erwerben.

Aus den beiden Gleichungen (4.20) und (4.22) ergibt sich übrigens eine Vorschrift für die geometrische Konstruktion der auf den Krümmer ausgeübten Kraft $\vec{K}$ mit den Komponenten K_x und K_y: Man addiert den Vektor vom Betrage $(p_1 + \rho U_1^2)A_1$ in Richtung der einströmenden Flüssigkeit zum Vektor vom Betrage $(p_2 + \rho U_2^2)A_2$ entgegen der Richtung der ausströmenden Flüssigkeit; vgl. Fig. 56b. Das Ergebnis dieser Addition, d. h. der resultierende Vektor, ist der Kraftvektor $\vec{K}$. Aus der Figur liest man nämlich ab, daß die Komponenten K_x und K_y des so bestimmten Vektors $\vec{K}$ den Gleichungen (4.20) und (4.22) genügen.

Man kann auch die Wirkungslinie der resultierenden Kraft $\vec{F}$ geometrisch finden. Hierzu zeichnet man durch die Flächenschwerpunkte des Eintritts- und des Austrittsquerschnitts Geraden in Strömungsrichtung (Fig. 56b) und bringt diese Geraden zum Schnitt. Die Wirkungslinie von $\vec{F}$ führt in der schon vorher bestimmten Richtung durch diesen Schnittpunkt.

Die Richtigkeit dieser Regel für die Anwendung des Impulssatzes in der Hydrodynamik ist bis jetzt nur für das behandelte Beispiel gezeigt. Die Regel gilt aber ganz allgemein. Der Beweis für diese Behauptung ergibt sich aus einer naheliegenden Verallgemeinerung der Überlegungen, die wir oben für das Beispiel durchgeführt haben. Diese Verallgemeinerung ist für denjenigen leicht zu verstehen, der sich in der Vektoranalysis etwas auskennt. Der Vollständigkeit halber wird der Beweis hier unter kommentarloser Verwendung der einfachen Hilfsmittel aus der Vektoranalysis skizziert. Es genügt zu zeigen, daß die zeitliche Änderung des Impulses einer abgeschlossenen Flüssigkeitsmenge in stationärer Strömung berechnet werden kann, indem man die Fläche, die zur Zeit t die Flüssigkeitsmenge umschließt, als raumfeste Kontrollfläche wählt und die Differenz zwischen dem pro Zeiteinheit ausströmenden und einströmenden Impuls bildet. Wir betrachten hierzu die zur Zeit t von der geschlos-

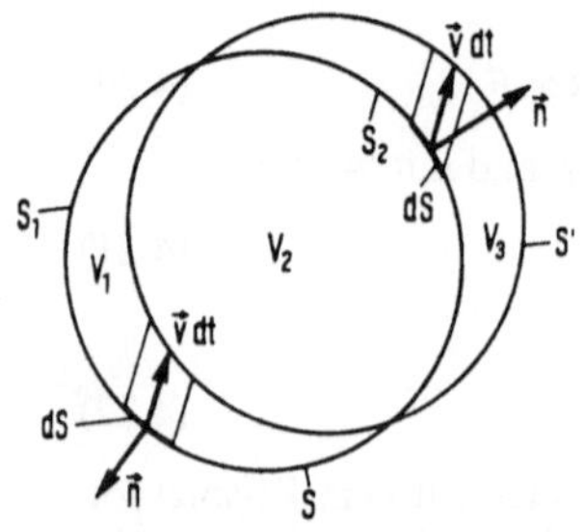

Fig. 57

senen Fläche S begrenzte abgeschlossene Flüssigkeitsmenge (Fig. 57). Zur Zeit t + dt wird diese Flüssigkeitsmenge von der Fläche S' begrenzt. Die Schnittkurve zwischen S und S' zerlegt S in die beiden Teilflächen S_1 und S_2. V_1 ist das von der Flüssigkeit in der Zeitspanne von t bis t + dt freigegebene Volumen, V_3 das in dieser Zeitspanne neu eingenommene Volumen. Der Impuls zur Zeit t ist

$$\vec{I}(t) = \int\limits_{V_1+V_2} \rho\vec{v}dV = \int\limits_{V_1} \rho\vec{v}dV + \int\limits_{V_2} \rho\vec{v}dV \tag{4.23}$$

Für das in Fig. 57 skizzierte Volumenelement von V_1 gilt: $dV = - (\vec{v} \cdot \vec{n})$ dS dt; hier ist $\vec{n}$ der Einheitsvektor der äußeren Normalen von S, dS ist der Flächeninhalt des in Fig. 57 skizzierten Elementes von S; $(\vec{v} \cdot \vec{n})$ ist das Skalarprodukt von $\vec{v}$ und $\vec{n}$. Also erhält man aus (4.23)

$$\vec{I}(t) = - dt \int\limits_{S_1} \rho\vec{v}(\vec{v} \cdot \vec{n})dS + \int\limits_{V_2} \rho\vec{v}dV \tag{4.24}$$

Ganz analog hierzu erhält man

$$\vec{I}(t + dt) = \int\limits_{V_3} \rho\vec{v}\,dV + \int\limits_{V_2} \rho\vec{v}\,dV = + dt \int\limits_{S_2} \rho\vec{v}(\vec{v} \cdot \vec{n})dS + \int\limits_{V_2} \rho\vec{v}\,dV \tag{4.25}$$

Aus (4.24) und (4.25) ergibt sich

$$\vec{I}(t + dt) - \vec{I}(t) = \frac{d\vec{I}}{dt}dt = [\int\limits_{S_2} \rho\vec{v}(\vec{v} \cdot \vec{n})dS + \int\limits_{S_1} \rho\vec{v}(\vec{v} \cdot \vec{n})dS]dt$$

oder

$$\frac{d\vec{I}}{dt} = \int\limits_{S} \rho\vec{v}(\vec{v} \cdot \vec{n})dS \tag{4.26}$$

Das Integral erstreckt sich über die gesamte Oberfläche S. $\rho(\vec{v} \cdot \vec{n})dS$ ist die pro Zeiteinheit über ein Flächenelement der Größe dS ausströmende Masse; wenn $(\vec{v} \cdot \vec{n})$ negativ ist, handelt es sich um eine einströmende Masse; $\rho\vec{v}(\vec{v} \cdot \vec{n})dS$ ist daher der pro Zeiteinheit über das Flächenelement ausströmende Impuls; wenn $\vec{v} \cdot \vec{n}$ negativ ist, strömt der Impuls ein. Das Integral in (4.26) gibt also die Differenz zwischen dem über S ausströmenden und einströmenden Impuls, d.h. den insgesamt aus dem Kontrollvolumen ausströmenden Impuls. Diese Größe ist nach Gl. (4.26) identisch mit der zeitlichen Änderung des Impulses der abgeschlossenen Flüssigkeitsmenge, die zur Zeit t gerade von der Kontrollfläche S begrenzt wird.

4.2. Einfache Anwendungen des Impulssatzes

4.2.1. Freistrahlen. Ein Strahl tritt mit der Geschwindigkeit U aus einer rechteckigen Düse aus (Fig. 58; Breite h, Tiefe b senkrecht zur Zeichenebene). Der Strahl trifft auf eine Schaufel, die ihn symmetrisch nach zwei Seiten um den Winkel $180^\circ - \beta$ umlenkt. Zu berechnen ist die von der Flüssigkeit auf die Schaufel ausgeübte Kraft. Zunächst eine Vorbemerkung: Die Flüssigkeit ist von der ruhenden Atmosphäre vom Druck p_0 umgeben. Bei Abschalten des Strahls übt der Druck p_0 auf die Innenseite der Schaufel, die bei eingeschaltetem Strahl von diesem benetzt wird, eine Kraft aus. Diese Kraft wird aber gerade von der Kraft kompensiert, die auf der nicht benetzten Schaufelrückseite vom Atmosphärendruck p_0 erzeugt wird, denn ein allseits auf die Oberfläche eines beliebigen

Körpers wirkender konstanter Druck erzeugt keine resultierende Kraft. — Wenn wir nun den Impulssatz unter Benutzung des gestrichelt umrandeten Kontrollvolumens (Fig. 58) anwenden und die vom Strahl auf die Innenseite der Schaufel ausgeübte Kraft ausrechnen, erhalten wir auch einen Kraftanteil, der auf den Atmosphärendruck p_0 zurückgeht und auch ohne Strahl schon vorhanden ist. Da dieser Kraftanteil durch den Druck auf der Rückseite kompensiert wird und daher zur resultierenden Kraft auf die Schaufel nichts beiträgt, ist er ganz uninteressant. Dieser Kraftanteil tritt bei der Rechnung gar nicht auf, wenn man einfach formal $p_0 = 0$ setzt. In diesem Fall ergibt der Impulssatz als Kraft auf die Schaufelinnenseite nur die von der Strömung erzeugte Kraft. Diese Kraft stimmt aber auch für $p_0 \neq 0$ mit der auf die Schaufel wirkenden resultierenden Druckkraft überein. In diesem Zusammenhang wird an die Überlegungen in 2.2.7 erinnert. Auch dort ist nur der Kraftanteil F_{fl} auf die Wand wichtig, da der vom Atmosphärendruck p_0 herrührende Kraftanteil durch die Gegenkraft auf die Rückseite der Wand aufgehoben wird.

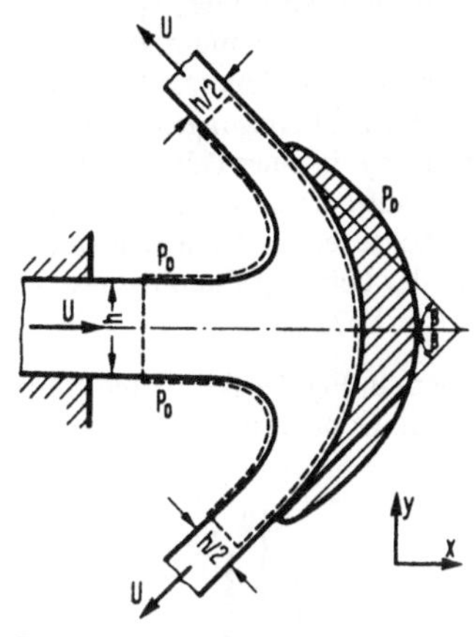

Fig. 58

Da der Druck am Strahlrand konstant ist ($= p_0$), muß die Geschwindigkeit dort auch konstant und somit gleich der Ausströmgeschwindigkeit U sein. Es ist plausibel, daß in einiger Entfernung vom Umlenkgebiet die Stromlinien in beiden Teilstrahlen wieder parallel geworden sind. Nach 3.4 ist dann der Druck über den Strahlquerschnitt konstant ($= p_0$). Damit hat dort die Geschwindigkeit auf allen Stromlinien denselben Wert U; man sieht dies ein, indem man die Bernoullische Gleichung auf eine Stromlinie anwendet, die von einem Punkt im ankommenden Parallelstrahl zu einem Punkt im abgehenden Parallelstrahl führt. Die Impulsgleichung (für den x-Impuls) ergibt nun mit Einführung des Massenstroms $\dot{m} = \rho U b h$ (aus den oben erläuterten Gründen setzen wir $p_0 = 0$):

$$\underbrace{\underset{\text{ausfließender}}{\dot{m}(-U\cos\beta)} \quad - \quad \underset{\text{einfließender}}{\dot{m}\cdot U}}_{\text{x-Impuls}} \quad = -F \tag{4.27}$$

F ist die in x-Richtung auf die Schaufel ausgeübte Kraft. Sie ergibt sich aus Gl. (4.27) zu

$$F = \dot{m}U(1 + \cos\beta) = \rho U^2 bh(1 + \cos\beta) \tag{4.28}$$

Wir ändern das Problem jetzt etwas ab, indem wir uns die Schaufel mit der Geschwindigkeit U_0 von der Düse fortbewegt denken. Die Strömung ist für einen mit der Schaufel bewegten Beobachter stationär. Für diesen Beobachter trifft der Strahl mit der Geschwindigkeit $U - U_0$ auf die Schaufel auf, wenn U wie seither die Austrittsgeschwindigkeit aus der feststehenden Düse bezeichnet. Als Kraft auf die Schaufel ergibt sich somit aus Gl. (4.28):

$$F = \rho(U - U_0)^2 bh(1 + \cos\beta) \tag{4.29}$$

Die Leistung P dieser Kraft, d.h. die von ihr pro Zeiteinheit verrichtete Arbeit, ist $P = FU_0$,

d.h.
$$P = \rho(U - U_0)^2 \, U_0 bh(1 + \cos\beta) \qquad (4.30)$$

Die Leistung wird 0 für $U_0 = U$ und $U_0 = 0$. Dazwischen muß es einen Wert U_0^* geben, für den sie ein Maximum, P_{max}, annimmt. Man findet U_0^*, indem man den Ausdruck (4.30) für P nach U_0 differenziert und null setzt. Es ergibt sich $U_0^* = U/3$ und $P_{max} = \frac{4}{27}\rho bhU^3 \cdot (1 + \cos\beta)$. Überlegungen dieser Art sind u.a. bei der Auslegung von Peltonturbinen von Bedeutung. In einer Peltonturbine trifft ein Flüssigkeitsstrahl auf die auf dem Umfang eines Laufrades angeordneten Schaufeln von der in Fig. 58 skizzierten Form. Da ständig neue Schaufeln in den Strahl eintauchen, sind die obigen Überlegungen über das Maximum der Leistung allerdings etwas zu ändern; es ergibt sich hier ein Leistungsmaximum für $U_0 = U/2$.

Bei dem in Fig. 59 skizzierten, auf eine ebene Wand auftreffenden Strahl sei der Winkel β gegeben. Gesucht ist hier außer der auf die Wand in x-Richtung ausgeübten Kraft F auch

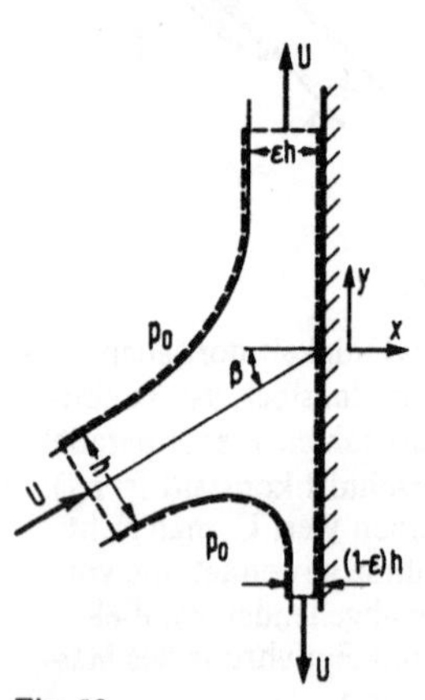

Fig. 59

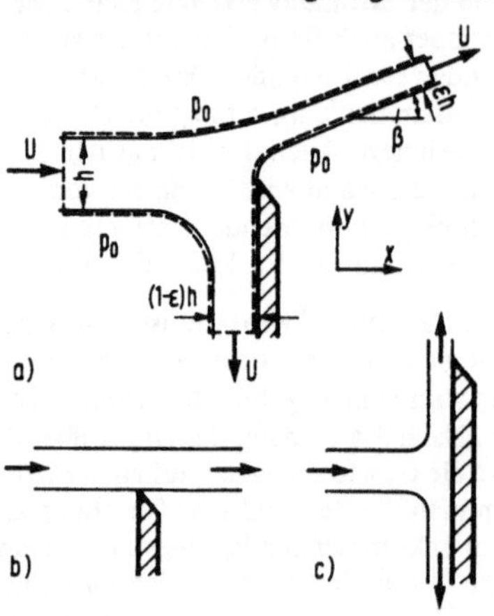

Fig. 60

das Verhältnis ϵ, in dem der Strahl zerteilt wird. Der Impulssatz für die x-Komponente ergibt hier bei Wahl der gestrichelten Kontrollfläche ($p_0 = 0$ gesetzt):

$$0 - \rho Ubh \cdot U \cos\beta = -F \qquad (4.31)$$

oder
$$F = \rho U^2 bh \cos\beta \qquad (4.32)$$

(b = Strahltiefe senkrecht zur Zeichenebene). Der Impulssatz für die y-Komponente liefert, da die Wand bei reibungsfreier Strömung keine Kraft in y-Richtung auf die Flüssigkeit ausüben kann:

$$\rho U\epsilon bh \cdot U \quad + \quad \rho U(1-\epsilon)bh \cdot (-U) \quad - \quad \rho Ubh \cdot U \sin\beta \quad = 0 \qquad (4.33)$$

nach oben	nach unten	einströmender
ausströmender	ausströmender	y-Impuls

oder, nach Herauskürzen des gemeinsamen Faktors $\rho U^2 bh$:

$$\epsilon = \frac{1}{2}(1 + \sin \beta) \tag{4.34}$$

Für $\beta = 0^{\mathrm{O}}$ erhält man $F = \rho U^2 \cdot bh$ und $\epsilon = 1/2$; das Ergebnis für ϵ leuchtet hier unmittelbar ein (Symmetrie!). Für $\beta = 90^{\mathrm{O}}$ wird $F = 0$ und $\epsilon = 1$; der Strahl strömt, ohne zerteilt zu werden, an der Wand entlang.

Fig. 60a zeigt die Strahlablenkung an einer Schneide. Aus dem Impulssatz für die y-Komponenten ergibt sich ein Zusammenhang zwischen dem Ablenkwinkel β und dem Teilungsverhältnis ϵ:

$$\rho U\epsilon bh \cdot U \sin \beta + \rho U(1 - \epsilon)bh \cdot (-U) = 0 \tag{4.35}$$

Hieraus:
$$\epsilon = \frac{1}{1 + \sin \beta} \tag{4.36}$$

Man versteht leicht die folgenden Spezialfälle: $\epsilon = 1$ für $\beta = 0^{\mathrm{O}}$ (ungestörter Strahl, Fig. 60b) und $\epsilon = 1/2$ für $\beta = 90^{\mathrm{O}}$ (symmetrische Teilung des Strahls an einer Wand senkrecht zum Strahl, Fig. 60c). Die auf die Schneide in x-Richtung ausgeübte Kraft F ergibt sich aus dem Impulssatz für die x-Komponente:

$$\rho U\epsilon bh \cdot U \cos \beta - \rho Ubh \cdot U = -F \tag{4.37}$$

oder
$$F = \rho U^2 bh(1 - \epsilon \cos \beta) \tag{4.38}$$

In Fig. 61 ist ein Flüssigkeitsbehälter skizziert, dessen Ausflußöffnung der Größe A_i durch ein angesetztes Rohr weit in das Innere des Behälters gezogen ist; man nennt diese Vorrichtung eine "Bordamündung". Die Flüssigkeit im Behälter stehe in Höhe der Mitte der Ausflußöffnung unter dem Druck p_i. Dieser Druck kann z.B. durch ein auf den verschiebbaren Kolben aufgelegtes Gewicht erzeugt und bei der Entleerung des Gefäßes konstant gehalten werden. Der Druck der Atmosphäre außerhalb sei $p_0 < p_i$. Die Ausflußöffnung sei so klein und der Behälter leere sich deshalb so langsam, daß man die Sinkgeschwindigkeit des Kolbens vernachlässigen kann. (Man kann sich auch vorstellen, daß ein Behälter konstanten Volumens mit Gas unter dem Druck p_i gefüllt ist. Ist der Ausflußquerschnitt hinreichend klein, so ändert sich der Innendruck p_i bei Entleerung nur langsam und die Strömung ist annähernd stationär.)

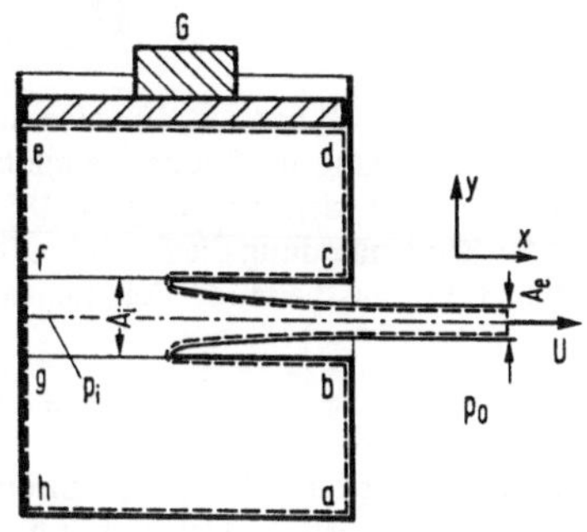

Fig. 61

Es zeigt sich nun, daß der Endquerschnitt A_e des austretenden Strahls kleiner ist als der Querschnitt A_i. Man definiert eine Kontraktionszahl α durch

$$\blacktriangleright \qquad \alpha = \frac{A_e}{A_i} < 1 \tag{4.39}$$

Für die Bordamündung kann α mit Hilfe des Impulssatzes bei Verwendung des in Fig. 61 gestrichelt skizzierten Kontrollvolumens berechnet werden. Zunächst erhält man aus der

Bernoullischen Gleichung für die Ausströmgeschwindigkeit U die Beziehung

$$\frac{\rho}{2}U^2 = p_i - p_0 \qquad (4.40)$$

Auf demjenigen Teil der Kontrollfläche, der mit dem Strahlrand zusammenfällt, ist der Druck $p = p_0$. Die anderen Teile der Kontrollfläche, die Beiträge zur Druckkraftkomponente in x-Richtung liefern, nämlich ab, cd, ef und gh sind so weit von der Ausflußöffnung entfernt, daß die Geschwindigkeit auf diesen Flächen null ist und die Drücke auf den gegenüberliegenden Teilflächen ab, gh bzw. cd, ef daher aus hydrostatischen Gründen gleich groß sind, so daß von daher keine resultierende Kraft in x-Richtung verbleibt. Man erhält somit als Impulsbilanz (in x-Richtung)

$$\rho U A_e \cdot U = (p_i - p_0)A_i = \frac{\rho}{2}U^2 A_i \qquad (4.41)$$

(wobei (4.40) benutzt wurde). Aus (4.41) ergibt sich $A_e/A_i = 1/2$, d.h. $\alpha = 1/2$. Dieses Ergebnis ist übrigens unabhängig von der Form der Ausflußöffnung.

Ein Strahl kontrahiert sich immer dann, wenn die Öffnung, aus der er austritt, nicht gut abgerundet ist. Bei der in Fig. 62a skizzierten, abgerundeten Öffnung ist $\alpha = 1$. Bei der in Fig. 62b skizzierten, scharfkantigen Öffnung ist $\alpha = \pi/(2 + \pi) = 0{,}61$, wenn es sich um

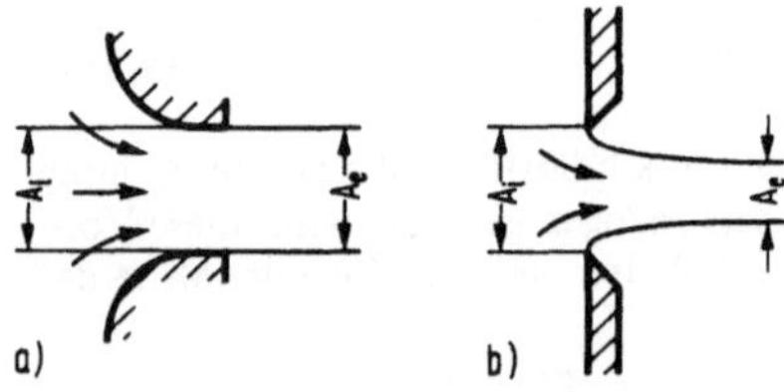

a) b) Fig. 62

einen langen Spalt handelt. Für eine scharfkantige, kreisrunde Öffnung ergibt die numerische Berechnung auf Grund der mathematischen Theorie der Freistrahlen $\alpha = 0{,}58$, also einen Wert, der nur wenig von 0,61 verschieden ist. Dies bedeutet, daß auch hier wie bei der Bordamündung die Strahlkontraktion kaum von der Form der Ausflußöffnung abhängt. Der ausfließende Volumenstrom ist

$$\blacktriangleright \qquad \dot{V} = A_e U = \alpha A_i U = \alpha A_i \sqrt{\frac{2}{\rho}(p_i - p_0)} \qquad (4.42)$$

Dieses Ergebnis für reibungsfreie Strömung muß noch korrigiert werden, wenn man es auf wirkliche Ausflußvorgänge mit hoher Genauigkeit anwenden will. Die Korrektur geht darauf zurück, daß reale Flüssigkeiten an festen Wänden haften bleiben (vgl. 3.2). Dies äußert sich in einer Verringerung des Volumenstroms gegenüber dem durch (4.42) gegebenen Wert. Man berücksichtigt dies, indem man einen empirischen Faktor φ in Gl. (4.42) einführt:

$$\blacktriangleright \qquad \dot{V} = \varphi \alpha A_i \cdot \sqrt{\frac{2}{\rho}(p_i - p_0)} \qquad (4.43)$$

Es ist $\varphi < 1$. Wenn die für den Ausflußvorgang charakteristische Reynoldszahl (vgl. 7.1) nicht zu klein ist, ist φ nur wenig kleiner als 1. Das Produkt $\mu = \varphi \alpha$ wird als "Ausflußzahl" bezeichnet.

4.2.2. Carnotscher Stoßverlust. Ein zylindrisches Rohr erweitert sich unstetig vom Querschnitt A_1 auf den Querschnitt A_2 (Fig. 63); eine Flüssigkeit strömt mit der Geschwindigkeit U_1 und dem Druck p_1 im engen Rohr in Richtung auf das weite Rohr. Die Flüssigkeit tritt mit der Geschwindigkeit U_1 in Form eines Strahls in das weite Rohr ein.

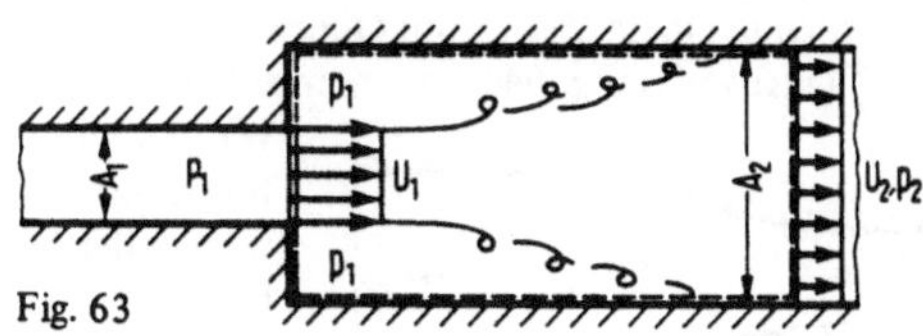

Fig. 63

Seitlich vom Strahl ruht die Flüssigkeit; daher herrscht dort derselbe Druck wie im Strahl, also p_1. Der Strahl vermischt sich stromab von der Erweiterung mit der ihn umgebenden Flüssigkeit. Hierdurch wird schließlich eine gleichmäßige Geschwindigkeit U_2 über den ganzen Querschnitt des weiten Rohres erreicht, wobei nach der Kontinuitätsgleichung gilt:

$$U_1 A_1 = U_2 A_2 \qquad (4.44)$$

Bei Rohren mit Kreisquerschnitt ist die Mischung in einer Entfernung von 5 d_2 bis 10 d_2 von der unstetigen Erweiterung praktisch beendet (d_2 ist der Durchmesser des weiten Rohres). Im Rohr herrscht dann der Druck p_2, den wir nun mit Hilfe des Impulssatzes, angewandt auf das gestrichelte Kontrollvolumen, berechnen:

$$\rho U_2^2 A_2 - \rho U_1^2 A_1 = (p_1 - p_2)A_2 \qquad (4.45)$$

Hieraus, mit $U_1 A_1 = U_2 A_2$:

▶
$$p_2 = p_1 + \rho U_2(U_1 - U_2) \qquad (4.46)$$

Man muß folgendes bedenken: Der Strahl vermischt sich mit der umgebenden Flüssigkeit, weil in der Flüssigkeit Schubspannungen auftreten oder, wie wir kurz sagen wollen: weil innere Reibung vorhanden ist (vgl. Abschn. 8.4). Die Reibung verhindert, daß Flüssigkeitsbereiche mit verschiedenen Geschwindigkeiten aneinander vorbeigleiten, ohne daß der Geschwindigkeitsunterschied zwischen beiden Bereichen allmählich ausgeglichen wird. Die Schubspannungen greifen auch an denjenigen Teilen der Kontrollfläche an, die mit der Wand des weiten Rohres zusammenfallen. Sie müßten daher eigentlich bei der Berechnung der Kraft auf das Kontrollvolumen berücksichtigt werden; wir haben aber nur Druckkräfte berücksichtigt. Dies ist deshalb berechtigt, weil eine Abschätzung des Effektes der inneren Reibung zeigt, daß durch die Schubspannungen das Ergebnis (4.46) nicht wesentlich geändert wird, wenn nur die für die Strömung charakteristische Reynoldszahl $\mathrm{Re} = U_2\, d_2/\nu$ (vgl. 7.1) hinreichend groß ist ($\mathrm{Re} \gtrsim 10^4$). Unter diesen Umständen kann man auch das Haften der Flüssigkeit an den Wänden und die dadurch bedingten Grenzschichten vernachlässigen. Allerdings darf die Erweiterung des Rohres und damit auch der Druckunterschied $p_2 - p_1$ nicht zu klein sein, da andernfalls der Effekt der inneren Reibung doch merklichen Anteil an diesem Druckunterschied haben kann. Obwohl man einerseits die innere Reibung bei der Anwendung des Impulssatzes in dem hier betrachteten Beispiel vernachlässigen kann, darf man andrerseits den Druckunterschied

$p_2 - p_1$ nicht einfach aus der Bernoullischen Gleichung berechnen. Da nämlich bei der Vermischung des Strahls mechanische Energie durch innere Reibung in Wärme dissipiert wird, ist $p_2 - p_1$ kleiner als der Wert $p_2' - p_1 = \frac{\rho}{2}(U_1^2 - U_2^2)$, der sich aus der Bernoullischen Gleichung ergibt. Diese "Bernoullische Druckdifferenz" $p_2' - p_1$ erhielte man (jedenfalls annähernd) in einem stetig vom Querschnitt A_1 auf den Querschnitt A_2 erweiterten Rohr, einem "Diffusor" (Fig. 64). In einem solchen Diffusor löst die Strömung nicht von der Wand ab und es tritt daher kein Strahl mit nachfolgender Vermischung auf, wenn nur der Öffnungswinkel des Diffusors hinreichend klein ist: $\delta \approx 6^{\circ}$ bis 10°.

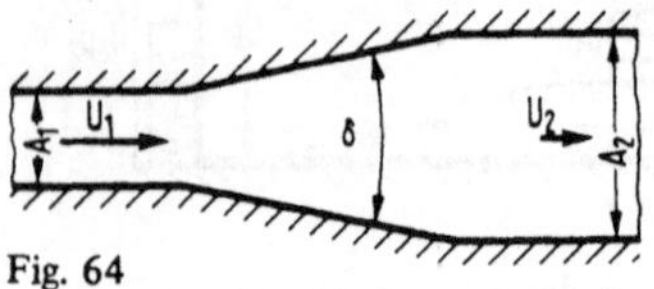

Fig. 64

Die Differenz

$$\Delta p_v = (p_2' - p_1) - (p_2 - p_1) = \qquad (4.47)$$

$$\frac{\rho}{2}(U_1^2 - U_2^2) - (p_2 - p_1)$$

heißt "Druckverlust". Bei der hier studierten Strömung durch eine unstetige Rohrerweiterung spricht man speziell vom "Carnotschen Stoßverlust" Δp_{vc}. Setzt man in (4.47) das Resultat (4.46) für $p_2 - p_1$ ein, so erhält man

$$\blacktriangleright \qquad \Delta p_{vc} = \frac{\rho}{2}(U_1 - U_2)^2 \qquad (4.48)$$

Die auch für andere Strömungen gültige Definitionsgleichung (4.47) für Δp_v kann auch so geschrieben werden:

$$\blacktriangleright\blacktriangleright \qquad p_1 + \frac{\rho}{2}U_1^2 = p_2 + \frac{\rho}{2}U_2^2 + \Delta p_v \qquad (4.49)$$

Gl. (4.49) ist nichts anderes als ein Sonderfall der "erweiterten" Bernoullischen Gleichung (3.61). Setzt man dort $z_1 = z_2$, erhält man unmittelbar (4.49). – Es ist üblich, eine dimensionslose Druckverlustzahl ζ zu definieren als Verhältnis des Druckverlustes zu einem charakteristischen Staudruck, gewöhnlich dem Staudruck der Strömung unmittelbar vor oder nach der Stelle, wo der Druckverlust erzeugt wird:

$$\blacktriangleright\blacktriangleright \qquad \zeta = \frac{\Delta p_v}{\frac{\rho}{2}U_{ch}^2} \; ; \quad \text{d.h.} \quad \Delta p_v = \zeta \cdot \frac{\rho}{2}U_{ch}^2 \qquad (4.50)$$

Für den Carnotschen Stoßverlust nach Gl. (4.48) erhält man aus Gl. (4.50) mit $U_{ch} = U_1$

$$\blacktriangleright \qquad \zeta_c = \frac{\Delta p_{vc}}{\frac{\rho}{2}U_1^2} = (1 - \frac{U_2}{U_1})^2 = (1 - \frac{A_1}{A_2})^2 \qquad (4.51)$$

In einem stetig erweiterten Diffusor tritt infolge der unvermeidlichen inneren Reibung auch ein Druckverlust ein, der aber im allgemeinen viel kleiner ist als der Carnotsche Stoßverlust für dasselbe Flächenverhältnis A_2/A_1. Die Aufgabe eines Diffusors ist die Umwandlung von kinetischer Energie $\frac{\rho}{2}U^2$ der Strömung in "Druckenergie" (vgl. 3.2). Ein Maß für die Wirksamkeit des Diffusors bei dieser Umwandlung ist der "Diffusorwirkungsgrad" η_D. Dieser ist definiert als Verhältnis der wirklichen Druckdifferenz $p_2 - p_1$ zu der nur im Idealfall realisierbaren Bernoullischen Druckdifferenz $p_2' - p_1$:

$$\eta_D = \frac{p_2 - p_1}{p_2' - p_1} = \frac{p_2' - p_1 - \Delta p_v}{p_2' - p_1} = 1 - \frac{\Delta p_v}{\frac{\rho}{2}(U_1^2 - U_2^2)} < 1 \tag{4.52}$$

Setzt man nach (4.50) $\Delta p_v = \zeta \cdot \frac{\rho}{2} U_1^2$, so erhält man:

$$\eta_D = 1 - \zeta \frac{U_1^2}{U_1^2 - U_2^2} = 1 - \zeta \frac{A_2^2}{A_2^2 - A_1^2} \tag{4.53}$$

Der Wirkungsgrad wäre 1, wenn kein Druckverlust aufträte ($\zeta = 0$). Verwendet man das unstetig erweiterte Rohr als Diffusor, so ergibt sich mit (4.51) aus (4.53) als Wirkungsgrad dieses "Stoßdiffusors"

$$\eta_{Dc} = 1 - \frac{A_2 - A_1}{A_2 + A_1} = \frac{2A_1}{A_2 + A_1} \tag{4.54}$$

Auch an einer unstetigen Rohrverengung (Fig. 65) entsteht ein Carnotscher Stoßverlust, denn auch hier löst die Strömung von der Rohrwand ab und bildet einen Freistrahl, der sich anschließend mit der umgebenden Flüssigkeit mischt. Man definiert hier die Kontraktionszahl $\alpha = A_3/A_2$, wobei A_3 den engsten Strahlquerschnitt bezeichnet. α hängt vom Flächenverhältnis A_2/A_1 ab, derart daß $\alpha \to 1$ für $A_2/A_1 \to 1$ und $\alpha \to 0,58$ für $A_2/A_1 \to 0$ bei kreisförmigem Rohrquerschnitt gilt. Bei der Vermischung des Strahls mit der umgebenden Flüssigkeit entsteht zwischen den Stellen 3 und 2 der Druckverlust (vgl. Gl. (4.48)):

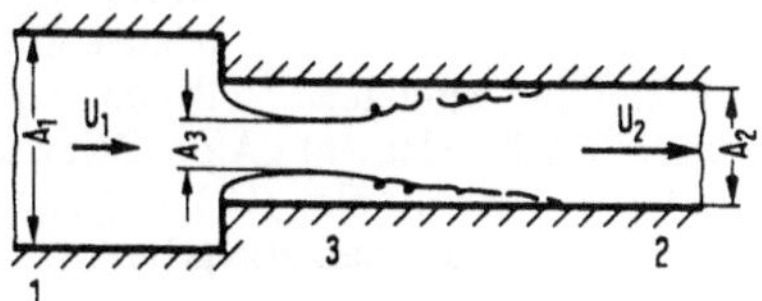

Fig. 65

$$\Delta p_{vc} = \frac{\rho}{2}(U_3 - U_2)^2 = \frac{\rho}{2} U_2^2 (\tfrac{1}{\alpha} - 1)^2 \tag{4.55}$$

(hierbei wurde nach der Kontinuitätsgleichung $U_3 = U_2/\alpha$ gesetzt). Den Druck p_2 kann man jetzt bei bekannten Anströmwerten p_1, U_1 aus der erweiterten Bernoullischen Gleichung (4.49) berechnen, in der man den Druckverlust Δp_{vc} berücksichtigt:

$$p_2 = p_1 + \frac{\rho}{2}(U_1^2 - U_2^2) - \Delta p_{vc} \tag{4.56}$$

Hieraus, mit $U_2 = U_1 A_1/A_2$ und Δp_{vc} nach (4.55):

$$p_2 = p_1 + \frac{\rho}{2} U_1^2 \left[1 - \frac{A_1^2}{A_2^2}(1 + (\tfrac{1}{\alpha} - 1)^2)\right] \tag{4.57}$$

In vielen Tabellenwerken (Hütte, Dubbel usw.) findet man Angaben über die Druckverlustzahlen für unstetige Rohrerweiterungen oder -verengungen und für andere Leitungsteile (Krümmer, Knie, Schieber usw.). Bei Verwendung dieser Angaben für praktische

Berechnungen muß man stets darauf achten, auf welchen Staudruck $\frac{\rho}{2} U^2$ der Druckverlust Δp_v bei der Definition der Verlustzahl $\zeta = \Delta p_v / (\frac{\rho}{2} U^2)$ bezogen ist; vielfach, jedoch nicht immer bedeutet $\frac{\rho}{2} U^2$ den Staudruck v o r dem Leitungsteil, in dem der Verlust Δp_v entsteht. Man muß schließlich noch bedenken, daß bei konkreten Strömungen die Geschwindigkeit über den Leitungsquerschnitt nicht konstant sein wird (die Flüssigkeit muß ja an den Wänden haften). In diesen Fällen ist unter U die über den Leitungsquerschnitt g e m i t t e l t e Geschwindigkeit zu verstehen.

4.2.3. Mischvorgänge in Leitungen konstanten Querschnitts. Bei den in 4.2.2 betrachteten Strömungen spielt der Ausgleich des Geschwindigkeitsunterschiedes zwischen dem Strahl und der umgebenden Flüssigkeit eine wichtige Rolle. Wir wollen solche Vorgänge nun ganz allgemein betrachten (Fig. 66): In einem zylindrischen Rohr strömt eine Flüssigkeit an der Stelle 1 mit ungleichmäßig über den Querschnitt verteilter Geschwindigkeit $U(x,y) = \bar{U} \cdot (1 + \epsilon(x,y))$; x,y sind die Koordinaten in der Querschnittsfläche und $\bar{U}$ ist die über den Querschnitt gemittelte Geschwindigkeit. Die mittlere Geschwindigkeit $\bar{U}$ ist dadurch definiert, daß $A \cdot \bar{U}$ das pro Zeiteinheit durch den Rohrquerschnitt fließende Flüssigkeitsvolumen ist. $\epsilon(x,y)$ ist an jeder Stelle x,y im Querschnitt die relative Abweichung der Geschwindigkeit $U(x,y)$ von der mittleren Geschwindigkeit $\bar{U}$. Bei ungleichmäßiger Geschwindigkeitsverteilung fließt durch ein Flächenelement dA pro Zeiteinheit das Volumen $\bar{U}(1 + \epsilon(x,y))$ dA, durch den gesamten Querschnitt also $\int \bar{U}(1 + \epsilon)dA$, wobei das Integral über den ganzen Querschnitt 1 zu erstrecken ist. Es muß also gelten:

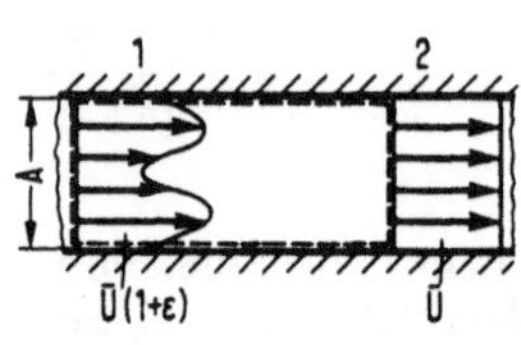

Fig. 66

$$A\bar{U} = \int_{(1)} \bar{U}(1 + \epsilon)dA = A\bar{U} + \bar{U} \int_{(1)} \epsilon dA \qquad (4.58)$$

Hieraus folgt, daß ϵ der Beziehung

$$\blacktriangleright \qquad \int_{(1)} \epsilon(x,y)dA = 0 \qquad (4.59)$$

genügt. – Nach Ausgleich der Geschwindigkeitsunterschiede strömt die Flüssigkeit an der Stelle 2 mit der über den Querschnitt konstanten Geschwindigkeit $\bar{U}$. Die Anwendung des Impulssatzes auf das gestrichelte Kontrollvolumen (Fig. 66) liefert:

$$-\rho \int_{(1)} [\bar{U}(1 + \epsilon)]^2 dA + \rho\bar{U}^2 A = (p_1 - p_2)A \qquad (4.60)$$

$\rho \int_{(1)} [\bar{U}(1 + \epsilon)]^2 dA$ ist der über den Querschnitt 1 einströmende Impuls. Aus Gl. (4.60) erhält man unter Beachtung von (4.59):

$$\blacktriangleright \qquad p_2 = p_1 + \rho\bar{U}^2 \cdot \frac{1}{A} \int_{(1)} \epsilon^2 dA = p_1 + \rho\bar{U}^2 \bar{\epsilon^2} \qquad (4.61)$$

wobei

$$\blacktriangleright \qquad \bar{\epsilon^2} = \frac{1}{A} \int_{(1)} \epsilon^2 dA \qquad (4.62)$$

der über den Querschnitt 1 gemittelte Wert von ϵ^2 ist. Durch den Geschwindigkeitsausgleich steigt nach (4.61) der Druck von p_1 auf $p_2 > p_1$ an; (da ϵ^2 positiv ist, ist auch $\overline{\epsilon^2}$ positiv und daher $p_2 > p_1$).

Als Anwendungsbeispiel zu Formel (4.61) betrachten wir die Vermischung zweier Ströme von jeweils konstanter Geschwindigkeit U_a und U_b (Fig. 67); der Druck p_1 und die Flächen A_a und A_b sind gegeben, gesucht ist der Druck p_2. Das über den Querschnitt 1 pro Zeiteinheit einströmende Flüssigkeitsvolumen ist dem über den Querschnitt 2 ausströmenden Volumen gleich; d.h.

$$U_a A_a + U_b A_b = \overline{U}(A_a + A_b) \qquad (4.63)$$

Hieraus ergibt sich die mittlere Geschwindigkeit:

$$\overline{U} = \frac{U_a A_a + U_b A_b}{A_a + A_b} \qquad (4.64)$$

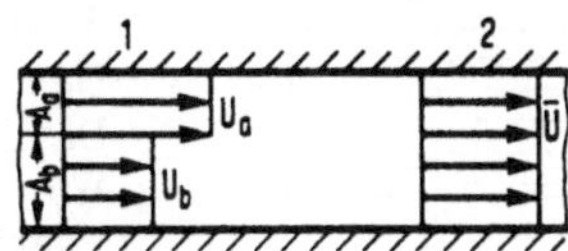

Fig. 67

Die relative Geschwindigkeitsabweichung ϵ ist in den beiden Teilquerschnitten A_a und A_b jeweils konstant. Aus $U_a = \overline{U}(1 + \epsilon_a)$ erhält man

$$\epsilon_a = \frac{U_a}{\overline{U}} - 1 = \frac{U_a - U_b}{U_a A_a + U_b A_b} \cdot A_b \qquad (4.65)$$

wobei Gl. (4.64) für $\overline{U}$ benutzt wurde. Ebenso ergibt sich

$$\epsilon_b = \frac{U_b}{\overline{U}} - 1 = \frac{U_b - U_a}{U_a A_a + U_b A_b} \cdot A_a \qquad (4.66)$$

Mit (4.65) und (4.66) berechnet man $\overline{\epsilon^2}$:

$$\overline{\epsilon^2} = \frac{\epsilon_a^2 A_a + \epsilon_b^2 A_b}{A_a + A_b} = \frac{(U_a - U_b)^2 A_a A_b}{(U_a A_a + U_b A_b)^2} \qquad (4.67)$$

Setzt man dies in (4.61) ein und ersetzt $\overline{U}$ nach Gl. (4.64), so ergibt sich schließlich

$$p_2 = p_1 + \rho(U_a - U_b)^2 \cdot \frac{A_a A_b}{(A_a + A_b)^2} \qquad (4.68)$$

Ist speziell $U_b = 0$, so gilt nach (4.64): $\overline{U} = U_a A_a/(A_a + A_b)$ und somit auch $U_a - \overline{U} = U_a A_b/(A_a + A_b)$. Hiermit geht (4.68) über in

$$p_2 = p_1 + \rho\overline{U}(U_a - \overline{U}) \qquad (4.69)$$

Bis auf die Bezeichnungsweise ist dies identisch mit dem Resultat (4.46) (man setze dort $U_1 = U_a$, $U_2 = \overline{U}$; dann erhält man (4.69)). In der Tat ist der hier studierte spezielle Mischvorgang genau derjenige Vorgang, der sich hinter der unstetigen Rohrerweiterung abspielt.

4.3. Drehimpulssatz

4.3.1. Segnersches Wasserrad. Zur Vorbereitung auf den Drehimpuls- oder "Drallsatz" betrachten wir das in Fig. 68 skizzierte "Segnersche Wasserrad"; dieses Wasserrad ist eine einfache Turbine. Aus einem Hochbehälter strömt Flüssigkeit durch ein vertikales Fallrohr einem an den Stellen 2 und 3 abgewinkelten Rohr zu, das sich reibungsfrei um die Achse "a" dreht. An das drehbare Rohr ist eine Welle "w" angesetzt, durch die ein Drehmoment M an einen "Verbraucher" abgegeben wird. Das Rohr rotiere mit konstanter Winkelgeschwindigkeit ω. Wir werden im folgenden zeigen, daß ein Zusammenhang zwischen dieser Winkelgeschwindigkeit ω und dem Drehmoment M besteht. Hierzu berechnen wir zunächst die Ausströmgeschwindigkeit U_4 als Funktion der Winkelgeschwindigkeit ω: Für einen mit dem Rohr rotierenden Beobachter ist die Strömung im Segnerschen Wasserrad stationär. Wir stellen uns für den Augenblick auf den Standpunkt eines solchen Beobachters, setzen Reibungsfreiheit voraus und nehmen an, der Flüssigkeitsbehälter sei so groß, daß die Sinkgeschwindigkeit des Flüssigkeitsspiegels vernachlässigt werden kann und die Flüssigkeit an der Stelle 1 daher praktisch in Ruhe ist. Dann gilt nach der Bernoullischen Gleichung (3.42) für die von 1 nach 4 führende Stromlinie:

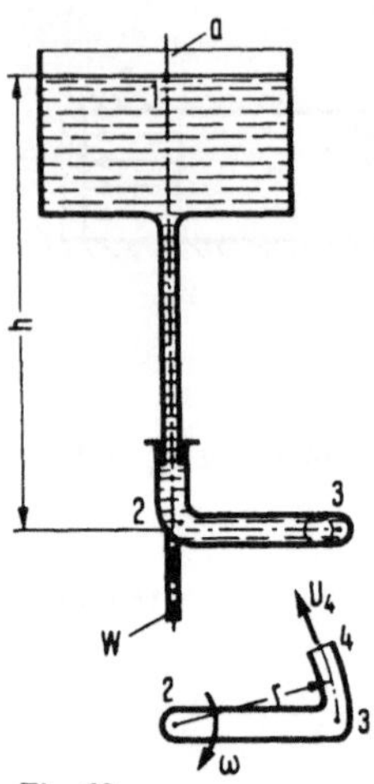

Fig. 68

$$p_1 + \rho gh = p_4 + \frac{\rho}{2}U_4^2 - \frac{\rho}{2}\omega^2 r^2 \tag{4.70}$$

Wenn wir beachten, daß $p_1 = p_4$ = Atmosphärendruck ist, erhalten wir aus Gl. (4.70) für die Ausströmgeschwindigkeit, wie sie ein mitrotierender Beobachter mißt:

$$U_4 = (2gh + \omega^2 r^2)^{1/2} = (2gh)^{1/2}(1 + \xi^2)^{1/2} \tag{4.71}$$

Hier haben wir die dimensionslose Winkelgeschwindigkeit $\xi = \omega r/\sqrt{2\,gh}$ eingeführt. Da sich die Austrittsöffnung 4 mit der Geschwindigkeit ωr entgegen der Ausströmrichtung bewegt, wird die absolute Ausströmgeschwindigkeit c, d.h., die Geschwindigkeit, mit der sich die ausströmende Flüssigkeit relativ zu einem ruhenden Beobachter bewegt:

$$c = U_4 - r\omega = (2gh)^{1/2}[(1 + \xi^2)^{1/2} - \xi] \tag{4.72}$$

Der austretende Massenstrom ist

$$\dot{m} = \rho U_4 A \tag{4.73}$$

wobei A den Querschnitt des ausströmenden Strahls bedeutet.

Um nun den Zusammenhang zwischen Winkelgeschwindigkeit ω und Drehmoment M beim Segnerschen Wasserrad zu finden, müssen wir zunächst einige Begriffe aus der Mechanik der Massenpunktsysteme rekapitulieren: Gegeben sei eine raumfeste Achse a und ein Massenpunkt m, der sich mit der Geschwindigkeit $\vec{v}$ bewegt. Die Projektion des

Geschwindigkeitsvektors $\vec{v}$ in eine Ebene senkrecht zur Achse a, also die Geschwindigkeit des Massenpunktes in Richtung senkrecht zur Achse a sei $\vec{w}$ (mit dem Betrag w). Als
"Drehimpuls", "Impulsmoment" oder "Drall" des Massenpunktes bezüglich der Achse a
definiert man die Größe L = m w r; hierbei ist r der in
Fig. 69 skizzierte senkrechte Abstand der Achse a von
der durch den Massenpunkt in Richtung von $\vec{w}$ hindurchführenden Geraden. Diese Definition des Dralls ist gültig, wenn sich die Masse m im Rechtsschraubensinn um
die Achse a bewegt; (zur Festlegung des Drehsinns, muß
die Achse a "gerichtet" sein; in Fig. 69 ist angenommen,
daß sie aus der Zeichenebene herausgerichtet ist)[1]. Andernfalls ist L = $-$ mwr zu setzen. Für ein System von
insgesamt n Massenpunkten (Massen m_1,..., m_n) definiert man als Drall die Summe der Dralle der einzelnen
Massenpunkte: $L = \sum\limits_{i=1}^{n} L_i$.

An den einzelnen Massenpunkten des Systems mögen   **Fig. 69**
äußere Kräfte angreifen. Die Komponente der am i-ten
Massenpunkt angreifenden äußeren Kraft parallel zur

achsensenkrechten Ebene sei $\vec{F}_i$ (Betrag F_i). Als "Drehmoment" der am i-ten Massenpunkt angreifenden äußeren Kraft bezüglich der Achse a definiert man $M_i = F_i\,s_i$; hierbei ist s_i der senkrechte Abstand der Achse a von der durch den i-ten Massenpunkt in
Richtung von $\vec{F}_i$ hindurchführenden Geraden (Fig. 69). Diese Definition des Drehmo-
ments ist gültig, wenn $\vec{F}_i$ im Rechtsschraubensinn um die Achse a dreht, andernfalls ist
sie durch $M_i = -F_i\,s_i$ zu ersetzen. Das gesamte Drehmoment M der an dem System angreifenden äußeren Kräfte bezüglich der Achse a ist $M = \sum\limits_{i=1}^{n} M_i$.

Der Drall L des Systems von Massenpunkten ändert sich im allgemeinen mit der Zeit.
Der Drallsatz verknüpft diese zeitliche Änderung mit dem Moment der äußeren Kräfte:

$$\blacktriangleright \qquad \frac{dL}{dt} = M \qquad\qquad (4.74)$$

In Worten: Die zeitliche Änderung des Dralls eines Systems von Massenpunkten ist gleich
dem Drehmoment der an dem System angreifenden äußeren Kräfte. Drall und Drehmoment müssen hierbei auf die gleiche Achse a bezogen sein.

Der Drallsatz gilt auch für Systeme von Flüssigkeitsteilchen. Wir wenden nun diesen Satz
auf ein spezielles flüssiges System an, nämlich auf die Flüssigkeit, die sich zur Zeit t gerade im Hochbehälter, im Fallrohr und im rotierenden Ausflußrohr des Segnerschen

---

[1] Die leidige Vorzeichenfrage tritt nur bei der hier gegebenen elementaren Diskussion des Drallbe-
griffs auf; sie entfällt bei Benutzung geeigneter Hilfsmittel aus der Vektorrechnung, worauf hier
nicht eingegangen werden kann. Entsprechendes gilt auch für die folgende Diskussion des Drehmo-
ments.

Wasserrades befindet. Die Flüssigkeit im Behälter und im Fallrohr hat keinen Drall bezüglich der Achse a, denn sie dreht sich nicht um diese Achse; Drall besitzt nur die Flüssigkeit im rotierenden Ausflußrohr. In der Zeit von t bis t + dt strömt ein Teil unseres Systems aus dem Ausflußrohr aus, nämlich die Masse $\dot{m}$ dt. Die Geschwindigkeit dieser Masse ist $c = U_4 - r\omega$ und ihr Drall bezüglich der Achse a daher $\dot{m}$ dt c r. Diesen Drall gewinnt das betrachtete System in der Zeitspanne dt: Die Flüssigkeit, die sich jeweils im rotierenden Ausflußrohr befindet, hat nämlich zu allen Zeiten denselben Drall (ω = const!) und im Behälter und im Fallrohr ist zu allen Zeiten der Drall null.

Zur Zeit t bestand der Drall unseres Systems also nur aus dem Drall der im rotierenden Ausflußrohr enthaltenen Flüssigkeit, zur Zeit t + dt besteht er aus dem Drall der im Ausflußrohr enthaltenen Flüssigkeit und dem Drall der inzwischen ausgeflossenen Masse. Insgesamt hat sich also in der Zeitspanne dt der Drall des betrachteten Systems um den Drall der in dt ausgeflossenen Masse erhöht und es gilt somit:

$$\frac{dL}{dt} = \dot{m}cr \qquad (4.75)$$

Diese Dralländerung ist gleich dem Moment der auf das System wirkenden äußeren Kräfte. Da die zur Achse a parallel gerichtete Schwerkraft kein Moment bezüglich dieser Achse hat, bleibt als einziges Drehmoment das Moment der von den festen Wänden des Strömungskanals im Segnerschen Wasserrad auf die Flüssigkeit ausgeübten Druckkräfte. Offenbar trägt nur das rotierende Ausflußrohr zu diesem Moment bei. Nach dem Reaktionsprinzip ist dieses Moment betragsmäßig gleich dem Moment M, das die Flüssigkeit auf den Strömungskanal ausübt und das daher an der Welle w von einem Verbraucher abgenommen werden kann[1].

Mit (4.72), (4.73) und (4.75) ergibt sich für dieses Moment M aus (4.74):

$$\frac{M}{M_0} = (1 + \xi^2)^{1/2} [(1 + \xi^2)^{1/2} - \xi] \qquad (4.76)$$

Hierbei ist

$$M_0 = 2gh\rho Ar \qquad (4.77)$$

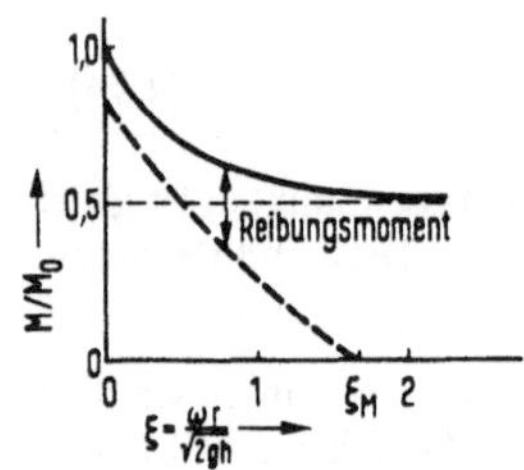

Fig. 70

M_0 ist ein durch die Abmessungen des Segnerschen Wasserrades (und die Flüssigkeitsdichte ρ) festgelegtes Bezugsmoment. Mit Gl. (4.76) ist der gesuchte Zusammenhang zwischen Drehmoment M und Winkelgeschwindigkeit ω (bzw. dimensionsloser Winkelgeschwindigkeit $\xi = \omega r/\sqrt{2gh}$) gefunden. Der Zusammenhang ist in Fig. 70 graphisch dargestellt. Die "Apparatkonstante" M_0 hat die Bedeutung des "Anfahrmomentes" des Wasserrades, d.h. des Momentes bei der Drehzahl null. Für $\omega \to \infty (\xi \to \infty)$ geht $M \to M_0/2$, also gegen einen endlichen Grenzwert. Dies heißt, daß das

---

[1] Die beiden Momente unterscheiden sich nur durch das Vorzeichen. Hier ist das den Drehsinn festlegende Vorzeichen unerheblich; der Drehsinn ergibt sich sofort aus der Ausflußrichtung.

Rad seine Drehzahl unbegrenzt vergrößern würde, wenn man nicht das seiner jeweiligen Drehzahl entsprechende Moment an der Welle abnähme. In Wirklichkeit vergrößert sich die Drehzahl natürlich nicht unbegrenzt, da verschiedene Reibungskräfte immer ein Drehmoment erzeugen. (Lagerreibung, mit der Geschwindigkeit stärker werdende Luftreibung; außerdem innere Reibung der Flüssigkeit, die seither vernachlässigt wurde). Dieses Reibungsmoment muß man von dem Moment M nach Gl. (4.76) subtrahieren, um das wirklich nutzbare Moment zu erhalten. So ergibt sich qualitativ die in Fig. 70 gestrichelte Drehzahl - Moment - Kennlinie. Bei einer maximalen Winkelgeschwindigkeit ω_M wird das nutzbare Moment null ("Leerlaufdrehzahl" oder "Durchgangsdrehzahl").

Wenn man die Reibungseffekte weiterhin vernachlässigt, erhält man für die von der Segnerschen Turbine abgegebene Leistung $P = M\omega$:

$$\frac{P}{P_0} = \xi(1 + \xi^2)^{1/2}\,[(1 + \xi^2)^{1/2} - \xi] \tag{4.78}$$

Hierbei ist

$$P_0 = \rho A (2gh)^{3/2} \tag{4.79}$$

eine durch die Abmessungen des Wasserrades festgelegte Bezugsleistung. Die theoretisch nutzbare Leistung $\widetilde{P}$ ist die potentielle Energie der pro Zeiteinheit ausfließenden Wassermasse auf dem Niveau des Wasserspiegels im Hochbehälter: $\widetilde{P} = \dot{m}gh = U_4 \rho A\,g\,h$, oder nach Division durch P_0:

$$\frac{\widetilde{P}}{P_0} = \frac{1}{2}(1 + \xi^2)^{1/2} \tag{4.80}$$

Der theoretische Wirkungsgrad (ohne Berücksichtigung der Reibungseffekte) ist also

$$\eta = \frac{P}{\widetilde{P}} = 2\xi\,[(1 + \xi^2)^{1/2} - \xi] \tag{4.81}$$

Dieser Wirkungsgrad ist kleiner als 1, da von der verfügbaren potentiellen Energie $\dot{m}gh$ nur ein Teil in Nutzleistung umgesetzt wird; der Rest geht als kinetische Energie $\frac{\dot{m}}{2}c^2$ der ausströmenden Flüssigkeit verloren. Die Nutzleistung kann daher auch als $P = \dot{m}gh - \frac{\dot{m}}{2}c^2$ geschrieben werden und der Wirkungsgrad ist deshalb auch durch den Ausdruck

$$\eta = \frac{\dot{m}gh - \frac{\dot{m}}{2}c^2}{\dot{m}gh} = 1 - \frac{c^2}{2gh} \tag{4.82}$$

gegeben; benutzt man (4.72) für c, so geht Gl. (4.82) in Gl. (4.81) über. In Fig. 71a und 71b sind P/P_0 und η als Funktionen der dimensionslosen Drehzahl aufgetragen. Die Kurven, die man bei Berücksichtigung der Reibung erwartet, sind gestrichelt eingetragen.

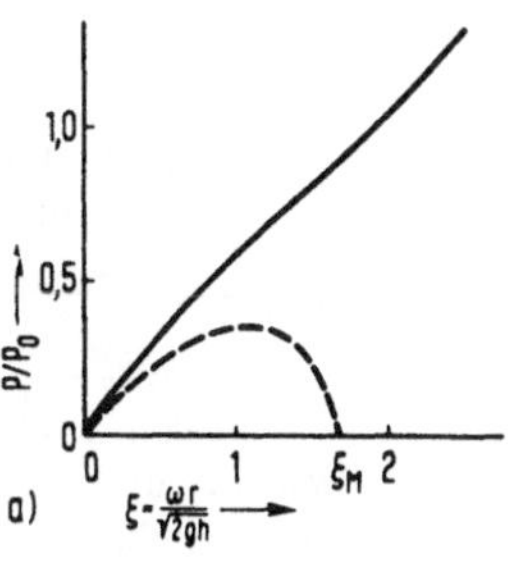

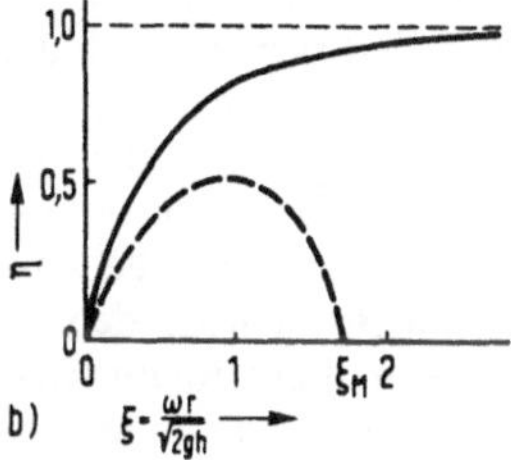

Fig. 71

4.3.2. Eulersche Turbinengleichung. Das Segnersche Wasserrad ist ein einfaches Beispiel für eine Turbine, in der die potentielle Energie einer Flüssigkeit in nutzbare mechanische Leistung umgesetzt wird. Vom Segnerschen Wasserrad, das allenfalls noch als Rasensprenger verwendet wird, kommt man zu realistischeren Turbinenformen, wenn man sich die Zahl der Ausflußrohre vermehrt denkt. Man kann dann ein einfaches Ausflußrohr durch den Kanal zwischen zwei benachbarte Schaufeln eines Schaufelkranzes ersetzen, der auf einem drehbaren "Laufrad" angeordnet ist (Fig. 72). Diese Anordnung ist eine "Radialturbine". Das Beiwort "radial" kennzeichnet die Hauptdurchflußrichtung durch das Laufrad, nämlich die Richtung radial nach außen (oder nach innen).

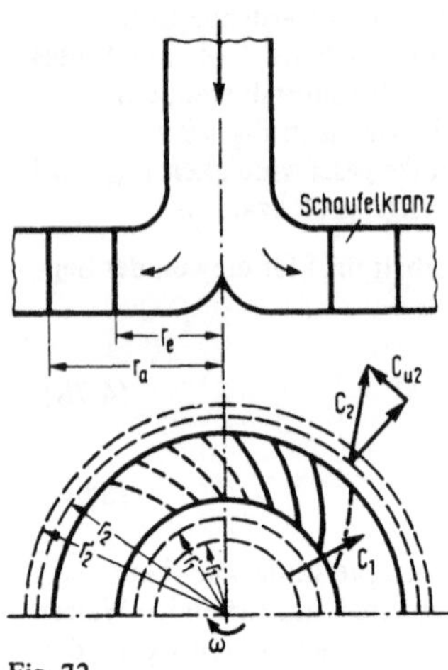

Fig. 72

Die Strömungsgeschwindigkeiten relativ zu einem ruhenden Beobachter, die sog. "Absolutgeschwindigkeiten", bezeichnen wir mit dem Buchstaben c. Der Betrag der Strömungsgeschwindigkeit vor Eintritt in das Laufrad, d.h. vor dem Einströmen in einen Schaufelkanal, sei c_1, nach Austritt aus dem Laufrad c_2. Wir nehmen an, daß die Strömungsgeschwindigkeit vor Eintritt ins Laufrad eine Komponente c_{u1} in Umfangsrichtung des Rades hat. Eine solche Umfangskomponente kann der Flüssigkeit z.B. beim Durchströmen eines dem Laufrad vorgeschalteten Leitrades aufgezwungen werden. Beim Segnerschen Wasserrad ist diese Umfangskomponente (beim Einströmen in das rotierende Rohr) null. Beim Verlassen des Laufrades sei die Umfangsgeschwindigkeit c_{u2}; beim Segnerschen Wasserrad ist $c_{u2} = U_4 - r\omega$.

Wir wenden nun den Drallsatz auf die Flüssigkeit an, die sich zu einer bestimmten Zeit t zwischen den Radien r_1 und r_2 (Fig. 72) befindet. Zur Zeit t + dt wird dieses flüssige System (das nach Definition eines "Systems" allezeit aus denselben Flüssigkeitsteilchen besteht, m.a.W: eine "abgeschlossene Flüssigkeitsmenge" ist) von den Radien r_1' und r_2' begrenzt; die Abstände $r_1' - r_1$ und $r_2' - r_2$ werden mit dt klein. Der Drall des Systems zur Zeit t besteht aus dem Drall der Flüssigkeit zwischen r_1 und r_1' und demjenigen der Flüssigkeit zwischen r_1' und r_2. Zur Zeit t + dt besteht der Drall des Systems aus demjenigen der Flüssigkeit zwischen r_1' und r_2 und zwischen r_2 und r_2'. Bei stationärem Betrieb der Turbine (d.h. dann, wenn die Strömung für einen mitrotierenden Beobachter stationär ist) ändert sich der Drall der Flüssigkeit zwischen r_1' und r_2 nicht. Die gesamte Dralländerung des betrachteten Systems ist also die Differenz des Dralls der Flüssigkeit im Raum zwischen r_2 und r_2', der in der Zeitspanne dt vom System neu eingenommen wird, und des Dralls der Flüssigkeit im Raum zwischen r_1 und r_1', der vom System geräumt wird. Wenn $\dot{m}$ den durch die Maschine tretenden Massenstrom bezeichnet, ist $\dot{m}$ dt die Flüssigkeitsmasse zwischen den Radien r_1 und r_1' und auch zwischen r_2 und r_2' (denn wenn die Masse $\dot{m}$ dt den Raum zwischen r_1 und r_1' räumt, muß eine gleichgroße Masse in den Raum zwischen r_2 und r_2' einströmen). Also ist $\dot{m}$ dt r_1 c_{u1} der Drall der Flüssigkeit zwischen r_1 und r_1', $\dot{m}$ dt r_2 c_{u2} der Drall der Flüssigkeit zwischen r_2 und r_2'; demnach wird die Dralländerung des Systems: $dL = \dot{m}$ dt $(r_2\,c_{u2} - r_1\,c_{u1})$, oder

$$\frac{dL}{dt} = \dot{m}\,(r_2 c_{u2} - r_1 c_{u1})\tag{4.83}$$

Ganz analog wie beim Impulssatz (vgl. 4.1) kann man dieses Resultat wie folgt interpretieren: Man faßt die Radien r_1 und r_2 (sowie Boden- und Deckwand des Turbinengehäuses) als Begrenzung eines raumfesten "Kontrollvolumens" auf. $\dot{m}\,r_1\,c_{u1}$ ist dann der pro Zeiteinheit in das Kontrollvolumen "einströmende Drall", $\dot{m}\,r_2\,c_{u2}$ der pro Zeiteinheit aus ihm "ausströmende Drall". Die Dralländerung des Systems von Flüssigkeitsteilchen, die sich zu einer bestimmten Zeit zwischen den Radien r_1 und r_2 befinden, kann also als Differenz des ausströmenden über den einströmenden Drall berechnet werden. Nach dem Drallsatz gilt nun für das Drehmoment, das von den Turbinenschaufeln auf die Flüssigkeit übertragen wird und damit für das betragsmäßig gleiche Reaktionsmoment, das die Flüssigkeit auf die Schaufeln des Laufrades ausübt: $M = dL/dt$. Dieses Moment läßt sich an der Turbinenwelle als nutzbares Moment abnehmen. Nach (4.83) gilt

▶▶
$$M = \dot{m}(r_a c_{ua} - r_e c_{ue})\tag{4.84}$$

Hierbei ist, dem üblichen Brauch in der Turbinentheorie folgend, der Radius r_1 mit dem "Eintrittsradius" r_e und der Radius r_2 mit dem "Austrittsradius" r_a identifiziert worden (Fig. 72); dementsprechend mußte als Geschwindigkeit c_1 die "Eintrittsgeschwindigkeit" c_e, d.h. die Geschwindigkeit im Abstand r_e von der Achse, und als c_2 die "Austrittsgeschwindigkeit" c_a gewählt werden. Gl. (4.84) heißt "Eulersche Turbinengleichung" Diese Gleichung gilt nicht nur für Turbinen, sondern auch für Pumpen, Gebläse und Verdichter. Turbinen und Pumpen unterscheiden sich nicht im Konstruktionsprinzip, sondern nur in der Richtung des Energieaustausches zwischen der die Maschine durchströmenden Flüssigkeit und den rotierenden Maschinenteilen. In einer Turbine wird der Flüssigkeit Energie entzogen ("Kraftmaschine"); an der Welle kann man ein Nutzmoment abnehmen. In einer Pumpe wird der Flüssigkeit Energie zugeführt ("Arbeitsmaschine"); hier muß an der Welle ein Drehmoment zum Antrieb der Maschine aufgebracht werden. Schließlich sei noch erwähnt, daß man die Eulersche Turbinengleichung nicht nur auf radiale, sondern auch auf "axiale Strömungsmaschinen" anwenden kann; bei diesen strömt die Flüssigkeit im wesentlichen in axialer Richtung; vgl. Abschn. 5.3.

5.   Flügelgitter und Einzelflügel

5.1.   Gitterströmung

Wir betrachten in diesem Abschnitt die ebene, stationäre Strömung durch ein "Flügelgitter". Unter einem ebenen "Flügel"- oder "Schaufelgitter" versteht man eine periodische Anordnung von kongruenten Flügelprofilen (Fig. 73). Der Abstand t in Gitterrichtung (y-Richtung) zwischen je zwei Profilen heißt "Teilung" des Gitters. Sämtliche Strömungsgrößen sind in Gitterrichtung periodisch mit der Periodenlänge t. Weitere Abmessungen des Gitters sind die "Profiltiefe" l und der "Staffelungswinkel" δ. Das Gitter werde mit der Geschwindigkeit $\vec{v}_1$ (Komponenten u_1, v_1) angeströmt. Eine wichtige

Aufgabe eines Gitters ist die Umlenkung der Strömung in Strömungsmaschinen; die Abströmgeschwindigkeit $\vec{v}_2$ (Komponenten u_2, v_2) unterscheidet sich daher im allgemeinen von $\vec{v}_1$, Nach der Bernoullischen Gleichung sind daher auch die Drücke p_1 und p_2 vor und hinter dem Gitter verschieden. Die Indizes "1" und "2" bezeichnen jeweils die Strömungsgrößen in den Gebieten, die so weit stromauf und stromab vom Gitter liegen, daß dort die von den einzelnen Gitterflügeln verursachten örtlichen Verschiedenheiten der Strömungsgrößen abgeklungen sind und die Flüssigkeit homogen parallel strömt. Wir bemerken hier, daß dann auf allen Stromlinien weit vor dem Gitter derselbe Druck p_1 und dieselbe Geschwindigkeit $\vec{v}_1$ herrschen; für alle Stromlinien hat daher die Konstante der Bernoullischen Gleichung denselben Wert

$$C = p_1 + \frac{\rho}{2}\left(u_1^2 + v_1^2\right).$$

Die Flüssigkeit übt auf jede Gitterschaufel eine Kraft $\vec{F}$ (Komponenten F_x, F_y) aus, die sich mit Hilfe des Impulssatzes aus An- und Abströmgeschwindigkeit, $\vec{v}_1$ und $\vec{v}_2$, berechnen läßt: Zur Anwendung des Impulssatzes wählen wir ein Kontrollvolumen, das von zwei kongruenten Stromlinien a-b und d-c im Abstand einer Gitterteilung t begrenzt wird (Fig. 73), außerdem von den beiden zum Gitter parallelen Geraden a-d und b-c, die im Gebiet homogener Parallelströmung liegen, und schließlich von der Kontur eines Gitterprofils (die gesamte Berandung des Kontrollvolumens ist in Fig. 73 gestrichelt). Die Länge des Gitters senkrecht zur Strömungsebene (= Zeichenebene) und damit auch die Erstreckung des Kontrollvolumens in dieser Richtung wird mit b bezeichnet; (man kann sich vorstellen, daß das Gitter zwischen zwei parallelen, ebenen Wänden im Abstand b eingebaut ist). Weil die Strömung in y-Richtung periodisch mit der Periodenlänge t ist,

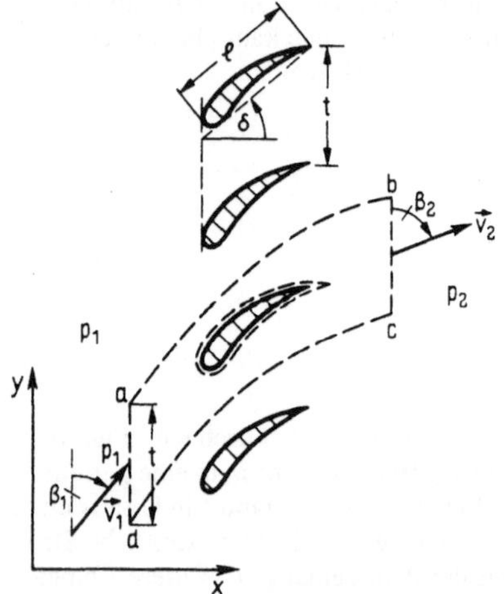

Fig. 73

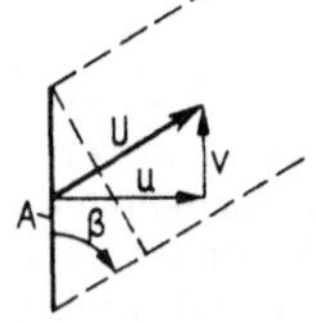

Fig. 74

heben sich die Kräfte auf die Teile a-b und c-d der Kontrollfläche gegenseitig auf. Die von dem Flügel auf die Flüssigkeit im Kontrollvolumen ausgeübte Kraft ist $-\vec{F}$. Über die Fläche a-d (Flächeninhalt: bt) strömt pro Zeiteinheit die Masse $\dot{m} = \rho u_1 bt$ ein. Man sieht dies leicht an Hand der Fig. 74 ein: Durch die Fläche vom Inhalt A strömt Flüssigkeit mit dem über die ganze Fläche konstanten Geschwindigkeitsbetrag U. Die pro Zeiteinheit durchströmende Masse ist $\rho UA \sin \beta$, denn $A \sin \beta$ ist der Inhalt der Fläche senkrecht zur Strömungsrichtung. Nun ist aber $\rho U(A \sin \beta) = \rho(U \sin \beta)A = \rho uA$, wobei u die Geschwindigkeitskomponente senkrecht zur durchströmten Fläche ist. — Über die Fläche b-c strömt pro Zeiteinheit die Masse $\dot{m}$ wieder aus. Hiermit ergibt der Impulssatz für die Komponenten in Richtung senkrecht zum Gitter (x-Richtung):

$$\dot{m}u_2 - \dot{m}u_1 = p_1 bt - p_2 bt - F_x \tag{5.1}$$

und parallel zum Gitter (in y-Richtung)

$$\dot{m}v_2 - \dot{m}v_1 = -F_y \tag{5.2}$$

Nach der Kontinuitätsgleichung ist $\dot{m} = \rho u_1 bt = \rho u_2 bt$, oder

$$u_1 = u_2 = u \tag{5.3}$$

und nach der Bernoullischen Gleichung

$$p_1 + \frac{\rho}{2}(u_1^2 + v_1^2) = p_2 + \frac{\rho}{2}(u_2^2 + v_2^2) \tag{5.4}$$

Wegen $u_1 = u_2$ kann man Gl. (5.4) folgendermaßen umformen:

$$p_1 - p_2 = \frac{\rho}{2}(v_2^2 - v_1^2) = -\rho \frac{v_1 + v_2}{2}(v_1 - v_2) \tag{5.5}$$

Wir definieren nun, zunächst nur zur Abkürzung der Schreibweise, die Größe

$$\blacktriangleright \qquad \Gamma = (v_1 - v_2)t \tag{5.6}$$

Unter Beachtung von (5.3), (5.5) und (5.6) ergeben sich mit $\dot{m} = \rho u\, bt$ aus (5.1) und (5.2) die Kraftkomponenten:

$$F_x = -\rho \frac{v_1 + v_2}{2} \Gamma b \tag{5.7}$$

$$F_y = +\rho u \Gamma b \tag{5.8}$$

Es ist zweckmäßig, jetzt einen Geschwindigkeitsvektor $\vec{v}_\infty$ als arithmetisches Mittel der Vektoren $\vec{v}_1$ und $\vec{v}_2$ zu definieren (Fig. 75):

$$\blacktriangleright\blacktriangleright \qquad \vec{v}_\infty = \frac{1}{2}(\vec{v}_1 + \vec{v}_2) \tag{5.9}$$

Dieser Vektor hat die Komponenten $v_{\infty x} = u$ und $v_{\infty y} = (v_1 + v_2)/2$. Man kann daher anstelle von (5.7) und (5.8) auch schreiben:

$$\blacktriangleright \qquad F_x = -\rho v_{\infty y} \Gamma b \tag{5.10}$$

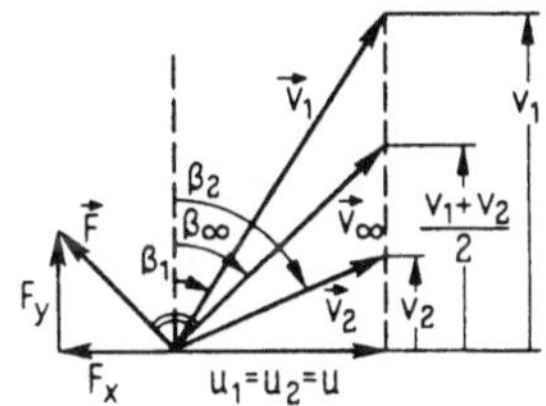

Fig. 75

►
$$F_y = + \rho v_{\infty x} \Gamma b \qquad (5.11)$$

Für den Betrag $F = \sqrt{F_x^2 + F_y^2}$ der Kraft $\vec{F}$ gilt demnach

►►
$$F = \rho U_\infty \Gamma b \qquad (5.12)$$

wobei $U_\infty = \sqrt{v_{\infty x}^2 + v_{\infty y}^2}$ der Betrag von $\vec{v}_\infty$ ist. $\vec{F}$ ist senkrecht zu $\vec{v}_\infty$ gerichtet (Fig. 75), denn aus (5.10) und (5.11) folgt $F_x/F_y = -v_{\infty y}/v_{\infty x}$, und dies ist die Bedingung dafür, daß die Vektoren $\vec{F}$ und $\vec{v}_\infty$ senkrecht aufeinander stehen.

Die durch Gl. (5.6) definierte Größe Γ wird "Zirkulation" genannt. Ganz allgemein ist in einer Strömung mit dem Geschwindigkeitsfeld $\vec{v}$ die Zirkulation folgendermaßen definiert: Man wählt eine doppelpunktfrei[1] geschlossene, glatte Kurve "$\mathfrak{C}$" und setzt eine Umlaufrichtung auf dieser Kurve fest (Fig. 76); $\vec{ds}$ sei das vektorielle Bogenelement von $\mathfrak{C}$ im Umlaufsinn (Komponenten dx, dy, dz). Die Zirkulation Γ für die Kurve $\mathfrak{C}$ im festgesetzten Umlaufsinn ist dann definiert als Linienintegral über $\mathfrak{C}$:

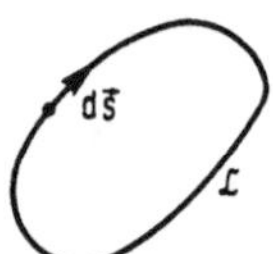

►►
$$\Gamma = \int_{\mathfrak{C}} \vec{v} \cdot \vec{ds} = \int_{\mathfrak{C}} (u\,dx + v\,dy + w\,dz) \qquad (5.13)$$

Fig. 76

$(\vec{v} \cdot \vec{ds}$ ist das Skalarprodukt von $\vec{v}$ mit $\vec{ds})$. Man kann leicht zeigen, daß die durch Gl. (5.6) definierte Größe Γ die Zirkulation für die Kurve $a \to b \to c \to d \to a$ (Fig. 73) ist, wenn diese im angegebenen Sinn durchlaufen wird:

$$\Gamma = \int_{a \to b} \vec{v} \cdot \vec{ds} + \int_{b \to c} \vec{v} \cdot \vec{ds} + \int_{c \to d} \vec{v} \cdot \vec{ds} + \int_{d \to a} \vec{v} \cdot \vec{ds} \qquad (5.14)$$

Auf den Strecken ab und cd hat man wegen der Periodizität der Strömung in einander entsprechenden Punkten gleiche Geschwindigkeit $\vec{v}$. Da diese Strecken in einander entgegengesetzten Richtungen durchlaufen werden, gilt $\int_{a \to b} \vec{v} \cdot \vec{ds} = -\int_{c \to d} \vec{v} \cdot \vec{ds}$ und die beiden Integrale heben sich in (5.14) gegeneinander weg. Auf d-a ist $\vec{v} \cdot \vec{ds} = v_1\,dy$ und auf b-c ist $\vec{v} \cdot \vec{ds} = -v_2\,dy$; also $\int_{b \to c} \vec{v} \cdot \vec{ds} = -v_2 t$ und $\int_{d \to a} \vec{v} \cdot \vec{ds} = + v_1 t$. Insgesamt ergibt sich also $\Gamma = (v_1 - v_2)t$.

Nun gilt folgendes: Die Zirkulation für jede eine Gitterschaufel umschließende, im gleichen Sinn durchlaufene Kurve hat denselben Wert $\Gamma = (v_1 - v_2)t$. – Der Beweis dieser wichtigen Tatsache erfordert einige Hilfsmittel aus der mathematischen Hydrodynamik und der Vektoranalysis, die uns hier nicht zur Verfügung stehen. Deshalb muß auf die Wiedergabe des Beweises verzichtet werden. – Man ist hiernach berechtigt, von der Zirkulation einer Schaufel zu sprechen, wenn man darunter die Zirkulation einer beliebigen, die Schaufel umschlingenden Kurve versteht.

---

[1]"Doppelpunktfrei" heißt, daß die Kurve sich nicht selbst überschneiden soll.

Flügel- oder Schaufelgitter sind das Grundelement der meisten Strömungsmaschinen. Bei der in Fig. 72 skizzierten Radialturbine wird z.B. die Strömung durch Schaufelgitter umgelenkt. Dieses Gitter ist allerdings kein "gerades Gitter" von der in diesem Abschnitt betrachteten Art, sondern ein "Kreisgitter", bei dem die Schaufeln auf einem Kreis und nicht auf einer Geraden angeordnet sind. Die geraden Gitter spielen bei axial durchströmten Maschinen eine Rolle: Denkt man sich die Lauf- und Leiträder dieser Maschinen in die Ebene abgewickelt und nach beiden Richtungen unbegrenzt fortgesetzt, so erhält man gerade Gitter. Das in Fig. 73 skizzierte Gitter ist ein "Verzögerungsgitter": die Geschwindigkeit hinter dem Gitter ist kleiner als vor dem Gitter und der Druck hinter dem Gitter daher größer als vor dem Gitter, $p_2 > p_1$. Solche Gitter kommen vor allem in den Laufrädern der axialen Pumpen, Gebläse und Kompressoren vor. Wenn das Gitter die Strömung nicht, wie in Fig. 73, so umlenkt, daß $\beta_2 < \beta_1$ ist, sondern derart, daß $\beta_2 > \beta_1$ ist, hat man ein "Beschleunigungsgitter". Bei Durchströmen eines Beschleunigungsgitters wird die Geschwindigkeit erhöht und der Druck erniedrigt. Solche Gitter findet man vorzugsweise in axialen Turbinen.

5.2. Strömung um einen Einzelflügel

Von der ebenen Strömung durch ein Flügelgitter kommt man durch den folgenden Grenzübergang zu der ebenen Strömung um ein einzelnes Flügelprofil: Man denkt sich einen Gitterflügel festgehalten und die Gitterteilung t unbegrenzt vergrößert, so daß die benachbarten Flügel sich immer weiter von dem festgehaltenen Flügel entfernen. Es leuchtet ein, daß dabei die Umlenkung der Strömung immer schwächer wird, derart, daß $\vec{v}_1$ und $\vec{v}_2$ und damit auch p_1 und p_2 in der Grenze $t \to \infty$ zusammenfallen: $\vec{v}_1 = \vec{v}_2$ $= \vec{v}_\infty$. Die auf den festgehaltenen Flügel wirkende Kraft ist nach wie vor durch Gl. (5.12) gegeben:

$$\blacktriangleright \qquad F_Q = \rho U_\infty \Gamma b \qquad\qquad (5.15)$$

Γ ist die Zirkulation des Flügels und U_∞ die Anströmgeschwindigkeit (Fig. 77). Die Kraft steht senkrecht auf der Anströmrichtung; sie ist also eine "Querkraft", was wir durch Beifügen des Index "Q" berücksichtigen. Oft wird diese Kraft als "Auftrieb" bezeichnet, da sie bei einem Flugzeug an den Tragflächen angreifend den zur Kompensation des Flugzeuggewichtes nötigen Auftrieb liefert. Die Bezeichnung "Auftrieb" darf jedoch nicht dazu verführen, diese Kraft mit dem hydrostatischen Auftrieb eines festen Körpers in einer schweren Flüssigkeit zu verwechseln (vgl. 2.2.8). Hier handelt es sich um eine "dynamische" Kraft, die durch die Bewegung der Flüssigkeit erzeugt wird und nur bei speziellen Anwendungen die Bedeutung eines der Schwerkraft entgegengerichteten Auftriebs hat.

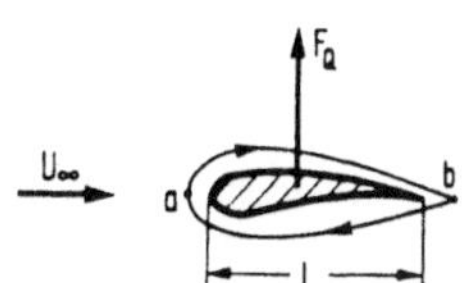

Fig. 77

Das Ergebnis (5.15) wird als "Satz von Kutta-Joukowski" bezeichnet. Nach diesem Satz besteht also ein Zusammenhang zwischen der Querkraft F_Q und der Zirkulation Γ um ein Flügelprofil, den man qualitativ leicht erklären kann: In reibungsfreier Strömung kann die Querkraft nur dadurch zustandekommen, daß auf der "Oberseite" des Profils (Fig. 77) der Druck im Mittel kleiner ist als auf der "Unterseite", so daß eine resultierende Druckkraft nach oben entsteht. Nach der Bernoullischen Gleichung müssen dann aber die Geschwindigkeiten auf der Oberseite im Mittel größer sein als auf der Unterseite. Wählt man eine das Profil eng umschlingende Kurve $\mathfrak{C}$ und berechnet hiermit die Zirkulation (Fig. 77), so ist qualitativ klar, daß der positive Beitrag des Integrals $\int\limits_{a \to b} \vec{v} \cdot \vec{ds}$ zur Zirkulation wegen der höheren Geschwindigkeit auf dem Weg a→b größer ist als der negative Beitrag $\int\limits_{b \to a} \vec{v} \cdot \vec{ds}$, so daß sich ein endlicher Wert der Zirkulation ergibt. Damit ist plausibel, daß die Querkraft mit der Zirkulation zusammenhängt.

Der Satz von Kutta-Joukowski ist erstaunlich, denn er besagt, daß die auf das Profil wirkende Kraft keine Komponente in Strömungsrichtung hat, daß also kein Strömungswiderstand auftritt. Man bezeichnet diese Tatsache als "d'Alembertsches Paradoxon". Dieses Paradoxon geht auf die Vernachlässigung der inneren Reibung der strömenden Flüssigkeit zurück. Nur bei Berücksichtigung der inneren Reibung läßt sich der in Wirklichkeit vorhandene Strömungswiderstand erklären.

An Hand von Gl. (5.15) kann man sich leicht überlegen, wie die Querkraft F_Q von der Anströmgeschwindigkeit U_∞ und der Profiltiefe l abhängt: Ändert man bei unverändertem Profil die Anströmgeschwindigkeit U_∞ so ändert sich die Zirkulation im selben Maß wie U_∞, d.h. $\Gamma \sim U_\infty$. Man sieht dies ein, indem man sich die Kurve $\mathfrak{C}$, für die man die Zirkulation berechnet, festgehalten denkt: Bei Änderung von U_∞ ändert sich in jedem Punkt dieser Kurve die Geschwindigkeit proportional zu U_∞ und damit wird auch die Zirkulation proportional zu U_∞. Wenn man bei fester Anströmgeschwindigkeit U_∞ das Profil ohne Änderung seiner Form ähnlich vergrößert oder verkleinert, also die Profiltiefe l ändert, so ändert sich die Zirkulation im selben Maß wie l, d.h. $\Gamma \sim l$. Dies wird dadurch klar, daß man die zur Berechnung von Γ dienende Kurve $\mathfrak{C}$ im selben Maß wie das Profil ähnlich vergrößert oder verkleinert. In affin entsprechenden Punkten der einander ähnlichen Kurven hat man stets dieselbe Geschwindigkeit, so daß die Zirkulation der Kurvenlänge und damit der Profiltiefe l proportional wird. Ändert man sowohl die Anströmgeschwindigkeit U_∞ als auch die Profiltiefe l, so wird nach diesen Überlegungen $\Gamma \sim U_\infty \cdot l$ und nach Gl. (5.15) $F_Q \sim \rho U_\infty^2 \cdot b\,l$. Wir führen in diese Beziehung einen Proportionalitätsfaktor $1/2 \cdot c_Q$ ein; c_Q heißt "Querkraftbeiwert" (oft benutzt man auch das Symbol c_A und spricht vom "Auftriebsbeiwert"); wir erhalten dann:

▶▶
$$F_Q = c_Q \cdot \frac{\rho}{2} U_\infty^2 b\,l \tag{5.16}$$

$\frac{\rho}{2} U_\infty^2$ ist der Staudruck der Anströmung, bl die senkrecht zur Anströmung projizierte Flügelfläche; das Produkt $\frac{\rho}{2} U_\infty^2$ bl hat die Dimension einer Kraft, der Querkraftbeiwert c_Q ist somit dimensionslos.

Unsere Überlegung zeigt, daß der Querkraftbeiwert c_Q offenbar nur noch von der Profilform und der Orientierung des Profils relativ zur Anströmrichtung abhängen kann. Seine Bestimmung für die verschiedensten Profilformen ist eine wichtige Aufgabe der theoretischen und experimentellen Hydrodynamik. Für eine dünne ebene Platte, die unter dem

"Anstellwinkel" α gegen die Anströmrichtung geneigt ist (Fig. 78), liefert die Theorie:

$$c_Q = 2\pi \cdot \sin \alpha \qquad (5.17)$$

Für eine dünne kreisbogenförmige Platte (Fig. 78) erhält man

$$c_Q = 2\pi \cdot \sin(\alpha + \frac{\vartheta}{4}) \qquad (5.18)$$

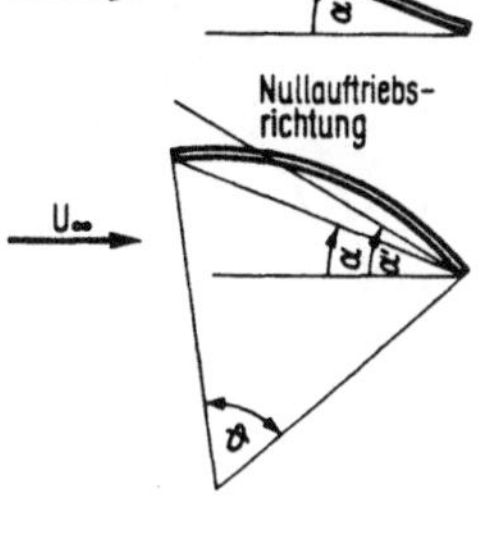

Fig. 78

Setzt man $\alpha + \vartheta/4 = \alpha'$, so ergibt sich für den Kreisbogen formal dasselbe Ergebnis wie für die ebene Platte: $c_Q = 2\pi \cdot \sin \alpha'$. Durch den Winkel α' wird eine ausgezeichnete Richtung festgelegt, die "Nullauftriebsrichtung" (Fig. 78). Wird das Kreisbogenprofil in dieser Richtung angeströmt, so entsteht überhaupt keine Querkraft ($\alpha' = 0 : c_Q = 0$). Eine solche Nullauftriebsrichtung gibt es bei allen Profilen. Es ist zweckmäßig, als Anstellwinkel eines Profiles den Winkel α' der Anströmrichtung gegen die Nullauftriebsrichtung zu definieren. Dann gilt für alle schlanken Profile bei kleinen Anstellwinkeln α' in guter Näherung:

$$c_Q = 2\pi \cdot \alpha' \qquad (5.19)$$

(Da für kleine Winkel $\sin \alpha' \approx \alpha'$ gilt, ist (5.19) in Übereinstimmung mit (5.17) und (5.18)).

Seit zu Beginn des 20. Jahrhunderts das Flugwesen aufkam, hat man die strömungsmechanischen Eigenschaften von Flügelprofilen in Windkanälen experimentell untersucht. Die Resultate sind in vielen Tabellenwerken zusammengestellt. Man findet dort neben Angaben über die genaue Abhängigkeit des Querkraftbeiwertes vom Anstellwinkel auch die Ergebnisse über den "Strömungswiderstand", also über die Komponente der auf das Profil wirkenden Kraft in Strömungsrichtung. Diese Kraftkomponente bezeichnen wir mit F_W und definieren einen Widerstandsbeiwert c_W völlig analog dem Querkraftbeiwert c_Q (Gl. (5.16)):

$$\blacktriangleright\blacktriangleright \qquad F_W = c_W \cdot \frac{\rho}{2}U_\infty^2 bl \qquad (5.20)$$

Ebenso wie c_Q ist auch c_W dimensionslos. In Fig. 79 sind c_Q und c_W in Abhängigkeit vom Anstellwinkel α (der hier gegen die geradlinige Unterseite des Profils gemessen ist) für das Profil "Gö 623" aufgetragen. Diese Kurven sind qualitativ für alle schlanken Profile dieselben. Die Widerstandsbeiwerte hängen außer vom Anstellwinkel auch noch von der Reynoldszahl $Re = U_\infty l/\nu$ ab, während die Querkraftbeiwerte von Re nahezu unabhängig sind (jedenfalls wenn Re hinreichend groß ist: $Re \gtrsim 10^5$). Für viele Anwendungen ist es zweckmäßig, c_Q über c_W in einem sog. "Polarendiagramm" (Fig. 80) aufzutragen. Die Anstellwinkel α kann man als

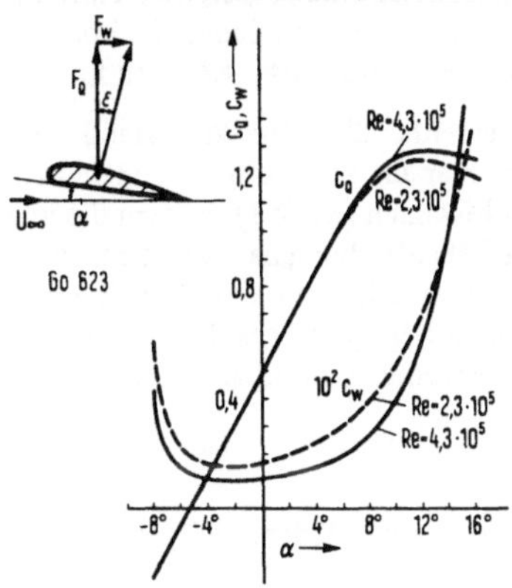

Fig. 79

Parameterwerte an die Polaren schreiben. Den Winkel ϵ, den die auf das Profil wirkende resultierende Kraft mit der Senkrechten zur Anströmrichtung bildet (Fig. 79) nennt man "Gleitwinkel". Es ist $\epsilon = \arctan F_W/F_Q = \arctan c_W/c_Q$.

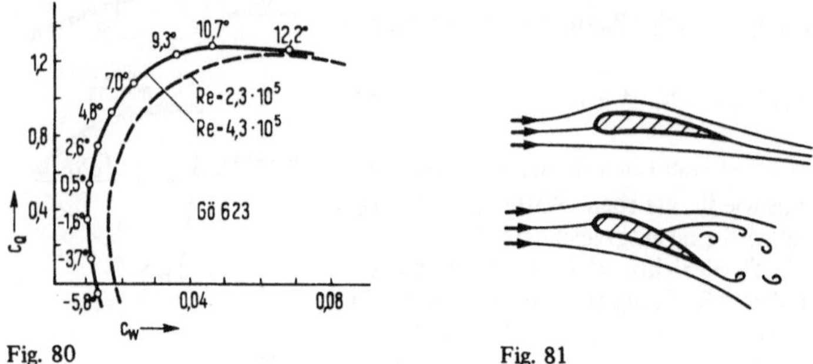

Fig. 80   Fig. 81

An Fig. 79 sieht man, daß der Querkraftbeiwert bei Vergrößerung des Anstellwinkels nicht monoton wächst, sondern nach Erreichen eines Maximums wieder absinkt. In Umgebung dieses Maximums wächst der Widerstandsbeiwert sehr rasch an. Diese von der Reynoldszahl abhängigen Erscheinungen werden von der Theorie der reibungsfreien Strömungen nicht vorausgesagt; sie werden durch die innere Reibung der Flüssigkeit erzeugt. Wegen der inneren Reibung liegt bei größeren Anstellwinkeln die Strömung am Profil nicht überall an, sondern sie reißt an der Oberseite ab und bildet ein Wirbelgebiet stromabwärts (Fig. 81). Dies ist mit der Strahlablösung an einer unstetigen Querschnittsänderung einer Rohrleitung und mit der Ablösung der Strömung in einem zu stark sich erweiternden Diffusor verwandt (vgl. 4.2.2; Näheres hierüber in 8.3). Die Ablösung der Strömung vom Profil ist die Ursache für den starken Widerstandsanstieg und das Absinken der Querkraft.

Die erläuterten Eigenschaften sind für schlanke, stromlinienförmige Profile charakteristisch. An Körpern, die nicht stromlinienförmig sind, die daher nicht nach hinten in einer schlanken Spitze auslaufen, löst die Strömung immer ab. Dies ist z.B. bei Kugeln, quer zur Strömung gestellten Platten, Zylindern u.s.w. der Fall. Die Widerstandsbeiwerte dieser Körper sind daher viel höher (von der Größenordnung $c_W \approx 0{,}2$ bis $1{,}0$) als bei stromlinienförmigen Körpern im Bereich der nicht abgelösten Strömung.

Das seither über den Widerstand Gesagte gilt für hinreichend große Reynoldszahlen, für die man die Strömung als annähernd reibungsfrei ansehen kann. Im Bereich kleiner Reynoldszahlen ($Re \lesssim 1$), in dem die innere Reibung der Flüssigkeit dominierenden Einfluß auf die Strömung hat, spielt Strömungsablösung keine Rolle mehr. Die Widerstandsbeiwerte sind hier stark von der Reynoldszahl abhängig. Ohne hierauf näher einzugehen, soll nur ein wichtiges Beispiel genannt werden: Auf eine Kugel vom Radius r_0 wirkt bei Umströmung mit kleinen Reynoldszahlen die Widerstandskraft

$$\blacktriangleright \qquad F_W = 6\pi\eta r_0 U_\infty \qquad\qquad (5.21)$$

(Stokessches Widerstandsgesetz). Definiert man den Widerstandsbeiwert c_W durch $F_W = c_W \cdot \dfrac{\rho}{2}U_\infty^2 \cdot \pi r_0^2$ (mit $\pi r_0^2 = $ Querschnittsfläche der Kugel), so ergibt sich aus (5.21)

$$\blacktriangleright \qquad\qquad c_W = \frac{24}{Re} \qquad\qquad\qquad (5.22)$$

mit $Re = \dfrac{2r_0 U_\infty}{\nu}$; (vgl. auch 8.3 und Fig. 121).

5.3. Kennlinie einer axialen Arbeitsmaschine

In diesem Abschnitt wird die Diskussion der in Abschn. 5.1. schon betrachteten Strömung durch ein Flügel- oder Schaufelgitter wieder aufgegriffen mit dem Ziel, die sog. Kennlinie einer axial durchströmten Arbeitsmaschine, also einer axialen Pumpe oder eines axialen Gebläses zu berechnen und dadurch das Betriebsverhalten einer solchen Maschine zu verstehen. Eine solche Kennlinie läßt sich allerdings nur dann in realistischer Weise berechnen, wenn man, anders als in Abschn. 5.1., Verluste der Strömung durch das Gitter berücksichtigt. Da eine genaue quantitative Theorie der Vorgänge in einer Strömungsmaschine nicht zuletzt deshalb schwierig ist, weil die verschiedenen Strömungsverluste nur schwer quantitativ zu erfassen sind, begnügen wir uns damit, als Strömungsverlust nur einen Verlust von der Art des Carnotschen Stoßverlustes (vgl. Abschn. 4.2) zu berücksichtigen. Weitere, neben Stoßverlusten vorkommende Verluste haben auf die Eigenschaften der Maschine qualitativ denselben Einfluß wie der Stoßverlust. Die Berücksichtigung des Stoßverlustes allein genügt deshalb, um zumindest annähernd zutreffende Kennlinien zu berechnen.

Zur Vorbereitung betrachten wir ein Gitter, dessen Flügel aus dünnen, ebenen Platten bestehen, die unter dem Winkel σ gegen die Gitterrichtung geneigt sind (Fig. 82). Die Periodenlänge t des Gitters, die sog. Gitterteilung, sei sehr klein gegen die Plattenlänge 1. Unter diesen Umständen stimmt unabhängig von der durch den Winkel β_1 festgelegten Anströmrichtung die Abströmrichtung, wegen der Führung der Strömung in den sehr engen Kanälen zwischen den Flügeln, mit der Plattenrichtung überein; d.h.: $\beta_2 = \sigma$. Wenn auch

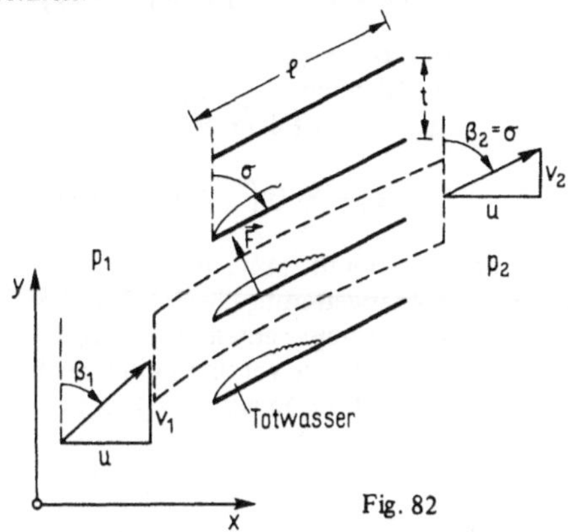

Fig. 82

$\beta_1 = \sigma$ ist, wird die Strömung durch das Gitter überhaupt nicht beeinflußt; (die durch innere Reibung hervorgerufenen Schubspannungen, die auch in diesem Fall einen Effekt auf die Strömung hätten, werden hier vernachlässigt). Wenn $\beta_1 \neq \sigma$ ist, die Anströmrichtung also nicht mit der Richtung der Gitterplatten übereinstimmt, löst sich die Strömung an den scharfen Vorderkanten der Platten ab, ganz ähnlich wie bei einer plötzlichen Rohrerweiterung (vgl. Fig. 63). Es entsteht genau wie dort eine Zone mit praktisch ruhender Flüssigkeit, ein "Totwasser" (Fig. 82). Dieses Totwasser vermischt sich weiter stromab wieder mit der strömenden Flüssigkeit, so daß die Flüssigkeit schließlich in einem homogenen Parallelstrom aus dem Gitter austritt.

Die auf eine Gitterschaufel wirkende Kraft wird, wie seither, mit $\vec{F}$ bezeichnet. Da die durch innere Reibung erzeugten Schubspannungen an den Gitterschaufeln vernachlässigt werden (vgl. hierzu die Bemerkungen zu Beginn von Abschn. 3.1. und die Begründung der analogen Vernachlässigung auf Seite 65), wird diese Kraft allein durch den Druckunterschied auf Ober- und Unterseite der Gitterplatten erzeugt und muß daher senkrecht zu diesen Platten gerichtet sein (Fig. 82); es gilt also: $F_x = -F \cos \sigma$, $F_y = F \sin \sigma$.

Man beachte, daß bei einer vollkommen verlustfreien Strömung nach Abschn. 5.1. die Kraft $\vec{F}$ senkrecht zu $\vec{v}_\infty$ gerichtet sein muß, also senkrecht zu dem Mittelwert aus den Vektoren der An- und Abströmgeschwindigkeit. Nur wenn $\beta_1 = \sigma = \beta_2$ ist, stimmt diese Richtung mit der Richtung senkrecht zu den Gitterplatten überein. Für $\beta_1 \neq \sigma$ und für Kraftrichtung senkrecht zu den Platten, d.h. abweichend von der in Abschn. 5.1 ermittelten Richtung, muß die Strömung also, anders als in Abschn. 5.1 vorausgesetzt, verlustbehaftet sein. Es entsteht in diesem Fall der erwähnte Stoßverlust durch Ablösung der Strömung an der Plattenvorderkante.

Berücksichtigt man, daß aus Kontinuitätsgründen $u_1 = u_2 = u$ gilt (Gl. 5.3), so ergibt die Impulsbilanz in x-Richtung für das in Fig. 82 gestrichelte Kontrollvolumen (Gl. 5.1):

$$(p_1 - p_2)\, b\, t = F_x = -F \cos \sigma \tag{5.23}$$

und in y-Richtung (Gl. 5.2)

$$\dot{m}\,(v_2 - v_1) = -F_y = -F \sin \sigma \tag{5.24}$$

Dividiert man beide Gleichungen durcheinander, so erhält man, mit $\dot{m} = \rho u b t$, nach kurzer Rechnung:

$$p_2 - p_1 = -\rho u \cot \sigma\,(v_2 - v_1) = \rho v_2 (v_1 - v_2) \tag{5.25}$$

Es ist nämlich $u \cot \sigma = u \cot \beta_2 = v_2$. Der verlustfreie Druckanstieg wäre nach der Bernoullischen Gleichung $p_2' - p_1 = \rho/2\,(v_1^2 - v_2^2)$. Der Druckverlust $\Delta p_v = (p_2' - p_1) - (p_2 - p_1)$ ist demnach

$$\blacktriangleright \qquad \Delta p_v = \frac{\rho}{2}(v_1^2 - v_2^2) - \rho v_2 (v_1 - v_2) = \frac{\rho}{2}(v_1 - v_2)^2 \tag{5.26}$$

Dieses Ergebnis stimmt formal mit Gl. (4.48) für den Carnotschen Stoßverlust bei plötzlicher Rohrerweiterung überein. Man beachte aber, daß v_1 und v_2 in (5.26) die Geschwindigkeitskomponenten parallel zum Gitter, U_1 und U_2 in (4.48) dagegen die Geschwindigkeitsbeträge vor und hinter der Rohrerweiterung bedeuten. Zur Anwendung weiter unten bringen wir (5.26), mit $v_2/v_1 = \cot \sigma/\cot \beta_1 = \tan \beta_1/\tan \sigma$, in die folgende Form:

$$\blacktriangleright \qquad \Delta p_v = \frac{\rho}{2}\, v_1^2 \left(1 - \frac{\tan \beta_1}{\tan \sigma}\right)^2 \tag{5.27}$$

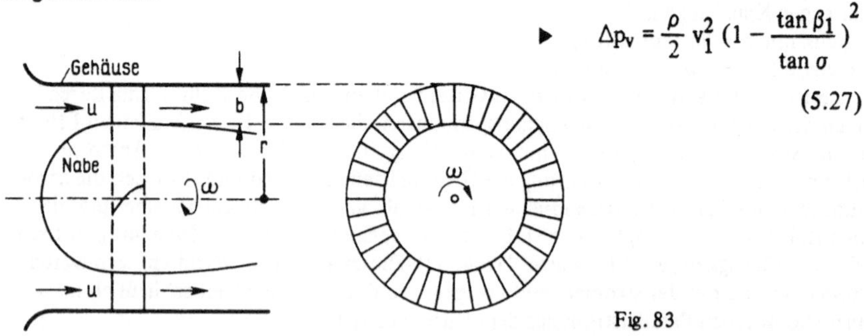

Fig. 83

In Fig. 83 ist das mit Gitterflügeln bestückte Laufrad einer axialen Arbeitsmaschine skizziert; das Laufrad drehe sich mit der durch den Antriebsmotor festgelegten Winkelgeschwindigkeit ω. Die Flüssigkeit strömt dem Laufrad mit der Geschwindigkeit u in axialer Richtung zu. Der Einfachheit halber nehmen wir an, die Höhe b des Ringspaltes zwischen Nabe und Gehäuse sei sehr klein gegen den Gehäuseradius r. Die Umfangsgeschwindigkeit $(r - b)\,\omega$ des Laufrades an der Nabe unterscheidet sich dann nur unwesentlich von der Umfangsgeschwindigkeit $r\omega$ am Gehäuse. Im folgenden tun wir daher so, als bewegten sich die Schaufeln an jeder Stelle zwischen Nabe und Gehäuse mit der einheitlichen Umfangsgeschwindigkeit $r\omega$. Wir nehmen außerdem an, daß die Schaufeln sehr dünn sind und ihre Form (Länge und Krümmung) zwischen Nabe und Gehäuse nicht ändern. Fig. 84 zeigt die Abwicklung des Schaufelgitters in die Ebene. Der "Eintrittswinkel" der Schaufeln sei σ_1, der "Austrittswinkel" σ_2. Die Periodenlänge t des Gitters sei sehr klein gegen die Schaufellänge l, die Strömungskanäle zwischen den Schaufeln seien also sehr schlank, so wie es oben auch für das ebene Plattengitter vorausgesetzt war.

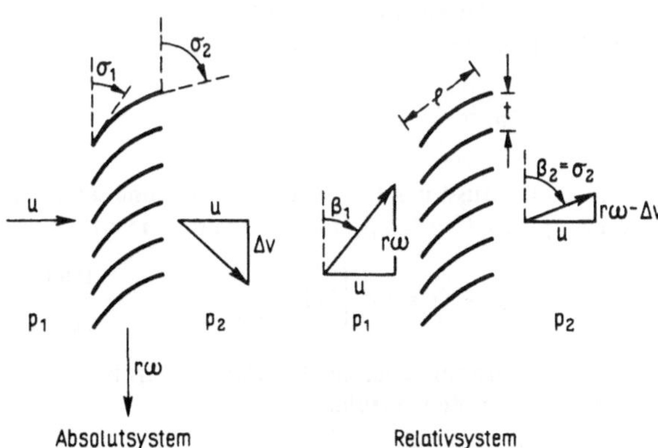

Fig. 84   Absolutsystem   Relativsystem

Das abgewickelte Gitter bewegt sich im "Absolutsystem" in Gitterrichtung mit der Geschwindigkeit $r\omega$. In diesem Bezugssystem strömt die Flüssigkeit dem Gitter mit der Geschwindigkeit u in der Richtung senkrecht zum Gitter, d.h. in axialer Richtung, zu. Die Flüssigkeit verläßt das Gitter mit den Geschwindigkeitskomponenten u senkrecht und Δv parallel zum Gitter (Fig. 84). Bezeichnet man den statischen Druck vor dem Gitter mit p_1 und hinter dem Gitter mit p_2, so sind die entsprechenden Gesamtdrücke:

$$p_{g1} = p_1 + \frac{\rho}{2}\,u^2, \qquad p_{g2} = p_2 + \frac{\rho}{2}(u^2 + \Delta v^2) \tag{5.28}$$

Die Gesamtdruckerhöhung $\Delta p_g = p_{g2} - p_{g1}$ durch das Gitter ist also

$$\Delta p_g = p_2 - p_1 + \frac{\rho}{2}\,\Delta v^2 \tag{5.29}$$

Zur Berechnung der statischen Druckdifferenz $p_2 - p_1$ wechseln wir nun das Bezugssystem, und zwar stellen wir uns auf den Standpunkt eines mit den Gitterschaufeln mitbewegten Beobachters. In diesem "Relativsystem" ruht das Gitter und die Strömung ist s t a t i o n ä r. Die Anströmgeschwindigkeit hat die Komponenten u, $v_1 = r\omega$, die Abströmgeschwindigkeit hat die Komponenten u, $v_2 = r\omega - \Delta v$ (vgl. Fig. 84). Der statische Druck ändert sich bei Durchströmen des Gitters nach der Bernoullischen Gleichung, unter Einschluß eines Druckverlustes Δp_v, um den Betrag (vgl. (4.49))

$$p_2 - p_1 = \frac{\rho}{2}(v_1^2 - v_2^2) - \Delta p_v = \frac{\rho}{2}(2r\omega\Delta v - \Delta v^2) - \Delta p_v \qquad (5.30)$$

Einsetzen von (5.30) in (5.29) ergibt

▶ $$\Delta p_g = \rho r\omega\Delta v - \Delta p_v \qquad (5.31)$$

Als Druckverlust berücksichtigen wir den Stoßverlust, der entsteht, weil die Strömung immer dann von den scharfen Schaufelvorderkanten abreißt, wenn der Anströmwinkel β_1 nicht mit dem Eintrittswinkel σ_1 der Schaufeln übereinstimmt. Wenn wir annehmen, daß die den Verlust erzeugende Vermischung des Totwassers mit der übrigen Strömung in Umgebung der Vorderkanten im wesentlichen dort stattfindet, wo der Schaufelwinkel noch nicht sehr vom Eintrittswinkel σ_1 abweicht, können wir für den Druckverlust Δp_v die Formel (5.27) mit $\sigma = \sigma_1$ und $v_1 = r\omega$ verwenden:

$$\Delta p_v = \frac{\rho}{2} r^2 \omega^2 \left(1 - \frac{\tan\beta_1}{\tan\sigma_1}\right)^2 \qquad (5.32)$$

Setzt man diesen Ausdruck für Δp_v in (5.31) ein und setzt dort (vgl. Fig. 84) $\Delta v = r\omega - u/\tan\sigma_2 = r\omega(1 - \tan\beta_1/\tan\sigma_2)$, so erhält man:

$$\Delta p_g = \frac{\rho}{2} r^2 \omega^2 \left\{ 2(1 - \frac{\tan\beta_1}{\tan\sigma_2}) - (1 - \frac{\tan\beta_1}{\tan\sigma_1})^2 \right\} \qquad (5.33)$$

Bei einer Arbeitsmaschine der hier betrachteten Art ist es üblich, die beiden folgenden dimensionslosen Größen einzuführen:

▶▶   Druckzahl: $\psi = \Delta p_g/(\rho r^2 \omega^2/2)$ (5.34)

▶▶   Lieferzahl: $\varphi = \dot{V}/(\pi r^3 \omega)$ (5.35)

Zur Erläuterung dieser Definitionen sei angemerkt, daß die Umfangsgeschwindigkeit $r\omega$ eine für die Maschine charakteristische Geschwindigkeit ist, $\rho r^2 \omega^2/2$ also ein charakteristischer Staudruck, mit dem die Gesamtdruckänderung Δp_g dimensionslos gemacht werden kann. Die Kreisfläche πr^2 ist eine für die Maschine charakteristische Fläche: $\pi r^2 \cdot r\omega$ ist damit eine mit charakteristischen Größen der Maschine gebildete Größe von der Dimension eines Volumenstromes, mit der sich der wirkliche Volumenstrom $\dot{V}(= \dot{m}/\rho)$ dimensionslos machen läßt. Im vorliegenden Fall ist $\dot{V} = 2\pi r b u$, denn $2\pi r b$ ist die Ringfläche zwischen Nabe und Gehäuse, und u ist die axiale Geschwindigkeit, mit der die Maschine durchströmt wird. Mit $u = r\omega \tan\beta_1$ wird daher aus (5.35):

$$\varphi = (2b/r) \cdot \tan\beta_1, \text{ oder:} \quad \tan\beta_1 = \varphi r/2b \qquad (5.36)$$

Setzt man dies in (5.33) ein und beachtet die Definition von ψ nach (5.34), so erhält man (unter Beachtung von $\cot\sigma_{1,2} = 1/\tan\sigma_{1,2}$):

$$\psi = 2(1 - \frac{r}{2b}\cot\sigma_2 \cdot \varphi) - (1 - \frac{r}{2b}\cot\sigma_1 \cdot \varphi)^2 \qquad (5.37)$$

oder: $\qquad \psi = 1 + C_1\varphi - C_2\varphi^2$ $\hfill$ (5.38)

Die Konstanten C_1 und C_2 ergeben sich durch Vergleich von (5.38) mit (5.37) zu:

$$C_1 = \frac{r}{b}\,(\cot\sigma_1 - \cot\sigma_2), \qquad C_2 = \frac{r^2}{4b^2}\cot^2\sigma_1 \qquad (5.39)$$

C_1 und C_2 hängen also nur von dem Abmessungsverhältnis r/b und den Schaufelwinkeln σ_1, σ_2 ab.

Trägt man ψ über φ im ersten Quadranten der φ, ψ-Ebene auf, so erhält man die dimensionslose K e n n l i n i e der Pumpe oder des Gebläses. Diese Kennlinie besteht nach (5.38) aus einem Parabelbogen, der, wie in Fig. 85 skizziert, nach unten geöffnet ist, denn es ist stets $C_2 > 0$. Obwohl die Theorie durch die vielen Annahmen ($t \ll 1$, $b \ll r$ etc.) stark vereinfacht wurde, ist das in Fig. 85 skizzierte Ergebnis durchaus realistisch. Vor allem zeigt es in qualitativ richtiger Weise den stets gleichartigen Einfluß der Schaufelwinkel σ_1, σ_2 auf das Ergebnis.

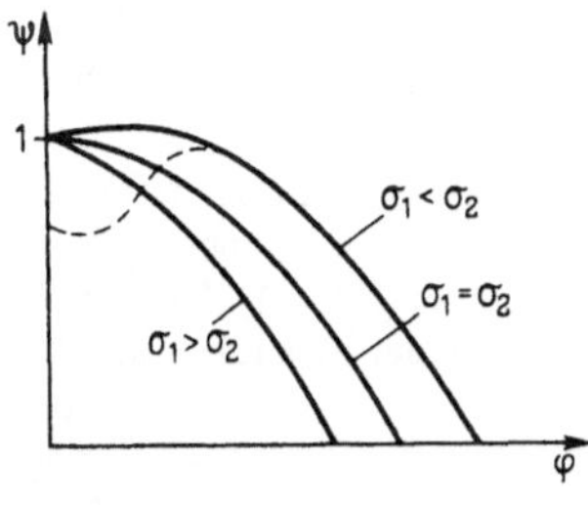

Fig. 85

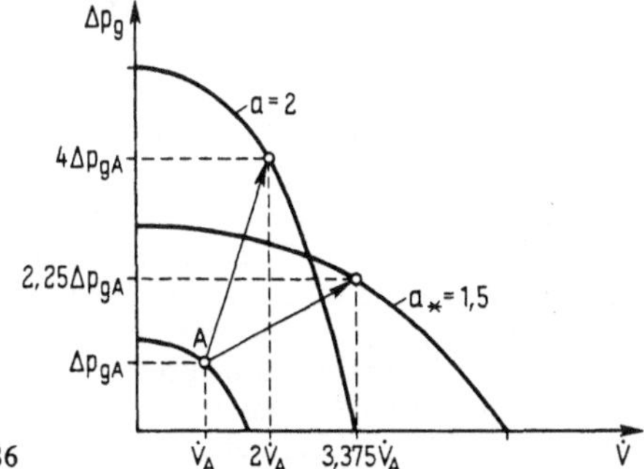

Fig. 86

Unter Maschinen einer "Baureihe" wollen wir solche Maschinen verstehen, die durch geometrisch ähnliche Vergrößerung oder Verkleinerung aus einer bestimmten Maschine, dem Prototyp der Baureihe, hervorgehen. Für alle Maschinen einer Baureihe sind daher die Schaufelwinkel σ_1 und σ_2 sowie das Verhältnis r/b gleich; alle Maschinen einer Baureihe haben also dieselbe dimensionslose Kennlinie im φ-ψ-Diagramm[1]. Um für eine spezielle Maschine der Baureihe, deren Laufrad mit der Winkelgeschwindigkeit ω läuft und Flüssigkeit der Dichte ρ fördert, die dimensionsbehaftete Kennlinie zu erhalten, d.i. die Auftragung der Gesamtdruckdifferenz Δp_g über dem Volumenstrom $\dot{V}$, muß man die Abszisse φ der dimensionslosen Kennlinie mit $\pi r^3 \omega$ und die Ordinate ψ mit $\rho r^2 \omega^2/2$ multiplizieren. Hieraus ergibt sich u.a.: Vergrößert man bei einer Maschine die Winkelgeschwindigkeit um den Faktor a, dann rücken die Punkte der Kennlinie im $\dot{V}$, Δp_g-Diagramm zum a-fachen $\dot{V}$-Wert und zum a^2-fachen Δp_g-Wert, wie es in Fig. 86 für

---

[1] Streng genommen ist dies nicht richtig: Bei kleinen Reynoldszahlen bewirkt die innere Reibung eine von der Reynoldszahl abhängige Änderung der Kennlinie. Die Überlegungen dieses Abschnitts gelten nur für hinreichend große Reynoldszahlen, wie sie bei den meisten Anwendungen verwirklicht sind.

a = 2 skizziert ist. — Bei zwei Maschinen derselben Baureihe, die mit gleicher Winkelgeschwindigkeit laufend die gleiche Flüssigkeit (gleiches ρ!) fördern, die sich aber in ihren Abmessungen um den Faktor a_* unterscheiden, liegen entsprechende Punkte der dimensionsbehafteten Kennlinie der größeren Maschine bei den a_*^3-fachen $\dot{V}$-Werten und den a_*^2-fachen Δp_g-Werten; dies ist in Fig. 86 für $a_* = 1{,}5$ skizziert.

Wenn man die dimensionsbehafteten Kennlinien in einem doppelt-logarithmischen Diagramm aufträgt, dann unterscheiden sich die Kennlinien der Maschinen einer Baureihe für verschiedene Drehzahlen, Abmessungen und Flüssigkeitsdichten in einem solchen Diagramm nur durch Parallelverschiebungen; ihre Form bleibt unverändert. Die doppelt-logarithmische Auftragung ist daher für viele Zwecke besonders passend.

Es bleibt nun noch die Frage, wie man die Abmessung und die Drehzahl (Winkelgeschwindigkeit) einer Maschine aus einer bestimmten Baureihe wählen muß, damit sie bei Einbau in eine gegebene strömungstechnische Anlage einen gewünschten Volumenstrom $\dot{V}_A$ durch diese Anlage hindurchfördert. Zur Beantwortung dieser Frage muß man die "Anlagenkennlinie", oder "Verbraucherkennlinie", zur Verfügung haben, d.h. man muß wissen, welcher Gesamtdruck Δp_g benötigt wird, um einen Volumenstrom $\dot{V}$ durch die Anlage hindurchzubewegen. Dies soll an der in Fig. 87 skizzierten Anlage erläutert werden. Die Pumpe soll aus dem unteren Behälter Flüssigkeit auf die Höhe h fördern; die geförderte Flüssigkeit fließt in einem freien Strahl in den oberen Behälter ab.

Das Laufrad der Pumpe wird in axialer Richtung mit der Geschwindigkeit u angeströmt. Hinter dem Laufrad ist die Strömung nicht mehr rein axial, denn die Strömungsgeschwindigkeit hat dort die oben mit Δv bezeichnete Umfangskomponente (Fig. 84). Diese im allgemeinen unerwünschte Geschwindigkeitskomponente läßt sich der Flüssigkeit durch ein dem Laufrad nachgeschaltetes (oder auch vorgeschaltetes), f e s t stehendes Leitrad wieder entziehen, so daß hinter der Laufrad-Leitrad-Kombination der Pumpe die Flüssigkeit rein axial mit der Geschwindigkeit u abströmt. Bei dieser Umlenkung in die axiale Richtung ändert sich der Gesamtdruck der Flüssigkeit nicht; die von der Pumpe erzeugte Gesamtdruckerhöhung wird weiterhin durch Gl. (5.31) gegeben. Wir nehmen an, daß die Pumpe ein solches Leitrad besitzt (andernfalls sind die folgenden Überlegungen immer noch unter Vernachlässigung der Umfangskomponente Δv richtig). Der Gesamtdruck unmittelbar stromab von der Pumpe ist unter diesen Umständen $p_{g2} = p_2 + \rho u^2/2$ und unmittelbar stromauf $p_{g1} = p_1 + \rho u^2/2$. Die Gesamtdruckdifferenz $\Delta p_g = p_{g2} - p_{g1} = p_2 - p_1$ stimmt also mit der Differenz der statischen Drücke p_2 und p_1 überein. Diese statischen Drücke lassen sich wie folgt berechnen (p_0 = Atmosphärendruck, A = Querschnitt der Leitung am Austrittsende, U = Ausströmgeschwindigkeit): Die Bernoullische Gleichung ergibt für die von Punkt 1* nach Punkt 1 führende Stromlinie (Fig. 87):

$$p_1 + \frac{\rho}{2} u^2 + \rho ga = p_0 \tag{5.40}$$

und für die Stromlinie von 2 nach 2*:

$$p_2 + \frac{\rho}{2} u^2 + \rho ga = p_0 + \frac{\rho}{2} U^2 + \rho gh \tag{5.41}$$

Hieraus ergibt sich für $\Delta p_g = p_2 - p_1$, mit $U = \dot{V}/A$:

$$\Delta p_g = \rho gh + \rho \dot{V}^2/2A^2 \tag{5.42}$$

Durch (5.42) ist die Anlagenkennlinie gegeben; um den Volumenstrom $\dot{V}$ zu fördern, wird die durch (5.42) gegebene Gesamtdruckdifferenz Δp_g benötigt, die von der Pumpe aufgebracht werden muß. Trägt man die Anlagenkennlinie im $\dot{V}$, Δp_g-Diagramm auf, so wird sie, geeignete Abmessungen und Drehzahl der Pumpe vorausgesetzt, die Pumpenkennlinie schneiden, wie es in Fig. 87 skizziert ist. Bei dem diesem Schnittpunkt entsprechenden Volumenstrom $\dot{V}_A$ liefert die Pumpe genau diejenige Gesamtdruckdifferenz Δp_{gA}, die von der Anlage bei Durchfluß des Volumenstroms $\dot{V}_A$ "verbraucht" wird. Der Schnittpunkt A ist damit der Arbeitspunkt der Pumpe in der vorgegebenen Anlage. Die Pumpe stellt sich bei Einbau in die Anlage automatisch auf diesen Arbeitspunkt ein. Damit ist natürlich auch die Antwort gegeben auf die oben aufgeworfene Frage, wie man Abmessungen und Drehzahl der Pumpe wählen muß, damit ein gewünschter Volumenstrom $\dot{V}_A$ durch die Anlage gepumpt wird: Man muß Abmessungen und Drehzahl so wählen, daß die Pumpenkennlinie durch den Punkt A der Anlagenkennlinie hindurchführt.

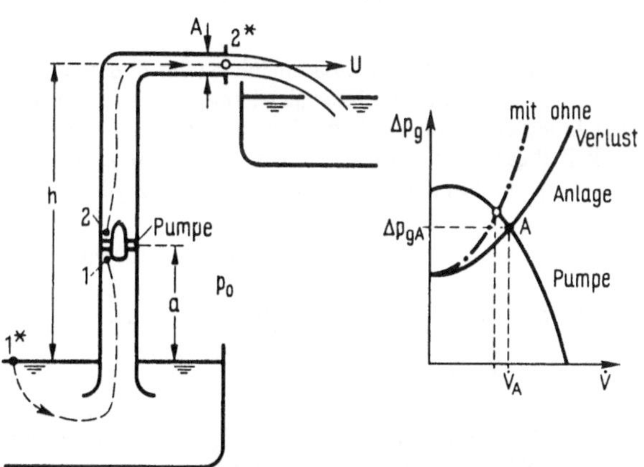

Fig. 87

Man kann das hier betrachtete Beispiel der Realität noch besser anpassen, indem man einen Druckverlust in der vom unteren zum oberen Behälter führenden Rohrleitung berücksichtigt. Der Druckverlust werde auf den Staudruck der Ausströmung, also auf $\rho U^2/2 = \rho \dot{V}^2/2A^2$ bezogen. Zwischen den Punkten 1* und 1 entstehe der Druckverlust $\Delta p_{v1} = \zeta_1 \rho U^2/2$ und zwischen 2 und 2* der Verlust $\Delta p_{v2} = \zeta_2 \rho U^2/2$. Hierbei sind ζ_1 und ζ_2 die jeweiligen Druckverlustzahlen. Die Verluste Δp_{v1} und Δp_{v2} sind auf den rechten Seiten von (5.40) und (5.41) jeweils zu subtrahieren. Anstelle von (5.42) erhält man dann

$$\Delta p_g = \rho gh + (1 + \zeta)\rho \dot{V}^2/2A^2 \tag{5.43}$$

mit $\zeta = \zeta_1 + \zeta_2$. Die durch (5.43) gegebene Anlagenkennlinie ist in Fig. 87 strichpunktiert eingezeichnet; sie liegt über der Anlagenkennlinie bei verlustfreier Strömung. Man erkennt, daß bei Vorhandensein eines Druckverlustes die Pumpe umso weniger Flüssigkeit pro Zeiteinheit durch die Anlage fördert je größer die Druckverlustzahl ζ ist. Wenn ζ im Laufe der Zeit, etwa durch zunehmende Verschmutzung und Verstopfung der Rohrleitung zunimmt, nimmt der geförderte Volumenstrom entsprechend ab.

Der Wirkungsgrad der Pumpe, d.i. das Verhältnis der an die Flüssigkeit abgegebenen Nutzleistung $\dot{V}\Delta p_g$ (vgl. 3.61) zu der vom Antriebsmotor auf die Pumpe übertragenen Leistung, ist für die verschiedenen Betriebszustände der Pumpe, also für die verschiedenen Punkte der Kennlinie, verschieden. In der Praxis wählt man die Abmessungen und die Drehzahl der Pumpe so, daß der Arbeitspunkt der Pumpe etwa dort auf der Pumpenkennlinie liegt, wo der Wirkungsgrad am größten ist. Wenn der einzige Verlust in der Pumpe der Stoßverlust an den Schaufelvorderkanten ist, wie das bei den zu Gl. (5.37) führenden Überlegungen angenommen wurde, dann nimmt der Wirkungsgrad der Pumpe in demjenigen Punkt der Pumpenkennlinie den Maximalwert 1 an, für den der Stoßverlust verschwindet. Nach Gl. (5.32) tritt dies für $\beta_1 = \sigma_1$ ein. Die Flüssigkeit strömt in diesem Fall "stoßfrei", d.h. in Richtung der Schaufelvorderkanten in das Schaufelgitter ein (Fig. 84). Mit $\beta_1 = \sigma_1$ erhält man aus (5.36) und (5.37) die Koordinaten φ^* und ψ^* des Punktes maximalen Wirkungsgrades auf der Pumpenkennlinie:

$$\varphi^* = \frac{2b}{r}\tan\sigma_1; \qquad \psi^* = 2(1 - \frac{\tan\sigma_1}{\tan\sigma_2}) \tag{5.44}$$

Zum Abschluß soll noch der Zusammenhang der in diesem Abschnitt hergeleiteten Formeln mit der Eulerschen Turbinengleichung (4.84) gezeigt werden: An der Welle der axialen Arbeitsmaschine greife das Drehmoment M an. Die an die durchströmende Flüssigkeit abgegebene Leistung ist dann $M\omega$. Diese Leistung teilt sich auf in die Nutzleistung $\dot{V}\Delta p_g$ und in die Verlustleistung $\dot{V}\Delta p_v$. Es gilt also

$$\blacktriangleright \qquad\qquad P = M\omega = \dot{V}(\Delta p_g + \Delta p_v) = \dot{m}\, r\omega\Delta v \tag{5.45}$$

wobei $\dot{m} = \rho\dot{V}$ gesetzt und Gl. (5.31) benutzt wurde. Hieraus folgt:

$$\blacktriangleright \qquad\qquad M = \dot{m}\, r\, \Delta v \tag{5.46}$$

Dies ist nicht anderes als die auf eine Axialmaschine spezialisierte Eulersche Turbinengleichung (4.84). Bei einer Axialmaschine ist $r_e = r_a = r$, denn die Flüsigskeitsteilchen haben vor und hinter dem Laufrad denselben Abstand r von der Drehachse. Außerdem tritt die Flüssigkeit axial, also "drallfrei" in das Rad ein; dies heißt $c_{ue} = 0$. Beim Austritt aus dem Laufrad hat die Flüssigkeit die Umfangskomponente $c_{ua} = \Delta v$. Setzt man dies in (4.84) ein, so erhält man (5.46).

Es sei noch auf folgendes hingewiesen: Bei axialen Arbeitsmaschinen weicht die Form der Kennlinie im Bereich kleiner φ-Werte häufig von der hier berechneten Kennlinienform merklich ab: Wie in Fig. 85 durch die strichlierte Kurve für die obere Kennlinie ($\sigma_1 < \sigma_2$) angedeutet ist, vermindert sich in solchen Maschinen bei Verkleinerung von φ die Druckziffer ψ ziemlich rasch; manchmal steigt sie bei weiterer Verkleinerung von φ wieder leicht an. Das rasche Abfallen von ψ wird vor allem dann beobachtet, wenn die Gitterteilung t nicht klein gegen die Schaufeltiefe l ist (hierfür ist die oben dargestellte Theorie quantitativ ohnehin nicht mehr richtig). Der Abfall von ψ rührt daher, daß die Strömung von den Gitterschaufeln stromabwärts von der Vorderkante ablöst und und ein Totwasser bildet, das sich bis in das Gebiet hinter dem Gitter erstreckt. Diese Ablösung ist nicht zu verwechseln mit der oben als Verlustursache angenommenen Ablösung an der scharfen Schaufelvorderkante; hier füllt die Strömung weiter stromab durch Vermischung die als eng angenommenen Strömungskanäle zwischen den Schaufeln wieder vollständig aus.

Die den Abfall von ψ verursachende Ablösung der Strömung ist oft zeitlich instationär und führt zu starken zeitlichen und auch räumlichen Fluktuationen der Strömung durch die Maschine. Dadurch können die Schaufeln der Maschine zu Schwingungen angeregt werden; im ungüstigen Fall brechen die

Schaufeln. Aus diesen und anderen Gründen (schlechter Wirkungsgrad, hohe Lärmerzeugung, Instabilität der Kombination Strömungsmaschine/Anlage) muß man unbedingt vermeiden, daß der Arbeitspunkt der Maschine auf dem in Fig. 85 strichlierten Bereich der Kennlinie liegt.

6. Ebene Schichtenströmung einer Newtonschen Flüssigkeit

6.1. Grundlegende Zusammenhänge

Seither hatten wir die innere Reibung der Flüssigkeit fast immer vernachlässigt; an manchen Stellen wurde zwar die innere Reibung als Ursache gewisser Strömungserscheinungen erwähnt (z.B. als Ursache des Geschwindigkeitsausgleichs durch Vermischung von Gebieten verschiedener Geschwindigkeiten, 4.2.2, oder als Ursache des Strömungswiderstandes, 5.2), aber an keiner Stelle mußte hierbei der Mechanismus der inneren Reibung im Detail bekannt sein. Nun wollen wir die innere Reibung quantitativ berücksichtigen. Hierzu betrachten wir den in Fig. 1 skizzierten Scherversuch etwas näher. Die obere Platte werde mit der konstanten Geschwindigkeit u_w bewegt (der Index "w" soll hier auf "Wand" hinweisen). In Fig. 88 ist die Geschwindigkeitsverteilung skizziert, die sich

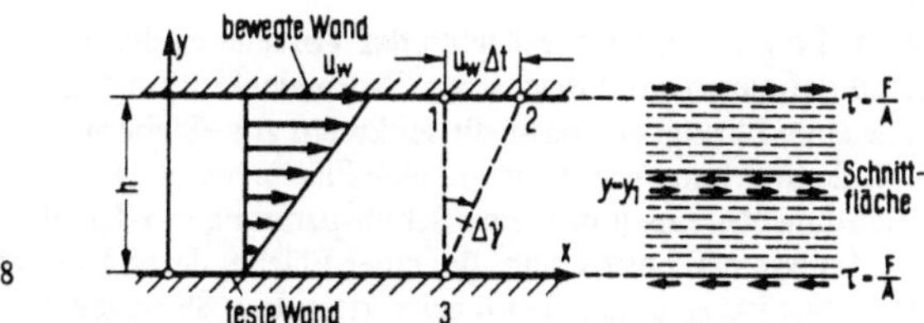

Fig. 88

in der Flüssigkeit zwischen den Platten einstellt: Die Flüssigkeit haftet an beiden Platten, bewegt sich also an der oberen Platte mit der Wandgeschwindigkeit u_w in x-Richtung und ruht an der unteren Platte. Zwischen den Platten hat die Geschwindigkeit überall x-Richtung und wächst linear mit dem Abstand y vom Wert Null an der unteren Wand auf den Wert u_w an der oberen Wand:

$$\blacktriangleright \qquad u(y) = u_w \frac{y}{h} \qquad\qquad (6.1)$$

(h = Plattenabstand). In der Zeit Δt verschiebt sich ein Punkt der oberen Platte von der Lage 1 um die Strecke $u_w \Delta t$ in die Lage 2. Eine zur Zeit t senkrecht zu den Platten stehende flüssige Linie 3 - 1 ist daher zur Zeit t + Δt um den Winkel $\Delta\gamma$ gegen die Vertikale geneigt (Linie 3 - 2 in Fig. 88), wobei $\tan \Delta\gamma = u_w \Delta t/h$. Für sehr kleine Zeitspannen Δt wird $\Delta\gamma$ sehr klein und man kann $\tan \Delta\gamma$ durch $\Delta\gamma$ (im Bogenmaß!) ersetzen. Die in Kapitel 1 definierte Schergeschwindigkeit $\dot{\gamma} = \lim_{\Delta t \to 0} \Delta\gamma/\Delta t$ wird also $\dot{\gamma} = u_w/h$. Nach Gl. (6.1) ist $du/dy = u_w/h$, und daher läßt sich $\dot{\gamma}$ allgemeiner gültig auch wie folgt schreiben:

$$\blacktriangleright \qquad \dot{\gamma} = \frac{du}{dy} \qquad\qquad (6.2)$$

Hierdurch ist $\dot{\gamma}$ auch dann noch gegeben, wenn u nicht linear sondern in beliebiger Weise von y abhängt: u = u(y). Mit der Schergeschwindigkeit $\dot{\gamma}$ ist nach dem Fließgesetz (1.1) eine Schubspannung τ verknüpft. Diese Schubspannung vom Betrag F/A (vgl. Kapitel 1) wirkt nicht nur in der oberen Begrenzungsfläche der Flüssigkeit, wo diese an die bewegte Platte angrenzt, sondern sie wirkt in gleicher Größe auch in allen anderen zu den Platten parallelen Schnittflächen. Man sieht dies unmittelbar ein, wenn man eine Flüssigkeitsschicht betrachtet, die von der oberen Platte und einer dazu parallelen Ebene begrenzt wird (Fig. 88). Die Flüssigkeit in dieser Schicht wird nicht beschleunigt, denn jedes Flüssigkeitsteilchen bewegt sich zu allen Zeiten mit derselben Geschwindigkeit in x-Richtung. Daher muß an der unteren Begrenzungsebene eine der Kraft F entgegengerichtete, betragsmäßig gleich große Kraft angreifen. Pro Flächeneinheit muß also auch in dieser Ebene die Schubspannung τ = F/A wirken, allerdings in entgegengesetzter Richtung wie an der oberen Begrenzung. In Fig. 88 sind die Schubspannungen an den Flüssigkeitsschichten skizziert, die von der unteren bzw. oberen Platte begrenzt werden. Die Schubspannungsrichtung ist unmittelbar klar, der Betrag der Schubspannung ist überall gleich, nämlich F/A[1]. Ganz allgemein gilt: Eine Flüssigkeit (oder irgendein anderes Medium) werde durch eine Schnittfläche getrennt. Nach dem Prinzip ''actio = reactio'' treten die Spannungen, die in der Trennfläche auf den einen Teil der Flüssigkeit wirken, in jedem Punkt der Trennfläche am anderen Teil der Flüssigkeit in entgegengesetzter Richtung aber mit gleichem Betrag auf. Dies gilt auch für die Grenzflächen zwischen Flüssigkeit und festen Körpern: die Spannungen, die dort auf die Flüssigkeit wirken, wirken in umgekehrter Richtung auf den festen Körper.

Für das Folgende müssen wir noch das Vorzeichen der Schubspannung τ festlegen. Hierzu definieren wir zunächst als ''Normalenrichtung'' in einem Punkt der Begrenzungsfläche einer Flüssigkeitsmasse die senkrecht zur Fläche aus der Flüssigkeit h e r a u s führende Richtung. Wirkt nun auf eine Fläche, deren Normalenrichtung mit der positiven y-Richtung übereinstimmt, eine Schubspannung in x-Richtung, so soll diese Spannung definitionsgemäß positiv sein. Bei einer Fläche, deren Normalenrichtung die negative y-Richtung ist, ist es gerade umgekehrt; in Fig. 89 ist diese Vorzeichendefinition veranschaulicht. Bei der in Fig. 88 skizzierten Scherströmung ist τ demnach positiv. Bewegt

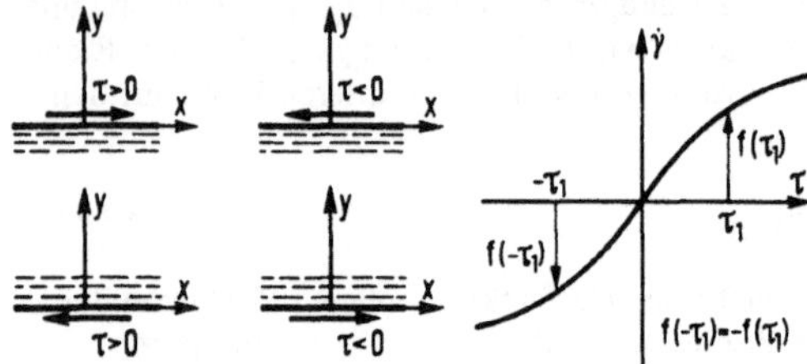

Fig. 89

---

[1]Diese Schubspannung wirkt nicht nur in allen plattenparallelen Schnittebenen, sondern auch in allen Schnittflächen senkrecht zu den Platten. Diese Tatsache spielt aber bei den folgenden Überlegungen keine Rolle und wird daher hier übergangen.

man bei diesem Versuch die obere Wand in negativer x-Richtung, so werden du/dy = $\dot\gamma$ und τ negativ. Das Vorzeichen von τ stimmt mit demjenigen von $\dot\gamma$, unabhängig von der speziellen Form des Fließgesetzes, immer überein. Alle Fließgesetze $\dot\gamma = f(\tau)$ (Gl. (1.1)) müssen diese Eigenschaft haben. Die Fließfunktion $f(\tau)$ muß zudem noch eine "ungerade" Funktion sein, d.h. eine solche mit der Eigenschaft $f(-\tau) = - f(\tau)$ für alle Werte von τ, wie es in Fig. 89 skizziert ist.

Zusätzlich zu der Schubspannung τ wirkt noch der Druck p, allerdings nicht parallel, sondern senkrecht zu den Schnittflächen. Bei dem hier betrachteten einfachen Scherversuch hat der Druck überall in der Flüssigkeit denselben Wert. Deshalb brauchten wir ihn bei der obigen Kräftebilanz für eine Flüssigkeitsschicht auch gar nicht zu berücksichtigen: wenn der Druck ortsunabhängig ist, wirkt auf ein beliebiges Flüssigkeitsvolumen keine resultierende Druckkraft (vgl. Gl. (2.41)). Wir können den Scherversuch aber derart abändern, daß der Druck sich mit der Ortsvariablen x ändert. Hierzu denken wir uns die obere Wand etwa als Teil eines umlaufenden Bandes und den Spalt zwischen diesem Band und der unteren, feststehenden Wand als Verbindung zwischen zwei Flüssigkeitsbehältern, in denen verschiedene Drücke p_1 und p_2 herrschen (Fig. 90). Die Geschwindigkeitsverteilung u(y) im Spalt ist jetzt nicht mehr durch das lineare Gesetz (6.1) gegeben, doch nehmen wir an, daß sie weiterhin von x unabhängig ist. Damit wird $\dot\gamma$ = du/dy von y abhängig und nach dem Fließgesetz (1.1) hängt dann auch die Schubspannung von y ab: $\tau = \tau(y)$. Der Flüssigkeitsdruck ändert sich in x-Richtung: p = p(x). Zwischen $\tau(y)$ und p(x) besteht ein Zusammenhang, den wir finden, indem wir ein quaderförmiges Flüssigkeitsvolumen dxdydz betrachten (Fig. 91; dz ist die Tiefe des Elementes senkrecht zur x-y-Ebene). Da die Flüssigkeit nicht beschleunigt wird (alle Flüssigkeitsteilchen bewegen sich in x-Richtung und behalten dabei ihre Geschwindigkeit u(y) bei), müssen die

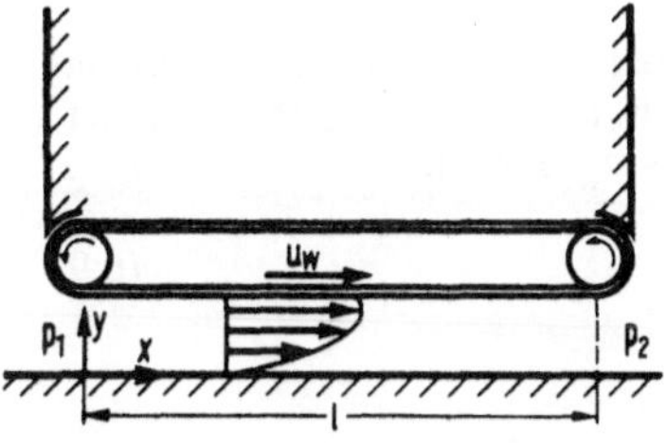

Fig. 90

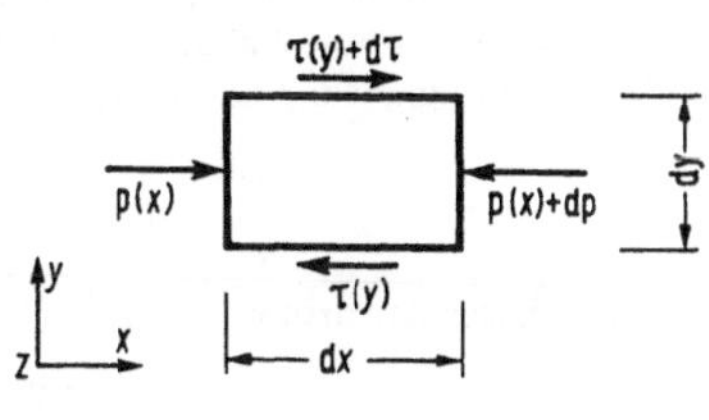

Fig. 91

an diesem Element angreifenden Kräfte im Gleichgewicht sein. Für unsere Zwecke genügt es, das Gleichgewicht in x-Richtung zu studieren: In dieser Richtung wirken die an den Flächen dydz angreifenden Druckkräfte und die an den Flächen dxdz angreifenden Schubkräfte (Fig. 91):

$$[-(p(x) + dp) + p(x)]dydz + [\tau(y) + d\tau - \tau(y)]dxdz = 0 \qquad (6.3)$$

Hieraus folgt unmittelbar

$$\blacktriangleright \qquad \frac{dp}{dx} = \frac{d\tau}{dy} \qquad\qquad (6.4)$$

Auf der linken Seite von (6.4) steht eine Funktion von x, rechts eine Funktion von y; diese Funktionen sollen für alle Werte von x und y übereinstimmen. Dies geht nur, wenn b e i d e   n i c h t von x und y abhängen, also k o n s t a n t sind. Der konstante Druckgradient dp/dx hat (nach Fig. 90) den Wert $(p_2 - p_1)/l$. Hieraus ergibt sich der Druck p(x) mit der Anfangsbedingung $p = p_1$ für $x = 0$ ein l i n e a r e r Verlauf:

$$\blacktriangleright \qquad p(x) = p_1 + (p_2 - p_1) \cdot \frac{x}{l} \qquad\qquad (6.5)$$

Nach (6.4) ist dann $d\tau/dy = (p_2 - p_1)/l$ und durch Integration finden wir hieraus

$$\tau(y) = (p_2 - p_1) \cdot \frac{y}{l} + \tau_0 \qquad\qquad (6.6)$$

Die Integrationskonstante τ_0 bedeutet die Schubspannung an der festen unteren Wand ($y = 0$). Man kann τ_0 unter Zuhilfenahme des Fließgesetzes durch p_1, p_2, u_w, l und h ausdrücken; dies wird weiter unten für die Newtonsche Flüssigkeit gezeigt.

Die Ergebnisse (6.4) bis (6.6) sind unabhängig vom Fließgesetz der Flüssigkeit und gelten daher für alle Flüssigkeiten. Wir betrachten jetzt speziell Newtonsche Flüssigkeiten: für diese gilt nach (1.2) und (6.2): $\tau = \eta du/dy$. Setzt man dies in (6.6) ein, so erhält man

$$\frac{du}{dy} = \frac{p_2 - p_1}{\eta l} y + \frac{\tau_0}{\eta} \qquad\qquad (6.7)$$

Die Integration von (6.7) mit der Anfangsbedingung $u = 0$ für $y = 0$ ergibt

$$u(y) = \frac{p_2 - p_1}{2\eta l} y^2 + \frac{\tau_0}{\eta} y \qquad\qquad (6.8)$$

Die noch unbekannte Schubspannung τ_0 an der unteren Wand kann nun aus der Bedingung bestimmt werden, daß an der oberen Wand ($y = h$) die Geschwindigkeit u mit der Wandgeschwindigkeit u_w übereinstimmen muß: $u(h) = u_w$. Dies liefert

$$\blacktriangleright \qquad \tau_0 = \eta \left(\frac{u_w}{h} - \frac{p_2 - p_1}{2\eta l} h \right) \qquad\qquad (6.9)$$

Einsetzen dieses Ausdrucks für τ_0 in (6.8) ergibt:

$$\blacktriangleright \qquad u(y) = \frac{p_2 - p_1}{2\eta l} h^2 \left[\left(\frac{y}{h}\right)^2 - \frac{y}{h} \right] + u_w \frac{y}{h} \qquad\qquad (6.10)$$

Damit ist die Geschwindigkeit im Spalt bei gegebener Druckdifferenz $p_2 - p_1$ und gegebener Wandgeschwindigkeit u_w bekannt. Die Geschwindigkeitsverteilung im Spalt ist nach Gl. (6.10) parabelförmig (Fig. 92). Wenn $p_2 = p_1$ wird, entartet die Parabel in eine Gerade: $u = u_w y/h$; dies ist die einfache Relation (6.1), von der wir ausgingen. Steht die obere Wand fest ($u_w = 0$), so ist die Parabel symmetrisch zur Spaltmitte. Aus (6.10) kann man die Schubspannung τ_h an der bewegten Wand ausrechnen: $\tau_h = \eta du/dy|_{y = h}$. Es ergibt sich

$$\blacktriangleright \qquad \tau_h = \eta \left(\frac{u_w}{h} + \frac{p_2 - p_1}{2\eta l} h \right) \qquad\qquad (6.11)$$

Für $p_2 = p_1$ ist $\tau_h = \tau_0$; in diesem Fall ist τ zudem überall konstant. Für $u_w = 0$ erhält man $\tau_h = -\tau_0$. In Fig. 92 sind die Verläufe von Geschwindigkeit und Schubspannung für verschiedene Kombinationen von $p_2 - p_1$ und u_w skizziert.

Zur Berechnung des Volumenstroms $\dot{V}$, der in positiver x-Richtung (d.h. in Fig. 90 von links nach rechts) durch einen Spaltquerschnitt strömt, teilen wir den Spaltquerschnitt in Streifen der Breite dy parallel zu den Wänden auf; die Tiefe des Spaltes senkrecht zur x-y-Ebene sei b. Durch einen einzelnen Streifen strömt pro Zeiteinheit das Volumen $d\dot{V} = u(y)dy \cdot b$, durch den gesamten Spaltquerschnitt also

$$\dot{V} = b \int_0^h u(y)dy = bh \int_0^1 ud(\frac{y}{h}) \qquad (6.12)$$

Setzt man hier u nach Gl. (6.10) ein, so erhält man

$$\blacktriangleright \qquad \dot{V} = (\frac{u_w h}{2} - \frac{p_2 - p_1}{12\eta l}h^3)b \qquad (6.13)$$

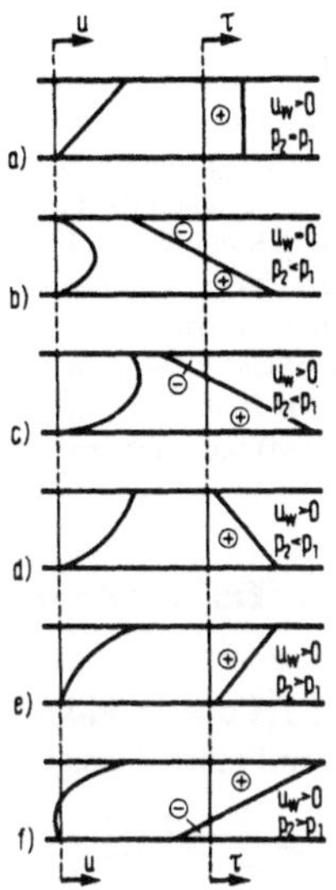

Fig. 92

Nehmen wir $u_w > 0$ an, das bedeutet Bewegung der oberen Wand in positiver x-Richtung, so ist der erste Term auf der rechten Seite von (6.13) positiv: Von der bewegten Wand wird Flüssigkeit nach rechts (Fig. 90) mitgeschleppt. Wenn $p_1 > p_2$ ist, ist der zweite Term ebenfalls positiv: Der höhere Druck p_1 drückt zusätzlich zur schon vorhandenen "Schleppströmung" Flüssigkeit nach rechts in das Gebiet kleineren Druckes p_2. Ist dagegen $p_2 > p_1$, wird der zweite Term negativ: jetzt wird Flüssigkeit vom Druckgradienten in der Richtung von rechts nach links gedrückt. Bei gegebenem Druckunterschied $p_2 - p_1 > 0$ kann man aber die Wandgeschwindigkeit u_w immer so groß wählen, daß der erste den zweiten Term überwiegt und sich somit ein positiver Volumenstrom $\dot{V}$ ergibt, also ein Durchfluß von links nach rechts. Dann ist die in Fig. 90 skizzierte Anordnung eine Pumpe, die Flüssigkeit vom Gebiet niedrigeren Druckes p_1 in ein Gebiet höheren Druckes p_2 befördert. — Diese Pumpwirkung nutzt man z.B. beim "Extrudieren" von Kunststoffen aus. Das Material strömt dabei zwar nicht in einem geraden, ebenen Spalt, sondern in einem schraubenförmig gewendelten Kanal, der in den Umfang eines massiven Zylinders gefräst ist. Dieser Zylinder dreht sich in einem zylindrischen Gehäuse; der Zylinder entspricht der bewegten, das Gehäuse der feststehenden Wand. Der Strömungsvorgang ist aber trotz dieser etwas anderen geometrischen Verhältnisse im wesentlichen derselbe wie im ebenen Spalt. In der elementaren Theorie des Extrudierens werden daher die oben hergeleiteten Formeln benutzt.

Die Herleitung der obigen Resultate setzt voraus, daß die Geschwindigkeit u im Spalt nur von y abhängt und nicht von x. Nur dann hängt auch die Schubspannung τ nur von y ab, und nur dann ist der Druck p von y unabhängig, was oben stillschweigend angenommen wurde. Aus Gl. (6.4) folgt übrigens nur, daß p eine lineare Funktion von x ist, über die Abhängigkeit des Druckes von y besagt diese Gleichung eigentlich gar nichts. Um einzusehen, daß p nicht von y abhängt, muß man das Gleichgewicht eines Flüssigkeitsteilchens in y-Richtung betrachten, was wir nicht getan haben. Es zeigt sich übrigens bei genauer Überlegung, daß der Druck nur dann von y unabhängig ist, wenn keine Volumenkräfte wirken; auch dies ist oben stillschweigend vorausgesetzt. Wenn entgegen dieser Voraussetzung etwa die Schwerkraft senkrecht zu den ebenen Wänden wirkt, dann stellt sich eine hydrostatische Druckverteilung im Spalt ein und es wird p(x,y) = p(x,0) − ρgy. Hierdurch ändert sich aber nichts an den obigen Folgerungen, da die Strömung durch den Druckgradienten in x-Richtung bestimmt wird und dieser von dem Glied ρgy unabhängig ist: ∂p(x,y)/∂x = dp(x,0)/dx. Ist der Spalt schräg zum Schwerefeld orientiert, bleiben die obigen Überlegungen und Formeln richtig, wenn man nur den Druck p durch den piezometrischen Druck p* (s. S. 39) ersetzt. Die Voraussetzung, daß u nicht von x abhängt, ist in Umgebung des Einlaufs und auch des Auslaufs des Spaltes nicht erfüllt. Diese "Einlaufeffekte" klingen aber auf Strecken von der Größenordnung weniger Spaltbreiten h in x-Richtung ab. Wenn der Spalt sehr viel länger als breit ist, $l \gg h$, dann kann man diese Einlaufeffekte vernachlässigen[1]. − Schließlich wurde die Viskosität η konstant (unabhängig von x und y) angenommen. Dies setzt im wesentlichen voraus, daß die Flüssigkeit überall dieselbe Temperatur hat, denn die Viskosität ändert sich mit der Temperatur. Da sich Flüssigkeiten durch innere Reibung erwärmen, ist diese Voraussetzung bei manchen Anwendungen (z.B. in Schmierfilmen) u.U. nicht erfüllt.

6.2. Einfache Anwendungen

6.2.1. Couette-Viskosimeter. Der Spalt zwischen zwei konzentrischen Kreiszylindern sei mit einer Flüssigkeit gefüllt (Fig. 93). Läßt man den inneren Zylinder (Radius r_0) un-

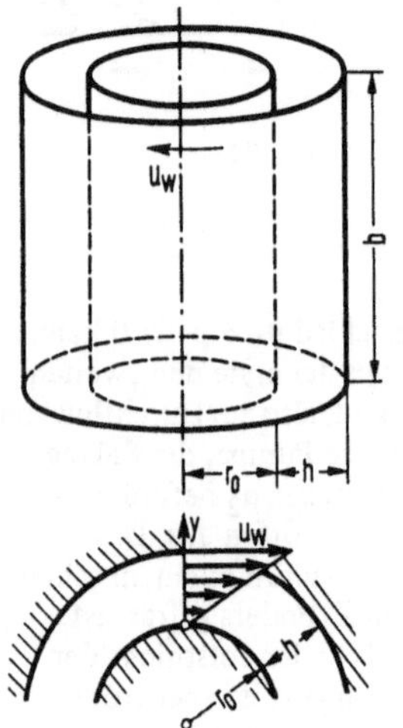

Fig. 93

bewegt und dreht den äußeren Zylinder (Radius $r_0 + h$) um die gemeinsame Achse mit konstanter Umfangsgeschwindigkeit u_w, so stellt sich zwischen beiden Zylindern eine stationäre Strömung ein − die sog. Couetteströmung −, die der Strömung ohne Druckgradient zwischen einer feststehenden und einer bewegten ebenen Wand (Fig. 88) sehr ähnlich ist. Es leuchtet ein (und wird weiter unten bewiesen), daß beide Strömungen umso besser übereinstimmen, je kleiner die Spaltbreite h gegen den Innenradius r_0 ist, derart, daß für $h \ll r_0$ die Geschwindigkeitsverteilung im Spalt hinreichend genau durch Gl. (6.1) beschrieben wird (y = Abstand vom inneren Zylinder). Die Schergeschwindigkeit der Flüssigkeit ist dann $\dot{\gamma} = u_w/h$. Nach dem Fließgesetz (1.1) ist mit dieser Schergeschwindigkeit eine Schubspannung τ verknüpft. Diese Schubspannung erzeugt ein auf den inneren Zylinder wirkendes Drehmoment; ein Moment gleicher Größe, aber entgegengesetzten Drehsinns wirkt auf den äußeren Zylinder. Bezeichnet man die Zylinderlänge mit b, so ist dieses Drehmoment:

$$M = 2\pi r_0^2 b\tau \qquad (6.14)$$

Zur Herleitung von Gl. (6.14) beachtet man, daß auf ein Flächenelement dA des Zylindermantels die Kraft τdA in Umfangsrichtung wirkt, die einen Beitrag τdA · r_0 zum Drehmoment liefert (als Bezugsachse für das Moment wählt man die Drehachse). Da τ und r_0 für alle Flächenelemente des Zylinders konstant sind, liefert die Integration über alle Flächenelemente, mit $\int dA = 2\pi r_0 b$ = Gesamtfläche des Zylindermantels, sofort Gl. (6.14).

---

[1] Man vgl. die ausführlichere Diskussion der Einlaufeffekte beim Rohr in 7.1.2.

Kennt man das Drehmoment M, so kann man aus Gl. (6.14) die Schubspannung τ bestimmen: $\tau = M/(2\pi r_0^2 b)$. Man kann das Drehmoment auf einfache Weise messen, indem man bei vertikaler Achsenrichtung den inneren Zylinder an einem Torsionsdraht aufhängt. Bei Drehung des äußeren Zylinders wird der innere Zylinder durch das auf ihn wirkende Moment gegen seine Lage bei stillstehendem äußeren Zylinder um einen gewissen Winkel verdreht. Der leicht meßbare Verdrehwinkel ist ein Maß für das Moment M; bei bekannter Torsionssteifigkeit des Drahtes kann M aus dem Verdrehwinkel berechnet werden. Indem man bei verschiedenen Umfangsgeschwindigkeiten u_w, und damit bei verschiedenen Schergeschwindigkeiten $\dot\gamma = u_w/h$, die Schubspannung τ auf diese Weise bestimmt, kann man das Fließgesetz (1.1) punktweise ermitteln. Man nennt eine Anordnung, die diese Ermittlung gestattet, ein "Viskosimeter"; hier spricht man von einem "Couette-Viskosimeter". Weiß man von vornherein, daß eine Flüssigkeit eine Newtonsche Flüssigkeit ist, so genügt es, zu einer einzigen Schergeschwindigkeit $\dot\gamma$ im Viskosimeter die Schubspannung τ zu bestimmen. Das Verhältnis beider gibt dann die Viskosität. $\eta = \tau/\dot\gamma$. Durch die Viskosität ist aber das Fließverhalten einer Newtonschen Flüssigkeit festgelegt.

Wir sehen davon ab, daß eine Newtonsche Flüssigkeit ganz allgemein durch zwei Stoffgrößen mit der Bedeutung einer Viskosität charakterisiert wird. Bei den hier allein betrachteten Strömungen dichtebeständiger Flüssigkeiten spielt nur η eine Rolle; vgl. Kapitel 1. Auch die hydromechanischen Stoffeigenschaften Nicht-Newtonscher Flüssigkeiten werden − selbst bei Dichtebeständigkeit − durch die Fließfunktion $f(\tau)$ allein nicht vollständig charakterisiert. Doch betrachten wir hier nur solche Strömungen, bei denen es allein auf die Fließfunktion ankommt.

6.2.2. Drehkegel-Viskosimeter. Ein Kreiskegel berührt mit seiner Spitze eine ruhende Ebene (Fig. 94). Die Kegelachse, um die sich der Kegel mit konstanter Winkelgeschwindigkeit ω dreht, steht senkrecht auf der Ebene. Der Raum zwischen Kegel und Ebene ist mit einer Flüssigkeit angefüllt. Die Bewegung dieser Flüssigkeit läßt sich unter der Voraussetzung, daß der Winkel α (Fig. 94) sehr klein ist ($\alpha \ll 1$), näherungsweise als einfache Scherströmung behandeln, die durch Gl. (6.1) beschrieben wird. Um dies einzusehen, nehmen wir zunächst in plausibler Weise an, daß sich die Flüssigkeitsteilchen auf Kreisen um die Drehachse bewegen. Die Flüssigkeitsgeschwindigkeit hat an der Kegeloberfläche den

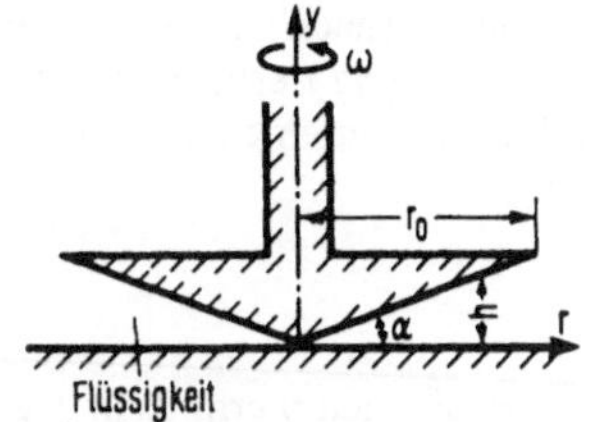

Fig. 94

Wert ωr, da die Flüssigkeit am Kegel haftet und daher dort dessen Geschwindigkeit annimmt; an der ruhenden Ebene ist die Geschwindigkeit null − ebenfalls wegen des Haftens. Nehmen wir weiterhin an, daß die Geschwindigkeit mit der senkrechten Entfernung y von der festen Ebene linear vom Wert 0 für $y = 0$ auf den Wert ωr für $y = h$ anwächst (h = Abstand der Kegeloberfläche von der Ebene), so können wir schreiben:

$$u = \omega r \cdot \frac{y}{h} \qquad (6.15)$$

Damit sind wir auf den durch Gl. (6.1) beschriebenen Typ der Scherströmung gestoßen (Setzt man dort $u_w = \omega r$, so erhält man (6.15)). Nun ist aber $h = \alpha r$ (für hinreichend kleine Winkel α, für die $\tan\alpha$ durch α ersetzt werden kann), also:

$$u = \frac{\omega}{\alpha} y \qquad (6.16)$$

Die Schergeschwindigkeit $\dot{\gamma}$ = du/dy wird daher

$$\dot{\gamma} = \frac{\omega}{\alpha} \qquad (6.17)$$

Die Schergeschwindigkeit hat also an jeder Stelle in der Flüssigkeit denselben Wert ω/α. In dieser Hinsicht gleicht die in Fig. 94 skizzierte Anordnung einem Couette-Viskosimeter mit sehr kleiner Spaltbreite, in dem $\dot{\gamma}$ ebenfalls konstant ist (nämlich gleich u_W/h). Die skizzierte Anordnung wird daher auch als Viskosimeter benutzt.

Wegen der konstanten Schergeschwindigkeit hat auch die Schubspannung τ überall in der Flüssigkeit und damit auch an der Oberfläche des Drehkegels denselben Wert. Aus der Schubspannung ergibt sich das auf den Kegel wirkende Drehmoment: Am Flächenelement dA des Kegelmantels greift die Umfangskraft τdA an, die das Drehmoment τrdA (bezogen auf die Drehachse) erzeugt. Das gesamte Drehmoment ergibt sich durch Integration über alle Flächenelemente des Kegels.

$$M = \int \tau r dA = \tau \int_{r=0}^{r=r_0} 2\pi r^2\, dr = \frac{2\pi}{3} r_0^3 \tau \qquad (6.18)$$

(Zur Erläuterung denke man sich die gesamte Kegeloberfläche in kreisringförmige Streifen der Breite dr zerlegt; der Flächeninhalt eines Streifens ist $2\pi r dr$, wenn man α als sehr klein voraussetzt). r_0 ist der Außenradius des Kegels; dort entsteht ein "Randeffekt", den wir vernachlässigen.

Durch Messung des zur Drehung des Kegels aufzuwendenden Moments M läßt sich nach Gl. (6.18) τ bestimmen: $\tau = M/(\frac{2}{3}\pi r_0^3)$. Indem man die Winkelgeschwindigkeit ω ändert, kann man $\dot{\gamma}$ (nach Gl. (6.17)) verändern und so zu verschiedenen Werten von $\dot{\gamma}$ die Schubspannung τ ermitteln. Damit kann man das Fließgesetz der Flüssigkeit punktweise bestimmen. Für eine Newtonsche Flüssigkeit ist $\tau = \eta\dot{\gamma} = \eta\omega/\alpha$ und Gl. (6.18) geht über in

$$M = \frac{2\pi}{3} r_0^3 \eta \cdot \frac{\omega}{\alpha} \qquad (6.19)$$

Hieraus läßt sich η ermitteln, wenn man zu einer einzigen Winkelgeschwindigkeit ω das Moment M kennt.

6.2.3. Öldruckpolster. Einer ebenen Wand steht ein Tragschuh mit ebener, rechteckiger Unterseite gegenüber (Breite 2 l, Tiefe senkrecht zur Zeichenebene b); zwischen der Wand und der Unterseite des Schuhs bleibt ein Spalt der Breite h frei (Fig. 95). Man denkt sich die Anordnung durch zwei zur Zeichenebene parallele Wände im Abstand b abgeschlossen. In der Mittelebene dieser Anordnung wird durch eine spaltförmige Öffnung in der Wand der Volumenstrom 2 $\dot{V}$ zugeführt, der zu gleichen Teilen nach beiden Seiten durch den Spalt zwischen Schuh und Wand abströmt. Nimmt man an, daß die Spaltbreite h sehr klein gegen l ist, $h \ll l$, so kann man Einlaufeffekte in Umgebung des Zuflußspaltes vernachlässigen, da diese in einer Entfernung von wenigen Spaltbreiten h vom Zufluß abklingen. Außerdem sei angenommen, daß $h \ll b$ ist; dann spielen die Randeffekte, die an den seitlichen Abschlußwänden eintreten, weil dort die Flüssigkeit haftet, keine Rolle. Setzt man schließlich voraus, daß die Flüssigkeit eine Newtonsche Flüssigkeit ist, so hat man im Spalt die in Abschn. 6.1 näher untersuchte parabelförmige Geschwindigkeitsverteilung, für die Gl. (6.13), mit $u_w = 0$, gilt. Durch Auflösen nach $p_1 - p_2$ erhält man aus (6.13)

$$\blacktriangleright \qquad p_1 - p_2 = \frac{12\eta l \dot{V}}{h^3 b} \qquad (6.20)$$

Wie in Abschn. 6.1 gezeigt wurde, fällt der Druck p linear mit wachsender Entfernung x von der Mittelebene vom Druck p_1 auf den Außendruck p_2 ab (Fig. 95). Die vom Überdruck im Spalt auf den Schuh ausgeübte Normalkraft F_n ist (vgl. Fig. 95; der mittlere Überdruck ist $(p_1 - p_2)/2$)

$$\blacktriangleright \qquad F_n = \frac{p_1 - p_2}{2} \cdot 2bl = \frac{12\eta l^2 \dot{V}}{h^3} \qquad (6.21)$$

Je kleiner die Spaltbreite h ist, desto größer wird diese Kraft (h^3 im Nenner!). Man kann den Schuh daher mit beliebig großer Kraft gegen die Wand pressen, ohne daß er diese berührt. Der Flüssigkeitsfilm, bei technischen Anwendungen meistens ein Ölfilm, bildet ein Polster, das diese Berührung verhindert.

In Fig. 96 ist der Schubspannungsverlauf am Schuh eingetragen (ausgezogene Linie). Nach Gl. (6.11) ist die Schubspannung an der rechten Hälfte (mit $u_w = 0$) : $\tau = (p_2 - p_1)h/2l$. An der linken Tragschuhhälfte hat die Schubspannung denselben Betrag, aber umgekehrtes Vorzeichen, da die Strömungsrichtung dort umgekehrt ist. Man sieht unmittelbar ein, daß bei dem in Fig. 96 skizzierten Schubspannungsverlauf keine resultierende Tangen-

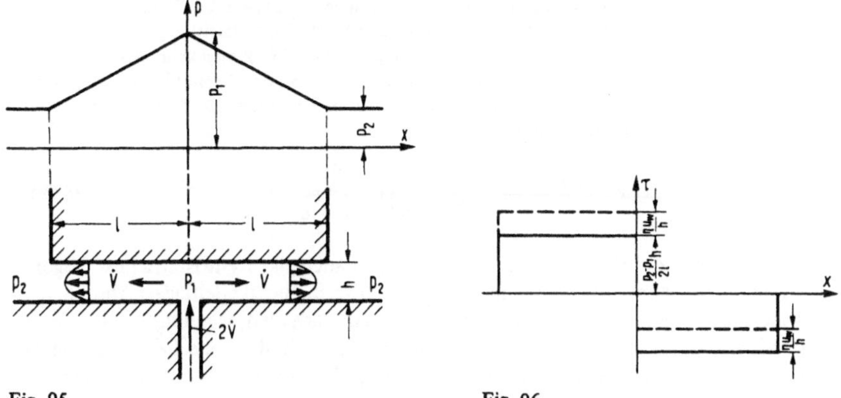

Fig. 95   Fig. 96

tialkraft auf den Schuh entsteht, da sich die Schubspannungen links und rechts gegenseitig kompensieren. Bewegt man aber den Schuh mit der Geschwindigkeit u_w parallel zur Wand nach rechts, so überlagert sich dem parabelförmigen Geschwindigkeitsprofil noch eine lineare Geschwindigkeitsverteilung (vgl. z.B. Fig. 92c). Zur Schubspannung kommt hierbei an der linken u n d der rechten Schuhhälfte der Anteil $\eta u_w/h$ hinzu (vgl. Gl. (6.11). Es gibt sich die in Fig. 96 gestrichelt skizzierte Schubspannungsverteilung, die zu einer resultierenden Tangentialkraft F_t führt:

$$F_t = \frac{2bl \cdot \eta u_w}{h} \qquad (6.22)$$

F_t wirkt am Schuh entgegen der Bewegungsrichtung. Man kann nun einen "effektiven Gleitreibungsbeiwert" μ als Verhältnis von Tangential- zu Normalkraft definieren:

$$\blacktriangleright \qquad \mu = \frac{F_t}{F_n} = \frac{bh^2}{6\dot{V}l} u_w \qquad (6.23)$$

(wobei (6.21) und (6.22) benutzt wurden). Durch Verkleinerung der Gleitgeschwindigkeit u_w kann man nach Gl. (6.23) den Reibungsbeiwert beliebig klein machen. Wären Schuh und Wand in unmittelbarem Kontakt, so wäre dies nicht möglich: bei Festkörperreibung unterschreitet der Reibungsbeiwert nicht einen bestimmten Grenzwert, der von den gleitenden Materialien und ihrer Oberflächenbeschaffenheit abhängt. Bei hoher Anpresskraft F_n muß man daher bei unmittelbarem Kontakt auch eine hohe Tangentialkraft $F_t = \mu F_n$ zur Verschiebung des Schuhs aufbringen. Trennt man dagegen die beiden Festkörper in der geschilderten Weise durch einen Flüssigkeitsfilm, so kann die Tangentialkraft sehr klein bleiben, wenn man sich mit entsprechend kleinen Gleitgeschwindigkeiten begnügt. Ein solcher Flüssigkeitsfilm hat noch den weiteren Vorteil, daß er einen unerwünscht raschen Verschleiß der gleitenden Flächen verhindert. Man benutzt solche Öldruckpolster in der Technik u.a. zur Lagerung von langsam beweglichen Maschinenteilen. Eines der größten astrononischen Fernrohre, der 5-Meter-Reflektor auf dem Mount-Palomar in Kalifornien besitzt z.B. solche Öldruckpolster, die eine Verstellung und Nachführung des Teleskops mit minimalem Kraftaufwand ermöglichen.

In der Praxis wird meistens das ständig pro Zeiteinheit durch den Spalt gepreßte Flüssigkeitsvolumen $2\dot{V}$ gesammelt und durch eine Pumpe wieder dem Spalt zugeführt. Die Nutzleistung P der Pumpe muß hierzu den Wert $P = (p_1 - p_2) \cdot 2\dot{V}$ haben. (Dies folgt aus Gl. (3.61); man kann hier die Staudrücke vernachlässigen und die Drücke p_1 und p_2 näherungsweise mit den Gesamtdrücken p_{g1} und p_{g2} vor und hinter der Pumpe identifizieren). Setzt man hier $p_1 - p_2$ nach (6.20) ein und drückt dann $\dot{V}$ nach (6.21) durch F_n aus, so erhält man

$$\blacktriangleright \qquad P = \frac{12\eta l\dot{V} \cdot 2\dot{V}}{h^3 b} = \frac{24\eta l}{h^3 b}\left(\frac{F_n h^3}{12\eta l^2}\right)^2 = \frac{F_n^2 h^3}{6\eta l^3 b} \qquad (6.24)$$

Ein Traglager der beschriebenen Art bezeichnet man auch als "hydrostatisches" Lager. Im Gegensatz zu einem "hydrodynamischen" Lager (z.B. einem Gleitlager, Abschn. 6.2.4) bleibt die Tragfähigkeit des Ölfilms nämlich auch dann erhalten, wenn $u_w = 0$ ist, der Tragschuh also ruht. Die tragende Spaltströmung wird bei hydrostatischen Lagern stets nur durch eine externe Schmiermittelpumpe ermöglicht, bei den hydrodynamischen Lagerungen hingegen baut sich der tragende Schmiermitteldruck durch die Relativbewegung zweier fester Teile "von selbst" auf.

Wir betrachten nun eine etwas abgeänderte Anordnung (Fig. 97). Ein Trageschuh steht wieder einer ebenen Wand gegenüber und wieder ist der Spalt zwischen Wand und Unterseite des Schuhs mit einer Newtonschen Flüssigkeit gefüllt; (Schuhbreite 2 l, Tiefe senkrecht zur Zeichenebene b; seitlich denke man sich Abschlußwände im Abstand b; es sei $h \ll b$, $h \ll l$). Jetzt wird aber keine Flüssigkeit ständig dem Spalt zugeführt, sondern der Schuh wird mit der Geschwindigkeit v_K der Wand genähert. Hierzu ist eine Anpreßkraft

F_n erforderlich, die wir nun berechnen wollen. Wegen der ständigen Verkleinerung des Zwischenraums zwischen Wand und Schuh wird die Flüssigkeit nach beiden Seiten aus dem Spalt hinausgedrückt. Die Geschwindigkeit eines Flüssigkeitsteilchens setzt sich hierbei aus den beiden folgenden Komponenten zusammen: aus der wandparallelen Ausströmgeschwindigkeit u und aus einer wandsenkrechten Komponente v, die vom Betrag 0 an der Wand bis zum Betrag v_K an der Schuhunterseite wächst.

Wir beschränken die Betrachtung auf die rechte Hälfte der Anordnung, x > 0, da die Anordnung symmetrisch ist und daher die Strömung in der linken Hälfte, x < 0, mit derjenigen in der rechten Hälfte bis auf die Strömungsrichtung übereinstimmt. Die Flüssigkeitsmenge in dem Kontrollraum 1-2-3-4, der in Fig. 97 gestrichelt skizziert ist, verringert sich in der Zeitspanne dt durch die Bewegung der oberen Wand um das Volumen

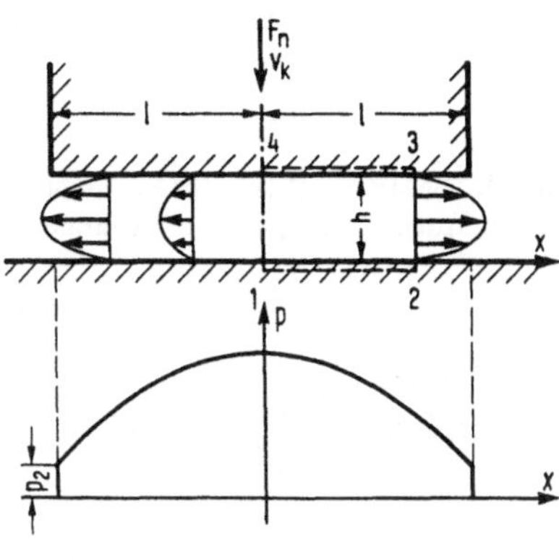

Fig. 97

xbv$_K$dt (x ist die Abszisse der Kontrollraumbegrenzung 1-2). Dieses Flüssigkeitsvolumen muß nach rechts aus dem Kontrollraum abfließen. Es muß also v_K bxdt = $\dot{V}$ dt gelten, oder

$$\dot{V} = v_K\,bx \tag{6.25}$$

$\dot{V}$ wächst also mit x. Aus Gl. (6.25) schließen wir zunächst, daß in einem sehr engen Spalt, d.h. wenn h ≪ l gilt, die wandnormalen Geschwindigkeiten v gegen die wandparallelen Geschwindigkeiten u vernachlässigbar klein sind: Führt man als Maß für die wandparallelen Geschwindigkeiten eine über die Spaltbreite gemittelte Geschwindigkeit $\bar{u}$ durch die Definition $\bar{u}$ = $\dot{V}$/hb ein, so ergibt (6.25): $\bar{u}$ = v_Kx/h. Nun ist aber v_K ein Maß für die wandnormalen Geschwindigkeiten. Dort, wo x ≫ h ist, d.h. in einiger Entfernung von der Stelle x = 0, gilt demnach $\bar{u}$ ≫ v_K, so daß man dort jedenfalls die wandnormalen Geschwindigkeiten vernachlässigen kann. Wenn h ≪ l ist, ist andererseits die Ausdehnung des Gebietes in Umgebung von x = 0, in dem die Vernachlässigung nicht berechtigt ist, so klein im Vergleich zur Breite l, daß man getrost die Vernachlässigung als überall gültig ansehen kann.

Damit die Flüssigkeit durch den Spalt abfließen kann, muß der Druck in Strömungsrichtung abnehmen. Zwischen zwei ebenen Wänden mit konstantem (d.h. von x unabhängigem) Volumenstrom stellt sich nach 6.1 eine parabelförmige Geschwindigkeitsverteilung ein; der Druckgradient dp/dx hat hierbei einen konstanten Wert. Wir wollen annehmen, daß auch bei der hier betrachteten Strömung die Geschwindigkeitsverteilung parabelförmig ist und die Formeln von 6.1 angewendet werden können, obwohl $\dot{V}$ nicht konstant ist, sondern mit x wächst. (Die genauere Untersuchung, auf die wir hier verzichten müssen, zeigt, daß diese Annahme zutrifft, wenn die mit der Bewegungsgeschwindigkeit des Schuhs und der Spaltbreite gebildete Reynoldszahl: Re = v_Kh/ν ≪ 1 ist.) Gl. (6.13), mit u$_w$ = 0, gibt einen Zusammenhang zwischen $\dot{V}$ und dem Druckgradienten (man beachte, daß die Größe $(p_2 - p_1)$/l in (6.13) den dort konstanten Druckgradienten dp/dx bedeutet):

$$\dot{V} = - \frac{dp}{dx} \frac{h^3}{12\eta} b \tag{6.26}$$

Setzt man hier $\dot{V}$ nach Gl. (6.25) ein, so erhält man

$$\frac{dp}{dx} = - 12 \frac{\eta v_K x}{h^3} \tag{6.27}$$

Durch Integration mit der Randbedingung $p(x = l) = p_2$ (am Spaltende muß der Druck mit dem Außendruck p_2 übereinstimmen), erhält man hieraus den Druck:

$$p = p_2 + \frac{6\eta v_K}{h^3}(l^2 - x^2) \tag{6.28}$$

Diese parabelförmige Druckverteilung ist in Fig. 97 skizziert. Die zur Bewegung der Platte erforderliche Kraft F_n ergibt sich durch Integration des Überdruckes $p - p_2$ über die gesamte Unterseite des Schuhs:

$$F_n = 2b\int_0^l (p - p_2)dx = \frac{12\eta b v_K}{h^3}\int_0^l (l^2 - x^2)dx \tag{6.29}$$

oder, da $\int_0^l (l^2 - x^2)dx = \frac{2}{3}l^3$ ist:

$$F_n = \frac{4\eta v_K l^2 A}{h^3} \tag{6.30}$$

wobei der Flächeninhalt $A = 2bl$ der Unterseite des Schuhs eingeführt wurde. — Je kleiner die Spaltbreite h ist, desto größer ist nach Gl. (6.30) die zur Bewegung des Schuhs mit vorgegebener Geschwindigkeit v_K nötige Kraft F_n; mit anderen Worten: der Flüssigkeitsfilm zwischen Schuh und Wand kann bei kleiner Spaltbreite eine hohe Anpreßkraft F_n aufnehmen.

Man kann (6.30) auch nach v_K auflösen und erhält dann die Geschwindigkeit, mit der sich der Schuh unter Wirkung einer Anpreßkraft F_n der Wand nähert. Für v_K kann man auch $-dh/dt$ schreiben, wobei das Minuszeichen eingeführt werden muß, weil v_K definitionsgemäß bei Annäherung an die Wand positiv ist, dh/dt unter diesen Umständen aber negativ. Aus (6.30) ergibt sich damit

$$\frac{dh}{dt} = - \frac{F_n}{4\eta l^2 A} h^3 \tag{6.31}$$

Aus (6.31) läßt sich leicht die Zeit Δt berechnen, die bei zeitlich konstanter Anpreßkraft F_n vergeht, bis der Schuh sich von einer anfänglichen Entfernung h_a auf die Entfernung h_e der Wand genähert hat:

$$\int_0^{\Delta t} dt = - \frac{4\eta l^2 A}{F_n} \int_{h_a}^{h_e} \frac{dh}{h^3} = \frac{2\eta l^2 A}{F_n}\left[\frac{1}{h^2}\right]_{h_a}^{h_e} \tag{6.32}$$

Hieraus

$$\Delta t = \frac{2\eta l^2 A}{F_n}\left(\frac{1}{h_e^2} - \frac{1}{h_a^2}\right) \tag{6.33}$$

Für $h_e \to 0$ geht $\Delta t \to \infty$, d.h. der Schuh nähert sich zwar unbegrenzt der Wand, ohne sie aber je zu berühren. Der Flüssigkeitsfilm bildet ein Polster, das diese Berührung verhindert. Diese Polsterwirkung nutzt man praktisch aus, wenn bei häufig wechselnder Richtung der Kraft zwischen zwei festen Körpern die unmittelbare Berührung dieser Körper verhindert werden soll: Ist die Kraft so gerichtet, daß die beiden Körper sich einander nähern, verhindert der Flüssigkeitsfilm zwischen beiden den direkten Kontakt. In den Perioden, in denen sich die beiden Körper voneinander entfernen, kann der Flüssigkeitsfilm durch seitliches Einströmen in den Spalt zwischen beiden Körpern wieder hergestellt werden.

In diesem Zusammenhang sei noch erwähnt, daß die Formeln (6.27) bis (6.30) auch für den Fall gelten, daß sich der Schuh von der Wand fortbewegt und daher Flüssigkeit von außen in den Spalt einströmt. Dann hat v_K einen negativen Wert und nach Gl. (6.28) ergibt sich ein Unterdruck zwischen Schuh und Wand (die Druckparabel in Fig. 97 hängt dann nach unten durch) und dementsprechend wird nach Gl. (6.30) die Normalkraft F_n negativ. Allerdings kann der Druck im Spalt nicht unter den Dampfdruck der Flüssigkeit sinken, da sonst die in Kapitel 1 schon erwähnte Kavitation (d.i. die Bildung von dampfgefüllten Hohlräumen in der Flüssigkeit) einsetzt.

Abschließend bemerken wir noch, daß wir bei unseren Überlegungen immer vorausgesetzt haben, die Flüssigkeit im Spalt könne nur nach zwei Seiten entweichen und daß daher ein Abströmen in der Richtung senkrecht zur Zeichenebene unmöglich sei. Hierzu haben wir angenommen, daß das Entweichen in dieser Richtung durch Seitenwände (im Abstand b) verhindert wird. Man kann die obigen Überlegungen aber fast unverändert auf den Fall übertragen, daß die Schuhunterseite kreisförmig ist und die Flüssigkeit nach allen Seiten entweicht. So bleibt z.B. Gl. (6.30) gültig, wenn man unter l den Radius der kreisförmigen Schuhfläche versteht und wenn man anstelle des Zahlenwertes 4 den Wert 3/2 einführt.

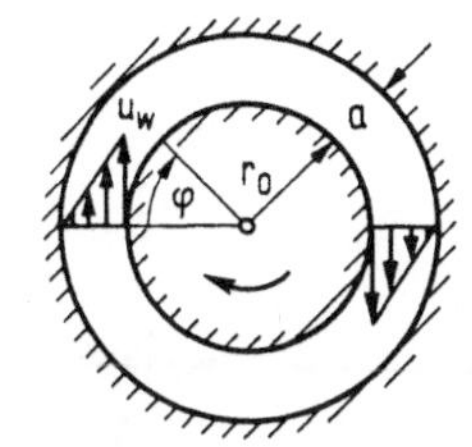

6.2.4. Gleitlager. Eine Welle vom Radius r_0 rotiert mit der Umfangsgeschwindigkeit u_w in einer die Welle vollkommen umschließenden Lagerschale vom Radius $r_0 + a$ (Fig. 98). Der Spalt zwischen Welle und Lagerschale sei mit einem flüssigen Schmiermittel ausgefüllt. Wenn die Welle zentrisch im Lager rotiert, stellt sich bei hinreichend kleiner Spaltbreite, $a \ll r_0$, die Geschwindigkeitsverteilung nach Gl. (6.1) ein (man muß in diesem Fall y von der ruhenden Lagerschale aus radial nach innen zählen). Der Druck p ist über den ganzen Umfang der Welle konstant, es entsteht also keine resultierende Druckkraft auf die Welle. Auch die Schubspannung τ ist über den Wellenumfang konstant und liefert ebenfalls keine resultierende Kraft. Insgesamt entsteht also keine Kraft, die einer auf die Welle wirkenden Last das Gleichgewicht halten könnte. Die Welle kann daher nur dann zentrisch im Lager rotieren, wenn sie unbelastet ist. Wird

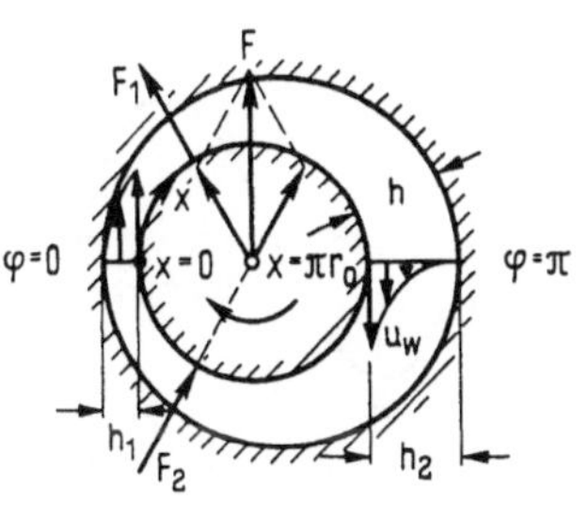

Fig. 98

die Welle durch eine Kraft F senkrecht zur Achse belastet, dann muß sie aus der zentrischen Lage ausweichen.

Nun ist wichtig, daß die belastete Welle nicht — wie es bei einer nicht rotierenden Welle der Fall wäre — an die Lagerschale gedrückt wird und mit dieser in Berührung kommt, sondern daß ein Spalt zwischen Welle und Lagerschale frei bleibt, der aber wegen der Exzentrizität der Welle jetzt keine konstante Breite a hat. (In Fig. 98 ist angenommen, daß die belastete Welle in horizontaler Richtung nach links ausgewichen ist.) Wegen der variablen Spaltbreite h entsteht ein Druckgradient dp/dx, der Druck p hängt jetzt ebenso wie die Spaltbreite h von der Umfangskoordinate x ab. Der über den Umfang variable Druck p liefert eine resultierende Druckkraft auf die Welle, die der Last das Gleichgewicht hält. — Die an der Welle angreifenden Schubspannungen liefern bei exzentrischer Welle auch eine resultierende Kraft, die übrigens der resultierenden Druckkraft gleichgerichtet ist, bei kleiner Spaltbreite aber klein gegen die Druckkraft bleibt und daher im folgenden nicht berücksichtigt wird. Der wesentliche Vorteil der Schmierung besteht darin, daß die belastete Welle nicht mit der Lagerschale in Berührung kommt. Dadurch wird der Verschleiß wesentlich herabgesetzt. Außerdem ist das zur Überwindung der Reibung erforderliche Drehmoment bei geschmierter Welle viel kleiner als es bei Festkörperreibung zwischen Welle und Lager wäre (vgl. Abschn. 6.2.3).

Formel (6.13) verhilft leicht zu einem qualitativen Verständnis des Druckverlaufs im Schmierspalt: Wir nehmen an, daß an jeder Stelle x im Schmierspalt Gl. (6.13) anwendbar ist. Diese Annahme ist bei sehr kleiner Spaltbreite berechtigt. Allerdings müssen wir in (6.13) den dort konstanten Druckgradienten $(p_2 - p_1)/l$ durch dp/dx ersetzen, wobei jetzt dp/dx ebenso wie die Spaltbreite h von x abhängt. Der Volumenstrom $\dot{V}$ kann jedoch nicht von x abhängen. Durch jeden Spaltquerschnitt muß nämlich dieselbe Flüssigkeitsmenge fließen, da sich andernfalls zwischen zwei Spaltquerschnitten Flüssigkeit ansammeln müßte, was bei inkompressibler Flüssigkeit ausgeschlossen ist. Wir setzen für den vorläufig noch unbekannten Volumenstrom $\dot{V}$:

$$\dot{V} = \frac{u_w b h_0}{2} \qquad (6.34)$$

wodurch nur eine, ebenfalls noch unbekannte Konstante h_0 von der Dimension einer Länge definiert wird. Löst man (6.13) nach dp/dx auf, so erhält man mit (6.34):

$$\frac{dp}{dx} = 6\eta u_w \frac{h - h_0}{h^3} \qquad (6.35)$$

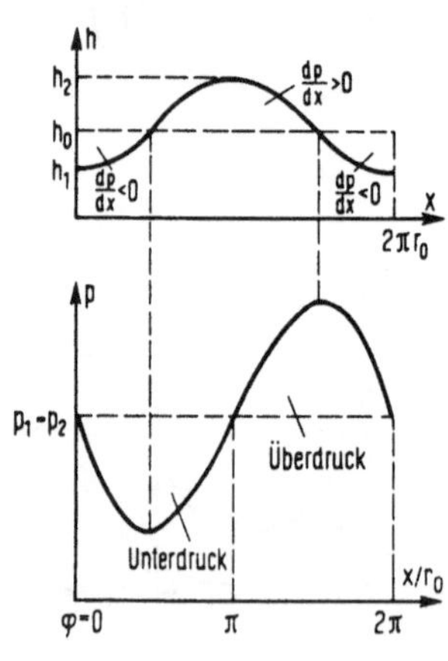

Fig. 99

Zählt man x von der engsten Spaltstelle aus, so verläuft die Spaltbreite h(x) wie in Fig. 99 skizziert. Man muß nun h_0 so wählen, daß durch Integration von (6.35) über x ein Druckverlauf p(x) entsteht, der für $x = 2\pi r_0$ denselben Wert p ergibt wie für x = 0, denn beide Werte von x entsprechen ja derselben Stelle im Spalt (nämlich der engsten Stelle) und der Druck kann an einer Stelle nicht verschiedene Werte annehmen. Dies bedeutet, daß dp/dx sowohl positiv als auch negativ sein muß; also muß h_0 zwischen den Werten h_1 und h_2 liegen: $h_1 < h_0 < h_2$. Es ergibt sich dann eine Druckverteilung von der in Fig. 99 skizzierten Gestalt. Der mittlere Druck $p_1 = p_2$ (in Fig. 99 gestrichelt) wird durch die Schmiermittelpumpe festgelegt, die diesen Druck im Spalt aufrechterhält und insbesondere Leckverluste des Schmiermittels laufend ersetzt. Der mittlere Druck trägt n i c h t s zur resultierenden Druckkraft bei; eine resultierende Druckkraft entsteht durch die Druckunterschiede gegen diesen mittleren Druck an verschiedenen Stellen der Welle. Wie aus Fig. 99 ersichtlich, herrscht an der Wellenoberseite ($x = 0$ bis $x = \pi r_0$) Unterdruck, an der Wellenunterseite Überdruck. Die resultierende Druckkraft $\vec{F}$ ist also nach o b e n gerichtet. In der Tat kann man zeigen, daß sie genau vertikal nach oben gerichtet ist; dies hat seine Ursache in der symmetrischen Verteilung von Unter- und Überdruck um den mittleren Druck (Fig. 99). In Fig. 98 ist die Kraft $\vec{F}$ aus der Unterdruckkraft $\vec{F}_1$ und der Überdruckkraft $\vec{F}_2$ zusammengesetzt. Die Kraft $\vec{F}$ kann einer vertikal nach unten gerichteten Last das Gleichgewicht halten. Damit ist die Wirkung eines Gleitlagers qualitativ geklärt. Bemerkenswert ist die Tatsache, daß die Welle nicht in Richtung der Last (nach unten) aus der zentrischen Lage ausweicht, sondern genau s e n k r e c h t dazu!

Diese qualitativen Überlegungen lassen sich mit relativ einfachen mathematischen Hilfsmitteln zu einer quantitativen Theorie ausbauen (Reynolds-Sommerfeldsche Gleitlagertheorie). Es ist hierbei zweckmäßig, anstelle der Koordinate x den Umfangswinkel $\varphi = x/r_0$ einzuführen (Fig. 98); bei einmaligem Umlauf um die Welle wächst φ vom Wert 0 an der Stelle $x = 0$ bis auf den Wert 2π (für $x = 2\pi r_0$). Der Abstand des Wellenmittelpunktes vom Mittelpunkt der Lagerschale wird mit ϵa bezeichnet. Die "Exzentrizität" ϵ kann offenbar vom Wert 0 (zentrische Welle) bis auf den Wert 1 (Kontakt zwischen Welle und Lagerschale an der Stelle $\varphi = 0$) variieren. An der engsten Stelle ($\varphi = 0$) hat der Spalt die Breite $h_1 = a - \epsilon a = a(1 - \epsilon)$ und an der weitesten Stelle ($\varphi = \pi$) die Breite $h_2 = a(1 + \epsilon)$. Der Verlauf der Spaltbreite mit dem Umfangswinkel φ (vgl. auch Fig. 99) läßt sich deshalb gut durch die Funktion

$$h(\varphi) = a\,(1 - \epsilon \cos \varphi) \tag{6.36}$$

approximieren; für $\varphi = 0, \pi$ liefert (6.36) nämlich gerade die Werte h_1, h_2. Die Approximation (6.36) stimmt umso besser je kleiner der Wert von a/r_0 ist.

Multipliziert man (6.35) mit r_0, so erhält man, wegen $x/r_0 = \varphi$:

$$r_0 \frac{dp}{dx} = \frac{dp}{d\varphi} = 6\eta u_w r_0 \frac{h - h_0}{h^3} \tag{6.37}$$

Setzt man den Ausdruck (6.35) für dp/dx anstelle von $(p_2 - p_1)/l$ in Gl. (6.11) für die Schubspannung an der mit der Geschwindigkeit u_w bewegten Wand ein, so erhält man (bei Weglassen des hier unnötigen Index "h"):

$$\tau = \eta u_w \frac{4h - 3h_0}{h^2} \tag{6.38}$$

In der anschließenden Rechnung treten Integrale der folgenden Form auf:

$$J_{mn}(\epsilon) = \int_0^{2\pi} \frac{(\cos \varphi)^m}{(1 - \epsilon \cos \varphi)^n}\, d\varphi \tag{6.39}$$

Hierbei sind m und n natürliche Zahlen (1,2,3, . . .). Da der Integrand den Parameter ϵ enthält, hängt der Wert J_{mn} jedes Integrals von ϵ ab, wie durch die Schreibweise in (6.39) schon angedeutet ist. Die

Integrale sind elementar nur umständlich auszuwerten, deshalb wird nur das Ergebnis der Auswertung für die im Folgenden benötigten Integrale zitiert:

$$J_{01} = 2\pi/\sqrt{1-\epsilon^2}$$

$$J_{02} = 2\pi/\sqrt{1-\epsilon^2}^{\,3} \qquad\qquad J_{12} = 2\pi\epsilon/\sqrt{1-\epsilon^2}^{\,3} \tag{6.40}$$

$$J_{03} = 2\pi(1 + \epsilon^2/2)/\sqrt{1-\epsilon^2}^{\,5} \quad J_{13} = 3\pi\epsilon/\sqrt{1-\epsilon^2}^{\,5}$$

Der erste Schritt zur Berechnung der Tragkraft F ist die Bestimmung der Hilfsgröße h_0 aus der

Bedingung $\int\limits_0^{2\pi} (dp/d\varphi)\, d\varphi = p(2\pi) - p(0) = 0$; dies ergibt mit (6.37) für $dp/d\varphi$:

$$\int\limits_0^{2\pi} \frac{d\varphi}{h^2} = h_0 \int\limits_0^{2\pi} \frac{d\varphi}{h^3} \tag{6.41}$$

Unter Beachtung von (6.36), (6.39) und (6.40) erhält man hieraus

$$h_0/a = J_{02}/J_{03} = (1-\epsilon^2)/(1 + \epsilon^2/2) \tag{6.42}$$

Beim nächsten Schritt ist zu bedenken, daß der Druck p auf einen Streifen der Wellenoberfläche von der Länge b in Achsenrichtung und der Breite $r_0 d\varphi$ in Umfangsrichtung die Kraft $p(\varphi) \cdot b\, r_0 d\varphi$ ausübt. Diese Kraft ist auf den Wellenmittelpunkt gerichtet; ihre Komponente vertikal nach oben ist daher $- p(\varphi)\, b\, r_0 d\varphi \sin\varphi$. Die Schubspannung τ übt auf den Streifen die Kraft $\tau(\varphi)\, b\, r_0\, d\varphi$ in Umfangsrichtung entgegen der Drehrichtung der Welle aus; ihre Komponente vertikal nach oben ist deshalb $- \tau(\varphi)\, b\, r_0 d\varphi \cos\varphi$. Insgesamt ergibt sich damit für die Tragkraft F

$$F = - b\, r_0 \int\limits_0^{2\pi} \{p(\varphi) \sin\varphi + \tau(\varphi) \cos\varphi\}\, d\varphi \tag{6.43}$$

Durch partielle Integration des ersten Summanden unter dem Integral erhalt man

$$\frac{F}{br_0} = p \cos\varphi \Big|_0^{2\pi} - \int\limits_0^{2\pi} (\frac{dp}{d\varphi} + \tau) \cos\varphi\, d\varphi \tag{6.44}$$

Der integralfreie Term verschwindet wegen $p(2\pi) = p(0)$. Setzt man in den Integranden $dp/d\varphi$ nach (6.37) und τ nach (6.38) ein und führt die Integrationen unter Beachtung von (6.39) und (6.40) aus, so stellt man fest, daß der Beitrag von τ zum Wert des Integrals um den Faktor $a/r_0 \ll 1$ kleiner ist als der Beitrag von $dp/d\varphi$. Im Folgenden beschränken wir uns deshalb auf diesen vom Druck erzeugten Beitrag zur Tragkraft, wie oben schon einmal erwähnt. Es ergibt sich

$$\frac{a^2 F}{\eta b r_0^2 u_w} = -6 \int\limits_0^{2\pi} \left\{ \frac{\cos\varphi}{(1-\epsilon\cos\varphi)^2} - \frac{J_{02}}{J_{03}}\frac{\cos\varphi}{(1-\epsilon\cos\varphi)^3} \right\} d\varphi \tag{6.45}$$

Die links stehende, der Tragkraft F proportionale dimensionslose Große wird "Sommerfeldzahl" genannt und mit dem Symbol S_0 bezeichnet. Auswertung der Integrale führt auf:

$$S_0 = 6(J_{02}J_{13} - J_{03}J_{12})/J_{03} = 6\pi\epsilon/\{\sqrt{1-\epsilon^2}\,(1 + \epsilon^2/2)\} \tag{6.46}$$

Die Sommerfeldzahl hängt demnach nur von der Exzentrität ab, und umgekehrt ist daher die Exzentrizität eine Funktion der Sommerfeldzahl, die in Fig. 100 aufgetragen ist.

Zur Berechnung des an der Welle angreifenden Drehmomentes bedenkt man, daß die auf einen Streifen (s.o.) wirkende Schubspannung τ zum Moment den Anteil $\tau(\varphi)\, r_0 b\, d\varphi \cdot r_0$ beiträgt.

Somit wird

$$M = r_0^2 b \int_0^{2\pi} \tau(\varphi)\, d\varphi = r_0^2 b \eta u_w \int_0^{2\pi} \left(\frac{4}{h} - \frac{3\,h_0}{h^2}\right) d\varphi \tag{6.47}$$

Hieraus ergibt sich

$$\frac{Ma}{r_0^2 b \eta u_w} = 4 J_{01} - 3\,\frac{J_{02}^2}{J_{03}}$$

$$= 2\pi (1 + 2\epsilon^2)/\left\{\sqrt{1 - \epsilon^2}\,(1 + \epsilon^2/2)\right\} \tag{6.48}$$

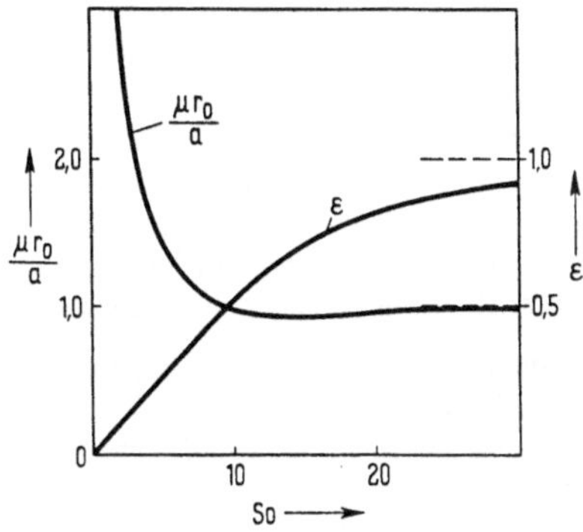

Fig. 100

Man kann einen effektiven Gleitreibungswert μ wie folgt definieren: $\mu = M/(Fr_0)$. Mit (6.45), (6.46) und (6.48) ergibt sich:

$$\mu = \frac{M}{Fr_0} = \frac{a}{r_0}\left(\frac{1}{3\epsilon} + \frac{2\epsilon}{3}\right) \tag{6.49}$$

Da ϵ nur von der Sommerfeldzahl abhängt, wird $\mu r_0/a$ eine Funktion der Sommerfeldzahl, die ebenfalls in Fig. 100 aufgetragen ist. Sie hat ein flaches Minimum vom Wert 0,94 für $S_0 = 15$. Technisch bedeutsam sind insbesondere Werte $S_0 < 20$.

In der Praxis treten verschiedene Abweichungen gegenüber dieser einfachen Theorie auf: Bei stark belasteten Lagern kann der Druck lokal so weit absinken, daß Kavitation eintritt; auch Turbulenz ist bei schnellaufendem Lager möglich. Auch hat das Lager eine endliche Länge in Achsenrichtung, und der Druckabfall in Richtung auf die Lagerenden vermindert die Tragkraft. Schließlich umschließt die Lagerschale die Welle oft gar nicht vollständig, sondern nur teilweise, etwa halb. In diesem Fall muß die Theorie entsprechend geändert werden. Übrigens spielt auch die Erwärmung des Schmieröls und die damit verbundene Viskositätsänderung oft eine erhebliche Rolle. Trotzdem gibt die hier skizzierte Theorie des Gleitlagers wertvolle, auch quantitative Hinweise auf die Wirkungsweise eines solchen Lagers und ist damit der Ausgangspunkt zur Berücksichtigung weiterer Effekte, etwa der hier erwähnten.

7. Rohrströmung

7.1. Laminare Rohrströmung

7.1.1. Gesetz von Hagen-Poiseuille (Fig. 101). Eine Flüssigkeit ströme stationär durch ein zylindrisches Rohr mit Kreisquerschnitt (Radius r_0). Wir nehmen an, daß die Stromlinien achsenparallel sind und daß die Geschwindigkeit u nur vom Abstand r von der Rohrachse abhängt: $u = u(r)$. Diese Annahme trifft in einiger Entfernung vom Rohreinlauf

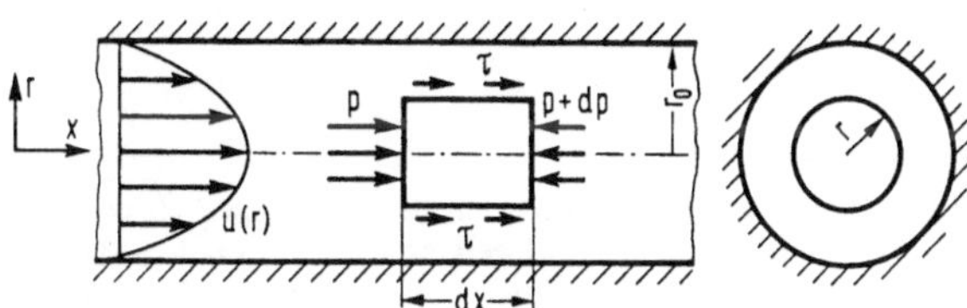

Fig. 101

zu (vgl. die Bemerkungen zur Einlauflänge in 7.1.2). Es leuchtet unmittelbar ein, daß
der Druck im Rohr mit wachsendem x abnehmen muß, wenn die Flüssigkeit in positiver
x-Richtung strömt, wie in Fig. 101 angenommen: das Druckgefälle treibt die Flüssigkeit
gegen die hemmende Wirkung der inneren Reibung durch das Rohr. Die Strömung im
Rohr ist der in Fig. 92b skizzierten Strömung in einem ebenen Kanal sehr ähnlich. Wir
nehmen an, daß der Druck p nur von x und nicht vom Radius r abhängt. Diese Annahme ist berechtigt, wenn keine Volumenkraft (also z.B. die Schwerkraft) in achsensenk-
rechter Richtung wirkt. Volumenkräfte wollen wir zunächst ganz vernachlässigen[1].

Um die Geschwindigkeitsverteilung u(r) zu berechnen, denken wir uns ein zylinderför-
miges Volumen aus der Flüssigkeit herausgegriffen (Fig. 101). Da jedes Flüssigkeitsteilchen seine Geschwindigkeit u(r) unabhängig von der Zeit beibehält, ändert sich der Impuls der in diesem Volumen enthaltenen Flüssigkeit nicht mit der Zeit. Nach dem Impulssatz müssen daher die am Volumen angreifenden Kräfte im Gleichgewicht sein (vgl.
4.1). Für unsere Zwecke genügt es, das Gleichgewicht der Kräfte in x-Richtung zu betrachten: Auf die beiden Endflächen des Zylinders wirken die Druckkräfte $p \cdot \pi r^2$ und
$(p + dp) \cdot \pi r^2$ in positiver bzw. negativer x-Richtung. Am Zylindermantel greift eine
Schubspannung τ an. Der Wert von τ sei definitionsgemäß positiv, wenn die Spannung
in positiver x-Richtung wirkt, andernfalls negativ. Diese Festsetzung ist sinnvoll, und sie
ist in Übereinstimmung mit der Vorzeichendefinition von τ in 6.1 (vgl. Fig. 89), wenn
man der radialen Koordinate r jetzt die Rolle zuweist, die dort die Koordinate y spielt.
Wenn, wie angenommen, die Geschwindigkeit u nur von r abhängt, dann hängt auch die
Schubspannung τ nur von r ab (und nicht etwa noch von x). Dies sieht man folgendermaßen ein: Die Schergeschwindigkeit $\dot{\gamma}$ ist durch $\dot{\gamma} = du/dr$ gegeben, was sofort aus
Gl. (6.2) folgt, wenn man dort y durch r ersetzt. τ hängt also nur von r ab, weil u nur
von r abhängt. Nun ist aber τ nach dem Fließgesetz (1.1) eine Funktion von $\dot{\gamma}$ und damit von r : $\tau = \tau(r)$.

Das Gleichgewicht der in x-Richtung am herausgegriffenen Zylinder wirkenden Kräfte
ergibt:

$$2\pi r dx \cdot \tau = \pi r^2 \cdot dp \tag{7.1}$$

und hieraus

$$2\frac{\tau}{r} = \frac{dp}{dx} \tag{7.2}$$

Da der Druck p — wie oben angenommen — nicht von r abhängt, ist die rechte Seite von
Gl. (7.2) von r unabhängig; also kann auch die linke Seite nicht von r abhängen; dann
müssen aber beide Seiten konstant sein (vgl. die entsprechenden Bemerkungen im
Anschluß an die analoge Gl. (6.4)). Dies bedeutet, daß der Druckabfall pro Längeneinheit, dp/dx, einen konstanten Wert hat, d.h. daß der Druck p im Rohr l i n e a r
von x abhängt (vgl. Fig. 102). Herrscht am Anfang eines Rohres der Länge l der Druck p_1

---

[1] Unter Hinweis auf die entsprechende Bemerkung am Ende von 6.1 merken wir an, daß die senkrecht zur Rohrachse wirkende Schwerkraft eine hydrostatische Druckverteilung in jedem Rohrquerschnitt erzeugt, deren Berücksichtigung an den folgenden Überlegungen nichts ändern würde.

und am Ende der Druck p_2, so gilt

$$\frac{dp}{dx} = \frac{p_2 - p_1}{l} = -\frac{p_1 - p_2}{l} = -\frac{\Delta p}{l} \qquad (7.3)$$

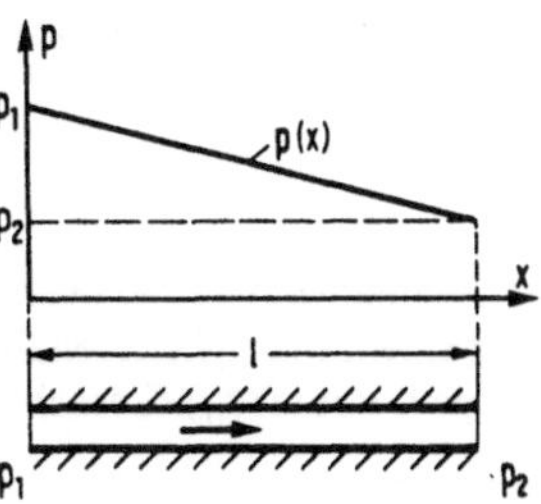

Die Druckdifferenz $\Delta p = p_1 - p_2$ nennen wir kurz den
"Druckabfall" auf der Rohrlänge l. Wie schon erwähnt,
muß dp/dx negativ sein, der Druck muß mit wachsendem x sinken, damit die Flüssigkeit in positiver x-Richtung durch das Rohr strömt. Nach Gl. (7.2) ist dann
auch τ negativ; ebenso ist $\dot\gamma = du/dr$ negativ, denn u(r)
nimmt mit wachsendem r ab (Fig. 101). Für die New-
tonsche Flüssigkeit gilt speziell

Fig. 102

$$\blacktriangleright \qquad \tau = \eta \cdot \frac{du}{dr} \qquad (7.4)$$

Wir beschränken unsere Betrachtungen zunächst auf Newtonsche Flüssigkeiten und
setzen τ nach (7.4) in (7.2) ein; dann wird

$$\frac{du}{dr} = \frac{1}{2\eta} \cdot \frac{dp}{dx} \cdot r = -\frac{p_1 - p_2}{2\eta l} r \qquad (7.5)$$

Hieraus erhalten wir durch Integration mit der Randbedingung $u(r_0) = 0$:

$$\blacktriangleright \qquad u(r) = \frac{p_1 - p_2}{4\eta l}(r_0^2 - r^2) \qquad (7.6)$$

Die Geschwindigkeit ist hiernach in Form eines Rotationsparaboloids über den Querschnitt verteilt; die maximale Geschwindigkeit stellt sich auf der Rohrachse ein, sie beträgt

$$\blacktriangleright \qquad u_{max} = u(0) = \frac{p_1 - p_2}{4\eta l} r_0^2 \qquad (7.7)$$

Der durch den Rohrquerschnitt tretende Volumenstrom ergibt sich durch Integration
der Geschwindigkeit über den Rohrquerschnitt: $\dot V = \int u \, dA$. Denkt man sich den Rohrquerschnitt in konzentrische Kreisringe der Breite dr und damit des Flächeninhalts
$dA = 2\pi r \, dr$ zerlegt, so kann man schreiben:

$$\dot V = \int_{r=0}^{r_0} 2\pi r \cdot u(r) dr = \frac{2\pi(p_1 - p_2)}{4\eta l} \int_0^{r_0} (r_0^2 - r^2) r \, dr$$

$$\blacktriangleright \qquad \dot V = \frac{\pi(p_1 - p_2)}{8\eta l} r_0^4 \qquad (7.8)$$

Gl. (7.8) ist das "Gesetz von Hagen-Poiseuille". Nach diesem Gesetz wächst der Volumenstrom $\dot V$ bei gegebener Rohrlänge l und gegebener Druckdifferenz $p_1 - p_2$ mit der
4. Potenz des Rohrradius r_0 an!

Definiert man eine mittlere Durchflußgeschwindigkeit $\bar u$ durch $\dot V = \pi r_0^2 \cdot \bar u$ oder

$$\blacktriangleright \qquad \bar u = \frac{\dot V}{\pi r_0^2} = \frac{\dot V}{A} \qquad (7.9)$$

(mit $A = \pi r_0^2 =$ Rohrquerschnitt), so ergibt sich aus (7.8):

$$\bar{u} = \frac{p_1 - p_2}{8\eta l} r_0^2 = \frac{1}{2} u_{max} \qquad (7.10)$$

7.1.2. Ausfluß aus einem Gefäß (Fig. 103). In der Höhe h unter dem Flüssigkeitsspiegel ist in einem Flüssigkeitsbehälter ein schlankes, horizontales Ausflußrohr eingesetzt (Länge l, Radius r_0). Gesucht ist der ausfließende Volumenstrom. Wir setzen voraus, daß der Rohrquerschnitt sehr klein gegen den horizontalen Gefäßquerschnitt ist und daß sich daher der Spiegel sehr langsam absenkt; die Strömung kann dann in jedem Augenblick als praktisch stationär betrachtet werden. Im Gefäß ist dann die schwere Flüssigkeit, abgesehen von der unmittelbaren Umgebung des Rohreinlaufs, praktisch in Ruhe und vor der Einlauföffnung ins Rohr herrscht der Druck $p_1 = p_0 + \rho gh$, wobei p_0 der Atmosphärendruck am Flüssigkeitsspiegel ist. Am Rohrauslauf herrscht wieder Atmosphärendruck: $p_2 = p_0$. Die Druckdifferenz auf der Rohrlänge l ist also $p_1 - p_2 = \rho gh$ und das Hagen-Poiseuillesche Gesetz (7.8) ergibt für den Volumenstrom:

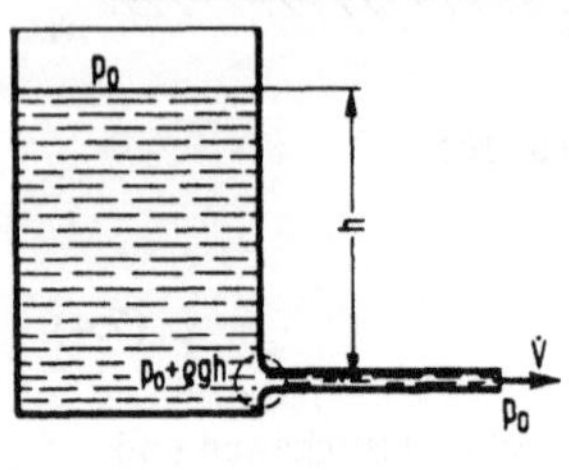

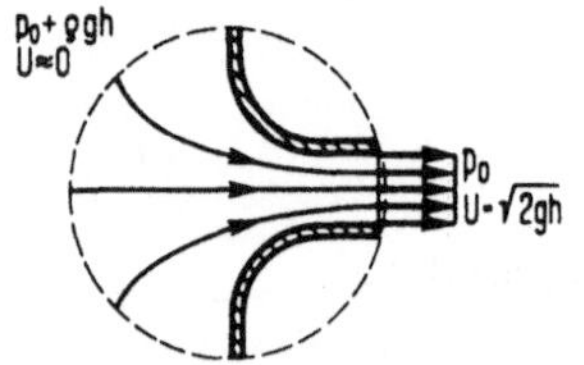

Fig. 103

$$\dot{V} = \frac{\pi}{8\eta} \cdot \frac{\rho gh}{l} \cdot r_0^4 \qquad (7.11)$$

Nimmt man andererseits an, die Flüssigkeit ströme reibungsfrei aus, so ist die Ausflußgeschwindigkeit über den Rohrquerschnitt konstant und hat nach Gl. (3.13) den Wert $U = \sqrt{2gh} = \bar{u}$. Das pro Zeiteinheit ausfließende Volumen ist dann:

$$\dot{V} = \sqrt{2gh} \cdot \pi r_0^2 \qquad (7.12)$$

Die Ergebnisse (7.11) und (7.12) unterscheiden sich sehr voneinander: Während nach (7.11) der Volumenstrom proportional zu r_0^4 wächst, nimmt er nach (7.12) nur proportional zu r_0^2 zu. Bei einer zähen Flüssigkeit sinkt der Volumenstrom nach (7.11) außerdem mit wachsender Rohrlänge l, während er nach (7.12) bei reibungsfreier Strömung von der Rohrlänge gar nicht abhängt; $\dot{V}$ wächst nach (7.11) linear mit zunehmender Spiegelhöhe h, nach (7.12) dagegen nur wie $\sqrt{h}$. Schließlich wächst nach (7.11) für verschwindende Viskosität $\eta \to 0$, der Volumenstrom über alle Grenzen, $\dot{V} \to \infty$, während man nach (7.12) für die reibungsfreie Strömung mit $\eta = 0$ einen endlichen Wert für $\dot{V}$ erhält.

Welche der beiden Formeln ist nun in einem konkreten Fall zur Berechnung des Ausflußvolumens anzuwenden[1]? Um dies zu entscheiden, betrachten wir bei reibungsfreier Strömung die Umgebung des Rohreinlaufs naher (in Fig. 103 vergrößert herausgezeichnet): In einiger Entfernung vor dem Rohreinlauf ruht die Flüssigkeit, der Druck ist dort $p_0 + \rho gh$. Unmittelbar stromabwärts vom Rohreinlauf ist der Druck auf p_0 gesunken,

---

[1] "Richtig" sind beide Formeln, sie setzen nur verschiedene Vorstellungen über die wesentlichen physikalischen Größen voraus, die das Verhalten der Flüssigkeit maßgeblich bestimmen.

Die Geschwindigkeit ist auf $U = \sqrt{2gh}$ gestiegen; der Druck p_0 wird dann auf der ganzen Länge des Rohres beibehalten (Druckverlauf "a" in Fig. 104). Der Druckabfall vom Betrag ρgh in Umgebung des Rohreinlaufs dient zur Beschleunigung der Flüssigkeit von der Geschwindigkeit 0 bis zur Geschwindigkeit $\sqrt{2gh}$; nach der Bernoullischen Gleichung (vgl. (3.12)) ist $\rho U^2/2 = \rho gh$, woraus sich sofort $U = \sqrt{2gh}$ ergibt.

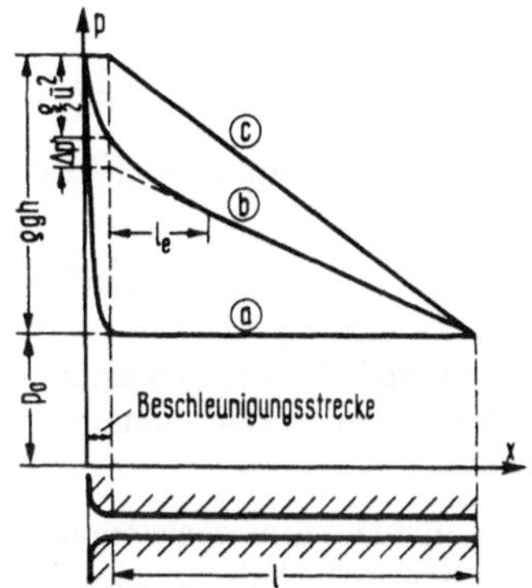

Fig. 104

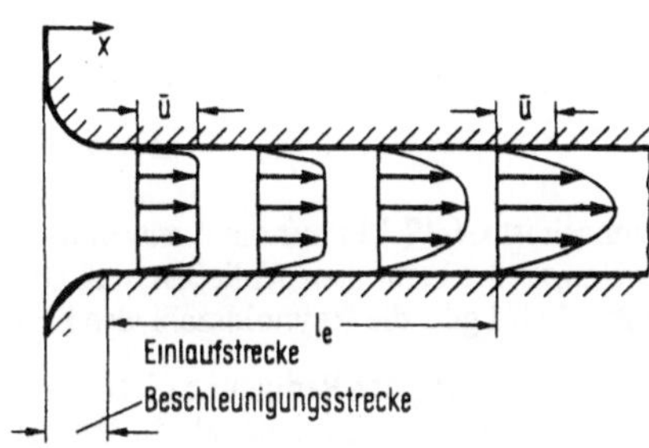

Fig. 105

Betrachten wir nun den Druckverlauf bei der Strömung einer zähen Flüssigkeit: In Umgebung des Rohreinlaufs wird die zähe Flüssigkeit genau wie bei reibungsfreier Strömung beschleunigt und erreicht genau wie diese kurz hinter dem Einlauf eine über den Querschnitt praktisch konstante Geschwindigkeit $\bar{u} = \dot{V}/(\pi r_0^2)$ (vgl. Fig. 105). Der zur Beschleunigung nötige Druckabfall ist $\rho \bar{u}^2/2$. An die "Beschleunigungsstrecke" (Fig. 104) schließt sich eine "Einlaufstrecke" der Länge l_e an, auf der sich das parabelförmige Geschwindigkeitsprofil allmählich herausbildet (Fig. 105). Auf der Einlaufstrecke fällt der Druck stärker ab als in dem Gebiet der "ausgebildeten Rohrströmung" mit parabelförmigem Profil und linearer Druckabnahme. So ergibt sich der Druckverlauf "b" in Fig. 104. Zur Herleitung von Gl. (7.11) haben wir die Hagen-Poiseuille-Formel (7.8) benutzt, die nur für voll ausgebildete Rohrströmung gilt, und wir haben angenommen, die gesamte Druckdifferenz $(p_0 + \rho gh) - p_0 = \rho gh$ stünde zum Durchdrücken der Flüssigkeit durch das Rohr zur Verfügung; dies entspricht übrigens dem Druckverlauf "c" in Fig. 104. Ein Blick auf den Druckverlauf "b" zeigt, daß man diese Annahmen wie folgt korrigieren muß: In die Hagen-Poiseuille-Formel ist als Druckdifferenz $p_1 - p_2$ die Größe $\rho gh - \rho \bar{u}^2/2 - \Delta p'$ einzusetzen. $\rho \bar{u}^2/2$ ist die zur Beschleunigung in Umgebung des Rohreinlaufs gebrauchte Druckdifferenz und $\Delta p'$ trägt dem erhöhten Druckabfall auf der Einlaufstrecke Rechnung (vgl. Fig. 104). $\Delta p'$ ist von derselben Größenordnung wie $\rho u^2/2$. Die Vernachlässigung von $\rho \bar{u}^2/2$ und $\Delta p'$ bei der Berechnung des Volumenstroms ist daher nur dann berechtigt, wenn $\rho \bar{u}^2/2 \ll \rho gh$ ist. Wir können diese Bedingung unter Verwendung von Gl. (7.10) (mit $p_1 - p_2 = \rho gh$) folgendermaßen umformen:

$$\frac{\rho}{2}\bar{u} \cdot \bar{u} = \frac{\rho}{2}\bar{u} \cdot \frac{\rho gh}{8\eta l} \cdot r_0^2 \ll \rho gh \qquad (7.13)$$

Mit der Abkürzung $\nu = \eta/\rho$ (= kinematische Viskosität) ergibt dies:

$$\frac{\bar{u}r_0}{\nu} \ll 16\frac{1}{r_0} \tag{7.14}$$

Es ist üblich, anstelle des Rohrradius r_0 den Durchmesser $d = 2r_0$ einzuführen. Außerdem definiert man die für die Rohrströmung charakteristische "Reynoldszahl" durch (vgl. Abschn. 7.1.3):

▶ $$\mathrm{Re} = \frac{\bar{u}d}{\nu} \tag{7.15}$$

Die Reynoldszahl ist eine dimensionslose Größe (vgl. 7.1.3). Unter Beachtung von (7.15) kann man (7.14) wie folgt schreiben:

$$\mathrm{Re} \ll 64\frac{1}{d} \tag{7.16}$$

Demnach ist Gl. (7.11) nur dann anwendbar, wenn die Reynoldszahl hinreichend klein ist. Umgekehrt kann man schließen, daß Gl. (7.12) angewendet werden kann, wenn $\mathrm{Re} \gg 64 \cdot l/d$ gilt, die Reynoldszahl also hinreichend groß ist.

Bei der Herleitung der Bedingung (7.16) haben wir übrigens stillschweigend angenommen, daß die Einlauflänge l_e kleiner als die Rohrlänge l ist, daß also tatsächlich der Druckverlauf "b" vorliegt mit einem Bereich linearen Druckabfalls gegen das Rohrende zu. Daß diese Annahme berechtigt ist, sieht man folgendermaßen ein: Die Einlauflänge l_e, auf der das parabelförmige laminare Geschwindigkeitsprofil praktisch erreicht wird, ist durch

▶ $$l_e = 0{,}03\ \mathrm{Re} \cdot d \tag{7.17}$$

gegeben; (diese Formel wird in 8.1 begründet werden). Aus $\mathrm{Re} \ll 64 \cdot l/d$ folgt aber: $0{,}03\ \mathrm{Re} \cdot d = l_e \ll 0{,}03 \cdot 64 \cdot l \approx 2 \cdot l$, d.h.

$$l_e \ll l \tag{7.18}$$

Wenn also (7.16) erfüllt ist, dann ist auch (7.18) erfüllt. Ebenso schließt man, daß $l_e \gg l$ ist, wenn $\mathrm{Re} \gg 64 \cdot l/d$ (und damit Formel (7.12)) gilt. Die Reynoldszahl wird nach Gl. (7.15) um so größer, je kleiner die Viskosität ist; für $\nu \to 0$ geht $\mathrm{Re} \to \infty$. In der Grenze $\nu = 0$ hat man eine reibungsfreie Strömung. Die Einlauflänge ist bei der reibungsfreien Strömung nach (7.17) über alle Grenzen gewachsen. Dies bedeutet, daß auf der ganzen Rohrlänge das Einlaufprofil mit über den Querschnitt konstanter Geschwindigkeit (Fig. 105) beibehalten wird. Der durch innere Reibung verursachte Druckabfall längs des Rohres verschwindet bei reibungsfreier Strömung und Formel (7.12) ist anwendbar. – In Abschn. 7.2 kommen wir nochmals auf den hier betrachteten Ausflußvorgang zurück.

Wir denken uns die Anordnung jetzt etwas abgeändert (Fig. 106): das Ausflußrohr sei vertikal an den Behälter angesetzt. Die Reynoldszahl sei so klein, daß man den zur Beschleunigung der Flüssigkeit in Umgebung des Rohreinlaufs nötigen Druckabfall vernachlässigen kann. Der Druckabfall auf der Rohrlänge l ist wieder $\rho g h$. Der Volumenstrom $\dot{V}$ wird aber jetzt nicht mehr durch Gl. (7.11) gegeben: Jetzt wirkt nämlich auf die Flüssigkeit im Rohr in Strömungsrichtung noch die Schwerkraft als Volumenkraft, und daher strömt mehr Flüssigkeit durch das Rohr als bei gegebenem Druckabfall ohne zusätzliche Hilfe durch die Schwerkraft. Zur Bestimmung des Schwerkrafteffektes knüpfen wir an Gl. (7.1) und Fig. 101 an: Auf den herausgegriffenen Flüssigkeitszylinder wirkt jetzt außer Druck und Schubspannung die Schwerkraft, die eine resultierende Kraft $\pi r^2 \cdot dx \cdot \rho g$ in Strömungsrichtung erzeugt, also gilt nun anstelle von (7.1)

$$2\pi r dx \tau + \pi r^2 dx \rho g = \pi r^2 dp \qquad (7.19)$$

oder, nach Division durch $\pi r^2 dx$:

$$\frac{2}{r}\,\tau = \frac{dp}{dx} - \rho g \qquad (7.20)$$

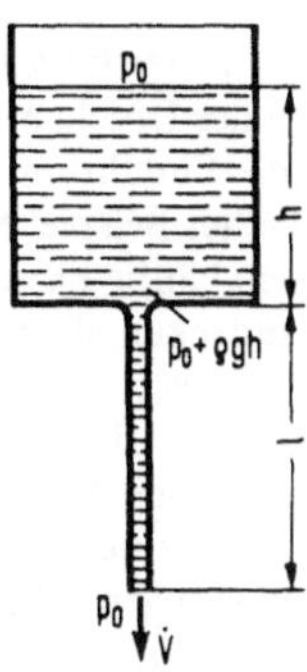

Fig. 106

Da ρg konstant ist, lassen sich alle an Gl. (7.2) anknüpfenden Folgerungen auch aus (7.20) ziehen, wenn man nur konsequent dp/dx durch $dp/dx - \rho g$ ersetzt. Vor allem ist die Geschwindigkeit weiterhin parabelförmig über den Rohrquerschnitt verteilt. Im vorliegenden Fall ist $dp/dx = -\rho g h/l$. Also hat man in Gl. (7.11) die Größe $\rho g h/l$ jetzt durch $\rho g h/l + \rho g = \rho g(h/l + 1)$ zu ersetzen und erhält

$$\dot V = \frac{\pi}{8\eta}\rho g\left(\frac{h}{l} + 1\right)r_0^4 \qquad (7.21)$$

Bei reibungsfreier Strömung ist die Ausflußgeschwindigkeit dagegen nach der Torricellischen Formel (vgl. Gl. (3.13)) $U = \sqrt{2g(h + l)}$ und daher $\dot V = \pi r_0^2 \cdot \sqrt{2g(h + l)}$.

Mit Hilfe von Gl. (7.21) berechnen wir nun die Zeitspanne Δt, die bei der Entleerung des Behälters (Fig. 106) von einer Anfangshöhe h_a auf eine Endhöhe h_e verstreicht: Im Zeitintervall dt strömt das Volumen $\dot V \cdot dt$ aus; um diesen Betrag muß sich das Flüssigkeitsvolumen im Behälter während dt verringern. Diese Inhaltsverringerung ist $-Adh$, wobei A den Flächeninhalt des Behälterquerschnitts bezeichnet und dh die Höhenänderung im Zeitintervall dt (es ist $dh < 0$, wenn Flüssigkeit ausfließt!). Also gilt

$$-A\,dh = \frac{\pi\rho g r_0^4}{8\eta l}(h + l)\,dt \qquad (7.22)$$

oder

$$-\frac{8\eta lA}{\pi\rho g r_0^4} \cdot \frac{dh}{h + l} = dt \qquad (7.23)$$

Durch Integration

$$-\frac{8\eta lA}{\pi\rho g r_0^4} \cdot \int_{h_a}^{h_e} \frac{dh}{h + l} = \int_0^{\Delta t} dt \qquad (7.24)$$

erhält man

$$\Delta t = \frac{\eta}{\rho} \cdot \frac{8lA}{\pi g r_0^4} \cdot \ln\frac{h_a + l}{h_e + l} \qquad (7.25)$$

Man kann Gl. (7.25) leicht nach $\nu = \eta/\rho$ auflösen. Die Messung der Ausflußzeit Δt zu vorgegebener Anfangshöhe h_a und Endhöhe h_e erlaubt daher, die kinematische Viskosität ν einfach zu bestimmen; der Faktor $8lA/(\pi g r_0^4)$ in Gl. (7.25) ist eine Gerätekonstante. Dies ist das Prinzip des "Englerschen Viskosimeters". Mit dem Englerschen Viskosimeter kann man allerdings nicht auf so einfache Weise das Fließgesetz (1.1) einer Nicht-Newtonschen Flüssigkeit ermitteln wie bei den in 6.2.1 und 6.2.2 diskutierten Viskosimetern.

Anders als dort, ist die Schergeschwindigkeit $\dot\gamma$ in dem Ausflußrohr nämlich nicht konstant, sondern hängt von der radialen Koordinate r ab.

7.1.3. Widerstandszahl. Es hat sich als zweckmäßig erwiesen, für die praktische Berechnung des Druckabfalls in Rohrleitungen die "Widerstandszahl" λ einzuführen. Wir wollen die Einführung dieser Widerstandszahl durch eine Überlegung motivieren, die ein einfaches Beispiel einer "Dimensionsanalyse" ist. Dimensionsanalytische Überlegungen dienen häufig dazu, die allgemeine Form des Zusammenhangs zwischen den Variablen aufzudecken, die in ein naturwissenschaftlich-technisches Problem eingehen, auch wenn keine Theorie zur detaillierten Bestimmung des Zusammenhangs zur Verfügung steht, oder wenn die Theorie zu schwierig und unübersichtlich ist. Das folgende Beispiel kann die Methode der Dimensionsanalyse nicht in allen Einzelheiten erklären, sondern es kann nur einen ersten, oberflächlichen Einblick in die Art der dimensionsanalytischen Überlegungen geben.

Wir betrachten die Rohrströmung mit der mittleren Geschwindigkeit $\bar{u}$; die Größe $\rho\bar{u}^2/2$ hat die Dimension eines Druckes. Dividiert man den Druckabfall $\Delta p = p_1 - p_2$, der auf der Rohrlänge l entsteht, durch $\rho\bar{u}^2/2$, so erhält man eine dimensionslose Zahl Φ:

$$\frac{\Delta p}{\frac{\rho}{2}\bar{u}^2} = \Phi(\rho,\eta,\bar{u},d,l) \tag{7.26}$$

Wie angedeutet, kann die Zahl Φ von den 5 Argumenten $\rho,\eta,\bar{u},d,l$ abhängen. Wenn man sich die ersten 4 dieser Größen festgehalten und nur l verändert denkt, erwartet man, daß Δp sich proportional zu l ändert: auf der doppelten Rohrlänge wird z.B. bei sonst unveränderten Verhältnissen (d.h. bei gleichem Volumenstrom derselben Flüssigkeit und bei gleichem Rohrdurchmesser) der doppelte Druckabfall entstehen. Wir schreiben daher

$$\Phi = \frac{l}{d} \cdot \lambda(\rho,\eta,\bar{u},d) \tag{7.27}$$

Hier hängt der Faktor λ nicht mehr von l ab, da andernfalls Φ nicht proportional zu l wäre und Δp bei festgehaltenen Werten von $\rho,\eta,\bar{u},d$ nicht proportional zur Rohrlänge l wachsen würde. Wir haben den dimensionslosen Faktor l/d und nicht einfach l aus Φ herausgezogen und haben dadurch erreicht, daß der zweite Faktor λ wieder dimensionslos ist. λ hängt nur noch von den 4 Größen $\rho,\eta,\bar{u},d$ ab. Es gibt nur eine einzige dimensionslose Kombination dieser 4 Größen: die "Reynoldszahl" $Re = \frac{\rho\bar{u}d}{\eta} = \bar{u}d/\nu$. Dies sieht man folgendermaßen ein:

Zunächst schreibt man sich die Dimensionen der 4 Größen $\rho,\eta,\bar{u},d$ auf:

$$[\rho] = [\text{Masse}] \: / \: [\text{Länge}]^3$$
$$[\eta] = [\text{Masse}] \: / \: ([\text{Länge}] \cdot [\text{Zeit}])$$
$$[\bar{u}] = [\text{Länge}] \: / \: [\text{Zeit}]$$
$$[d] = [\text{Länge}]$$

Wenn eine Kombination dieser Größen dimensionslos sein soll, dann müssen ρ und η in Form des Quotienten ρ/η in diese Kombination eingehen, da nur hierdurch die Dimension der Masse herausfällt. Der Quotient ρ/η hat nach obiger Tabelle die Dimension

[Zeit] / [Länge]^2. Um die Dimension der Zeit zu eliminieren, multipliziert man ρ/η mit derjenigen der beiden verbleibenden Größen $\bar{u}$ und d, in deren Dimension die Zeit im Nenner steht, also mit $\bar{u}$. Das Produkt $\rho\bar{u}/\eta$ hat die Dimension [Länge]$^{-1}$. Um zu einer dimensionslosen Größe zu kommen, muß man also mit der einzigen noch verbleibenden Größe d multiplizieren; man erhält:

▶▶
$$Re = \frac{\rho\bar{u}d}{\eta} = \frac{\bar{u}d}{\nu} \tag{7.28}$$

Als dimensionslose Größe kann λ nur von anderen dimensionslosen Größen abhängen[1], also nach der eben angestellten Überlegung nur von Re: $\lambda = \lambda(Re)$.

Verbindet man die Gleichungen (7.26) und (7.27), so läßt sich übrigens der Druckabfall Δp folgendermaßen schreiben:

▶▶
$$\Delta p = \lambda \cdot \frac{1}{d} \cdot \frac{\rho}{2}\bar{u}^2 \tag{7.29}$$

Man kann die obige dimensionsanalytische Motivierung der Einführung von λ ganz vergessen und kann Gl. (7.29) einfach als Definition der "Widerstandszahl" λ auffassen. Die dimensionsanalytische Überlegung gibt aber mehr als diese Definition: sie zeigt zusätzlich noch, daß λ von Re, und zwar n u r von Re abhängt. Dies ist zwar für die hier betrachtete laminare Rohrströmung nichts Neues, denn man kann λ hier aufgrund seiner Definitionsgleichung (7.29) mit Hilfe des Hagen-Poiseuilleschen Gesetzes leicht explizit berechnen und dabei bestätigen, daß es nur von Re abhängt. Aber wie eingangs erwähnt, führen dimensionsanalytische Überlegungen auch dann zu wichtigen Ergebnissen, wenn eine einfache Theorie der betrachteten Erscheinung nicht existiert; man vgl. hierzu 7.2.2.

Wir berechnen jetzt λ für die Strömung durch ein Kreisrohr: Aus (7.29) folgt

$$\lambda = \frac{2d}{\rho\bar{u}^2} \cdot \frac{\Delta p}{l} \tag{7.30}$$

Aus (7.10) folgt andererseits, mit $p_1 - p_2 = \Delta p$ und $2r_0 = d$:

$$\frac{\Delta p}{l} = \frac{8\eta\bar{u}}{r_0^2} = \frac{32\eta\bar{u}}{d^2} \tag{7.31}$$

Setzt man dies in (7.30) ein, so erhält man

▶
$$\lambda = \frac{64\eta}{\rho\bar{u}d} = \frac{64}{Re} \tag{7.32}$$

Trägt man λ über Re in einem doppelt-logarithmischen Diagramm auf (Fig. 111), so erhält man nach Gl. (7.32) eine Gerade (denn: $\log\lambda = \log 64 - \log Re$).

---

[1] Wir nehmen diesen Sachverhalt ohne nähere Erläuterung als gegeben und unmittelbar einleuchtend hin. Er ist darin begründet, daß alle Formeln, durch die physikalische Größen miteinander verknüpft werden, "dimensionshomogen" sein müssen, d.h., daß in diesen Formeln nur Größen gleicher Dimension miteinander verglichen, zueinander addiert und voneinander subtrahiert werden dürfen. Übrigens: die Prüfung der Dimensionshomogenität einer Formel ist eine erste und einfache Kontrolle ihrer Richtigkeit!

7.1.4. Rohrströmung Nicht-Newtonscher Flüssigkeiten. Man kann das Hagen-Poiseuillesche Gesetz für den Zusammenhang zwischen Volumenstrom einer Newtonschen Flüssigkeit und Druckabfall in einem Kreisrohr verhältnismäßig einfach auf solche Nicht-Newtonschen Flüssigkeiten verallgemeinern, die dem Fließgesetz (1.1) genügen. Hierzu beachtet man, daß nach Gl. (7.2), die unabhängig vom Fließgesetz gilt, $\tau(r)$ linear von r abhängt: $\tau(r) = r/2 \cdot dp/dx$. Hierfür kann man auch schreiben

$$\tau(r) = \frac{\tau_w r}{r_0} \tag{7.33}$$

Hierin bedeutet

$$\tau_w = \tau(r_0) = \frac{r_0}{2} \cdot \frac{dp}{dx} = -\frac{r_0}{2} \cdot \frac{p_1 - p_2}{l} = -\frac{r_0}{2} \frac{\Delta p}{l} \tag{7.34}$$

den Wert von τ an der Rohrwand ($r = r_0$); zur Abkürzung wurde $p_1 - p_2 = \Delta p$ gesetzt. Mit $\dot{\gamma} = du/dr$ ergibt das Fließgesetz (1.1):

$$\frac{du}{dr} = f(\tau) \tag{7.35}$$

Der Volumenstrom $\dot{V}$ ist (vgl. (7.8)):

$$\dot{V} = 2\pi \int_0^{r_0} u(r) r\, dr \tag{7.36}$$

Durch partielle Integration erhält man hieraus

$$\dot{V} = 2\pi \cdot \frac{r^2}{2} u(r) \Big|_0^{r_0} - 2\pi \int_0^{r_0} \frac{r^2}{2} \frac{du}{dr} dr \tag{7.37}$$

Der erste Term rechts fällt weg, da r^2 an der unteren Grenze $r = 0$ und da $u(r)$ an der oberen Grenze $r = r_0$ verschwindet (Haftbedingung). Also ist

$$\dot{V} = -\pi \int_0^{r_0} r^2 \frac{du}{dr} dr = -\pi \int_0^{r_0} r^2 f(\tau) dr \tag{7.38}$$

In diesem Integral substituieren wir nach (7.33)

$$r = \frac{r_0}{\tau_w} \tau \; ; \quad dr = \frac{r_0}{\tau_w} d\tau$$
$$r = 0 : \tau = 0 \; ; \quad r = r_0 : \tau = \tau_w \tag{7.39}$$

und erhalten

$$\blacktriangleright \qquad \dot{V} = -\frac{\pi r_0^3}{\tau_w^3} \cdot \int_0^{\tau_w} \tau^2 f(\tau) d\tau \tag{7.40}$$

Bei gegebenem Druckabfall $p_1 - p_2$ und gegebenen Rohrabmessungen l und r_0 ist τ_w durch Gl. (7.34) gegeben, und man kann bei bekannter Fließfunktion $f(\tau)$ aus (7.40) den Volumenstrom $\dot{V}$ berechnen.

Zur Probe spezialisieren wir (7.40) auf eine Newtonsche Flüssigkeit: $f(\tau) = \tau/\eta$, also

$$\dot{V} = -\frac{\pi r_0^3}{\tau_w^3 \eta} \cdot \int_0^{\tau_w} \tau^3 d\tau = -\frac{\pi r_0^3 \tau_w}{4\eta} = \frac{\pi(p_1 - p_2)}{8\eta l} r_0^4 \tag{7.41}$$

Damit haben wir wieder das Hagen-Poisseuillesche Gesetz (7.8) gefunden.

Das Ergebnis (7.40) läßt sich in eine Form bringen, die den Einfluß von Druckabfall, Rohrabmessungen und Fließeigenschaften der Flüssigkeit auf den Volumenstrom besonders deutlich macht

(Gl. 7.46): Man geht davon aus, daß sich aus dimensionsanalytischen Gründen die Fließfunktion $f(\tau)$ wie folgt schreiben läßt:

$$f(\tau) = \frac{\tau_*}{\eta_*}\, g\left(\frac{\tau}{\tau_*}\right) \tag{7.42}$$

Hierbei ist τ_* eine für die Flüssigkeit charakteristische Stoffkonstante von der Dimension einer Spannung und η_* eine Stoffkonstante von der Dimension einer Viskosität; τ_*/η_* hat dann dieselbe Dimension wie die Fließfunktion f, und g ist somit eine dimensionslose Funktion der Schubspannung τ. Als dimensionslose Größe kann g nur von der dimensionslos gemachten Schubspannung, d.h. von τ/τ_* abhängen; dies erklärt den Ausdruck (7.42) für die Fließfunktion f. Als Beispiel sei die Binghamflüssigkeit angeführt (Abschn. 1, Fig. 3). Das Stoffgesetz dieser Flüssigkeit läßt sich in der folgenden Form schreiben (vgl. Gl. 1.3):

$$f(\tau) = 0 \text{ für } 0 \leqslant \frac{\tau}{\tau_f} \leqslant 1, \text{ und } f(\tau) = \frac{\tau_f}{\eta}\left(\frac{\tau}{\tau_f} - 1\right) \text{ für } \frac{\tau}{\tau_f} > 1 \tag{7.43}$$

Nach den Bemerkungen in Abschn. 6.1 ist $f(\tau)$ eine ungerade Funktion von τ. Die Werte von f für negative Werte von τ ergeben sich daher aus $f(-\tau) = -f(\tau)$; vgl. Fig. 89. Die charakteristische Spannung τ_* ist bei der Binghamflüssigkeit die Fließspannung τ_f, und die charakteristische Viskosität η_* ist die Viskosität η, mit der das Medium fließt, wenn $|\tau/\tau_f| > 1$ ist. Führt man die Abkürzung $\sigma = \tau/\tau_*$, d.h. hier $\sigma = \tau/\tau_f$, ein, so läßt sich die dimensionslose Fließfunktion g für die Binghamflüssigkeit wie folgt schreiben:

$$g = 0 \text{ für } 0 \leqslant \sigma \leqslant 1, \text{ und } g = \sigma - 1 \text{ für } \sigma > 1 \tag{7.44}$$

Da $f(\tau)$ eine ungerade Funktion ist, ist auch $g(\sigma)$ ungerade; es gilt also $g(-\sigma) = -g(\sigma)$. Das Fließgesetz der Newtonschen Flüssigkeit zeichnet sich übrigens dadurch aus, daß es keine stoffcharakteristische Spannung τ_* enthält. Dies ist nur dann der Fall, wenn in (7.42) gilt: $g = \tau/\tau_*$; nur dann fällt τ_* aus f heraus, und es wird $f = \tau/\eta$.

Setzt man den Ausdruck (7.42) für f in das Integral in (7.40) ein und substituiert unter dem Integranden $\tau/\tau_* = \sigma$, so erhält man nach kurzer Umformung:

$$\dot{V} = -\frac{\pi r_0^3 \tau_*}{\eta_* \,(\tau_w/\tau_*)^3} \int\limits_0^{\tau_w/\tau_*} \sigma^2 g(\sigma)\,d\sigma = -\frac{\pi r_0^3 \tau_w}{4\eta_*} \cdot \frac{4}{(\tau_w/\tau_*)^4} \int\limits_0^{-\tau_w/\tau_*} \sigma^2 g(\sigma)\,d\sigma \tag{7.45}$$

Der letzte Ausdruck in (7.45) entsteht aus dem vorhergehenden durch Erweiterung mit $4\tau_w/\tau_*$. Die obere Integralgrenze τ_w/τ_* konnte durch $-\tau_w/\tau_*$ ersetzt werden, denn dies ändert den Wert des Integrals nicht, da der Integrand $\sigma^2 g(\sigma)$ eine ungerade Funktion in σ ist.

Setzt man schließlich gemäß Gl. (7.34) noch $-\tau_w = \Delta p r_0/2l$ ein, so geht (7.45) über in:

$$\dot{V} = \frac{\pi r_0^4 \Delta p}{8\,\eta_*\, l} \cdot \varphi\left(\frac{\Delta p\, r_0}{\tau_*\, l}\right) \tag{7.46}$$

Die Funktion φ, die von dem einzigen Argument

$$\xi = \frac{\Delta p\, r_0}{\tau_*\, l} \tag{7.47}$$

abhängt, ergibt sich durch Vergleich von (7.46) mit (7.45) zu

$$\varphi(\xi) = \frac{64}{\xi^4} \cdot \int_0^{\xi/2} \sigma^2 g(\sigma) \, d\sigma \tag{7.48}$$

Der vor dem Faktor φ in (7.46) stehende Ausdruck ist der Volumenstrom für eine Newtonsche Flüssigkeit der Viskosität η_*. Der Faktor gibt somit die Änderung des Volumenstromes infolge des Nicht-Newtonschen Fließverhaltens der Flüssigkeit. Für eine Newtonsche Flüssigkeit ist $g(\sigma) = \sigma$, und aus (7.48) ergibt sich hierfür $\varphi = 1$.

Als instruktives Beispiel einer Nicht-Newtonschen Rohrströmung betrachten wir die Strömung einer Binghamflüssigkeit, deren Fließgesetz durch (7.43) bzw. (7.44) gegeben ist. Damit sich ein solches Medium überhaupt durch das Rohr bewegt, muß der Betrag der Wandschubspannung die dem Bingham-Medium eigentümliche Fließspannung τ_f übersteigen, d.h. es muß $|\xi| > 2$ sein. Im Rohr bilden sich dann zwei Zonen aus (Fig. 107). Eine innere Zone, in der die Schubspannung betragsmäßig klei-

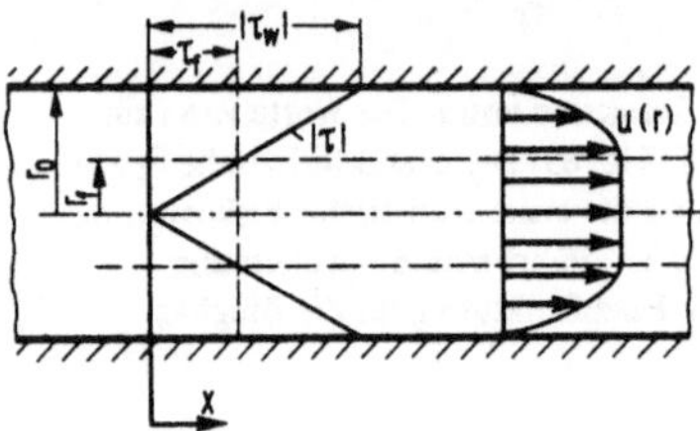

Fig. 107

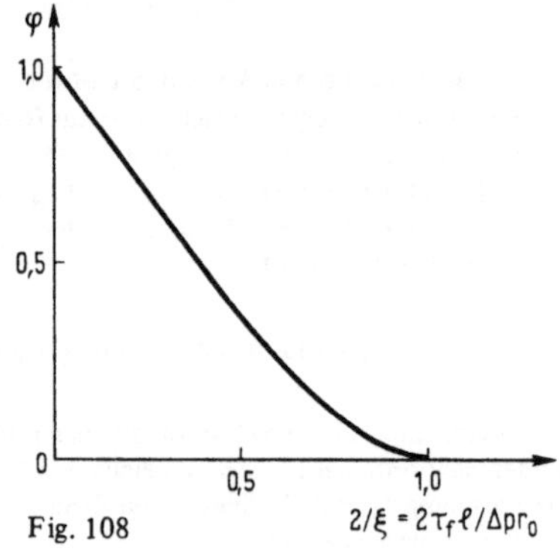

Fig. 108

ner als τ_f ist und das Medium sich daher wie ein fester Körper verhält. Der Radius r_f dieser Kernzone ergibt sich aus der Bedingung $|\tau(r_f)| = \tau_f$ mit Gl. (7.33) zu $r_f = r_0 \cdot \tau_f/|\tau_w|$. Um die Kernzone herum liegt eine äußere Zone, in der die Schubspannung betragsmäßig über der Fließspannung τ_f liegt und das Medium daher wie eine Newtonsche Flüssigkeit mit parabelförmigem Geschwindigkeitsprofil strömt. Die Kernzone wird von der flüssigen Außenzone mitgenommen und als feste zylindrische "Stange" durch das Rohr geschoben. An der Grenze beider Zonen ist $|\tau| = \tau_f$ und daher nach Gl. (1.3) $\dot\gamma = du/dr = 0$.

Der Faktor φ wird für die Binghamflüssigkeit gemäß (7.48) unter Beachtung von (7.44):

$$\varphi(\xi) = \frac{64}{\xi^4} \int_1^{\xi/2} \sigma^2 (\sigma - 1) \, d\sigma = 1 - \frac{4}{3}\left(\frac{2}{\xi}\right) + \frac{1}{3}\left(\frac{2}{\xi}\right)^4 \tag{7.49}$$

Der Ausdruck (7.49) gilt für $\xi > 2$; für $\xi \leqslant 2$ ist $\varphi = 0$. Die Funktion φ ist in Fig. 108 über $2/\xi = 2\tau_f \ell/(\Delta p \, r_0)$ aufgetragen, die Größe $2/\xi$ wird auch als Binghamzahl bezeichnet.

Ein bekanntes Modellbeispiel einer "pseudoplastischen" Flüssigkeit (vgl. Fig. 3) ist die Prandtl-Eyring-Flüssigkeit; ihr Fließgesetz ist durch

$$f(\tau) = \frac{\tau_*}{\eta_*} \operatorname{Sinh} \frac{\tau}{\tau_*} \, , \quad \text{d.h. } g(\sigma) = \operatorname{Sinh} \sigma \tag{7.50}$$

gegeben. Für $|\tau/\tau_*| \ll 1$ geht $f(\tau)$ nach (7.50) über in $f = \tau/\eta_*$; die Flüssigkeit verhält sich also bei hinreichend kleiner Schubspannnung wie eine Newtonsche Flüssigkeit der Viskosität η_* (Fig. 109, links). Die Funktion $\varphi(\xi)$ ergibt sich für die Prandl-Eyring-Flüssigkeit wie folgt:

$$\varphi(\beta) = \frac{64}{\xi^4} \int_0^{\xi/2} \sigma^2 \operatorname{Sinh} \sigma \, d\sigma = \frac{64}{\xi^4} \left\{ \left(2 + \frac{\xi^2}{4}\right) \operatorname{Cosh} \frac{\xi}{2} - \xi \operatorname{Sinh} \frac{\xi}{2} - 2 \right\} \tag{7.51}$$

Man erhält dieses Resultat durch zweimalige partielle Integration unter Beachtung von d Cosh $\sigma/d\sigma$ = Sinh σ und d Sinh $\sigma/d\sigma$ = Cosh σ. In Fig. 109, rechts, ist φ aufgetragen. Je größer die Schubspannung, desto leichter fließen pseudoplastische Flüssigkeiten; bei Rohrströmung wächst daher mit zunehmendem Druckgradienten, d.h. zunehmendem Wert von ξ, der Volumenstrom über denjenigen Volumenstrom an, der sich bei Newtonscher Flüssigkeit mit der Viskosität η_* einstellen würde, d.h. $\varphi > 1$ (Gl. (7.48)).

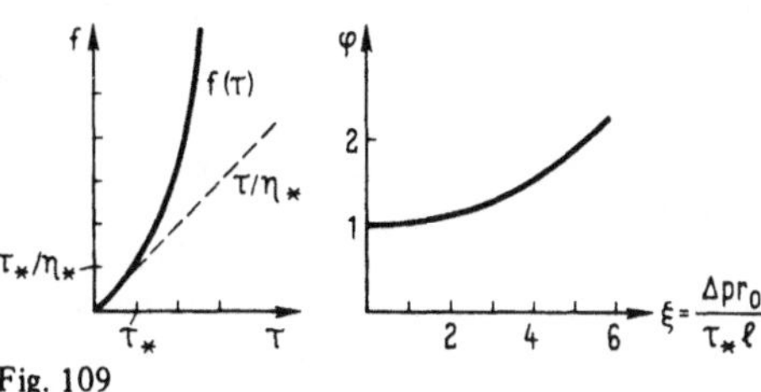

Fig. 109

7.2. Turbulente Rohrströmung

7.2.1. Umschlag laminar – turbulent. Die Erfahrung zeigt, daß die seither betrachtete "laminare" Rohrströmung nur dann realisiert ist, wenn die Reynoldszahl Re = $\bar{u}d/\nu$ einen kritischen Wert Re* $\approx$ 2300 nicht übersteigt. Wenn Re > Re* ist, dann wird zwar in einigen Fällen, besonders bei gut abgerundetem Einlaufstück des Rohres und störungsfreier, stationärer Einlaufströmung, auch noch die laminare Strömung beobachtet; aber je weiter Re über Re* liegt, desto wahrscheinlicher ist es, daß sich die "turbulente" Strömung einstellt. Bei laminarer Strömung bewegen sich die einzelnen Flüssigkeitsteilchen mit konstanter Geschwindigkeit auf achsenparallelen Bahnen durch das Rohr. Die turbulente Strömung ist dagegen eine instationäre Strömung, bei der die Geschwindigkeit der einzelnen Flüssigkeitsteilchen unregelmäßig schwankt. Diese Schwankungen lenken die Flüssigkeitsteilchen bald nach dieser bald nach jener Seite von ihrer nur noch im Mittel gradlinig stromabwärts führenden Bahn ab. Wenn man an einer Stelle kontinuierlich Farbe in die Flüssigkeit eingibt, so entsteht bei laminarer Strömung ein gerader, achsenparalleler Farbfaden, der sich stromabwärts nur durch Diffusion langsam verwischt. Bei turbulenter Strömung wird der Faden dagegen verknäuelt; dieses Knäuel breitet sich außerdem rasch über den Rohrquerschnitt aus.

Es wäre hoffnungslos, das Geschwindigkeitsfeld $\vec{v}(x,y,z,t)$ (vgl. 3.1) einer turbulenten Strömung angeben zu wollen. Andrerseits ist dieses Geschwindigkeitsfeld, das alle unregelmäßigen Schwankungen der Geschwindigkeit einbegreift, oft gar nicht besonders wichtig. Meistens ist nur die über einen längeren Zeitraum g e m i t t e l t e Geschwindigkeit an einer bestimmten Stelle von praktischer Bedeutung. Auch bei anderen Größen sind gewöhnlich nur die über die Zeit gemittelten Werte bedeutsam; dies gilt insbesondere für den Volumenstrom $\dot{V}$. – Die über die Zeit gemittelte Geschwindigkeit ist wie bei der laminaren Rohrströmung achsenparallel gerichtet. Ihre Verteilung über den Rohrquerschnitt, wie sie sich aus Messungen ergibt, ist in Fig. 110

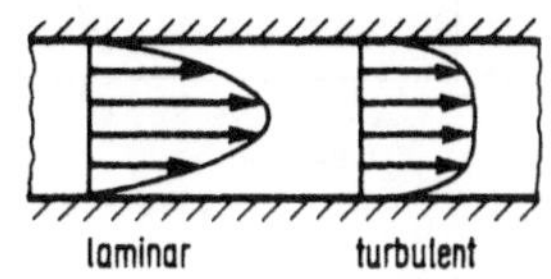

Fig. 110

qualitativ skizziert. Das turbulente Geschwindigkeitsprofil ist "völliger" als das laminare und kommt damit einer über den ganzen Rohrquerschnitt konstanten Geschwindigkeit näher als das laminare Profil. Die turbulenten Geschwindigkeitsschwankungen, d.h. die unregelmäßigen Abweichungen von der zeitlich gemittelten Geschwindigkeit können bei Rohrströmungen bis zu etwa 10% der mittleren Geschwindigkeit betragen.

Der "Umschlag" von der laminaren in die turbulente Strömung ist eine Instabilitätserscheinung: Liegt die Reynoldszahl über der kritischen Reynoldszahl, so ist die laminare Strömung zwar weiterhin eine m ö g l i c h e Strömungsform, aber sie ist i n s t a b i l ; bei der geringsten Störung schlägt sie in die turbulente Strömung um. Solche Störungen sind praktisch immer vorhanden, sie können z.B. auf kleine, instationäre Unregelmäßigkeiten in der Einlaufströmung zurückgehen. Die Situation ist ganz ähnlich wie bei einem zentrisch gedrückten, schlanken, zylindrischen Stab: Liegt die Last unter einer bestimmten Grenzlast, der "Eulerschen Knicklast", so bleibt der Stab zylindrisch, oberhalb der Knicklast k a n n er zylindrisch bleiben, aber diese Form ist dann instabil. In Wirklichkeit wird der Stab ausknicken, die geknickte Form ist stabil. Die kritische Reynoldszahl spielt bei der Strömung eine ganz ähnliche Rolle wie die Knicklast beim Stab.

7.2.2. Widerstandszahl. Der Umschlag von der laminaren in die turbulente Strömung macht sich in der Widerstandszahl λ bemerkbar. Diese Widerstandszahl ist weiterhin durch Gl. (7.29) oder (7.30) definiert; die in der Definition vorkommende Größe $\bar{u}$ bedeutet weiterhin die über den Querschnitt gemittelte Geschwindigkeit und ist durch Gl. (7.9) definiert. Die Widerstandszahl λ hängt zwar auch bei turbulenter Strömung von der Reynoldszahl ab, denn dies folgt aus den dimensionsanalytischen Überlegungen in Abschn. 7.1.3, die auch für turbulente Strömung gelten, aber diese Abhängigkeit ist nicht mehr durch Gl. (7.32) gegeben. In Fig. 111[1] ist λ für laminare und turbulente Rohrströmung als Funktion von Re aufgetragen (die mit "rauh" gekennzeichneten Kurven bleiben vorläufig außer Betracht). Im Übergangsgebiet laminar − turbulent ist λ allerdings nicht eindeutig durch Re bestimmt: hier hängt λ noch von zufälligen Störungen ab,

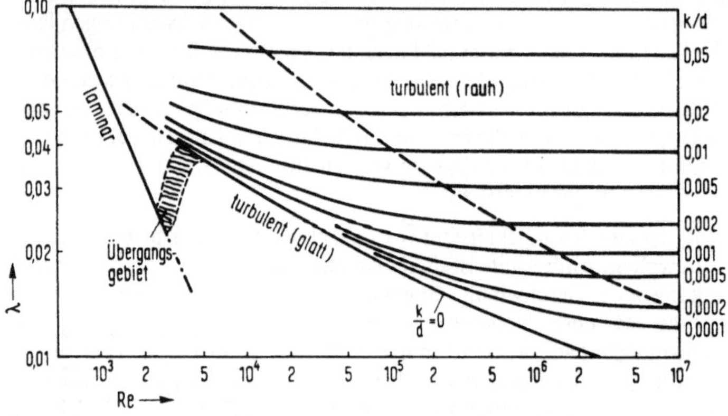

Fig. 111[1]

---

[1] Für den praktischen Gebrauch ist dieses wichtige Diagramm auf der 3. Umschlagseite als Arbeitsdiagramm (Fig. 111a) vergrößert dargestellt.

die der Strömung beim Einlauf ins Rohr oder davor aufgeprägt werden. Hierüber konnte uns die Dimensionsanalyse in 7.1.3 keine Auskunft geben, da wir dort solche Störungen nicht berücksichtigt haben. Dazu hätte es in Gl. (7.26) einer Erweiterung der Anzahl der Argumente (= Einflußgrößen) bedurft.

Für den gesamten Bereich der turbulenten Strömung gilt eine von Prandtl theoretisch motivierte und experimentell von Nikuradse bestätigte Formel

$$\frac{1}{\sqrt{\lambda}} = 2 \lg(\mathrm{Re}\sqrt{\lambda}) - 0{,}8 \tag{7.52}$$

Diese Formel hat allerdings für den praktischen Gebrauch den Nachteil, daß λ nur implizit als Funktion von Re gegeben ist und die Auflösung von (7.52) nach λ einige Rechnung erfordert. Doch ist diese Rechnung überflüssig, wenn man ein Diagramm wie Fig. 111a (s. 3. Umschlagseite) zur Hand hat, in dem $\lambda(\mathrm{Re})$ für praktische Zwecke genügend genau aufgetragen ist.

Im Reynoldszahlbereich $5 \cdot 10^3 \lessapprox \mathrm{Re} \lessapprox 10^5$ wird λ für turbulente Rohrströmung näherungsweise recht gut durch das "Blasiussche Gesetz" gegeben:

$$\lambda = 0{,}316 \, \mathrm{Re}^{-1/4} \tag{7.53}$$

Die Formeln (7.52) und (7.53) gelten nur dann, wenn die Wand des durchströmten Rohres ideal glatt ist. In der Technik benutzte Rohre sind aber immer mehr oder weniger rauh. Die Rauhigkeit kann man im allgemeinen durch eine Länge k charakterisieren, die ein Maß für die Abweichungen der wirklichen Rohrwand gegen eine ideal glatte Wand ist (vgl. Fig. 112). Diese Größe k kommt zu den Abmessungen d und l des Rohres als eine weitere, den Druckverlust bestimmende Größe mit der Dimension einer Länge hinzu. Die dimensionsanalytischen

Fig. 112

Überlegungen in 7.1.3 ändern sich dadurch etwas, denn nun wird λ in Gl. (7.27) von den 5 Größen ρ, η, $\bar{u}$, d, k abhängen und nicht nur von ρ, η, $\bar{u}$, d. Aus diesen 5 Größen kann man z w e i voneinander unabhängige dimensionslose Kombinationen bilden: die Reynoldszahl $\mathrm{Re} = \bar{u}d/\nu$ und den Quotienten k/d, der ein Maß für die "relative Rauhigkeit" der Rohrwand ist. Daher wird λ jetzt sowohl von Re als auch von k/d abhängen:

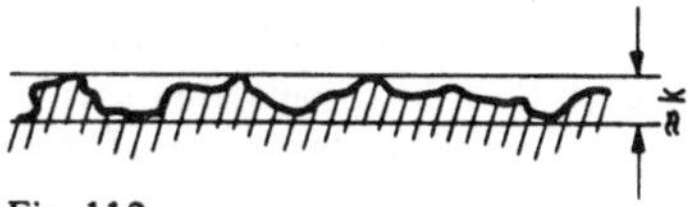

$$\lambda = \lambda\!\left(\mathrm{Re}, \frac{k}{d}\right) \tag{7.54}$$

Diese Abhängigkeit ist in Fig. 111 für "technisch rauhe" Rohre dargestellt. Für rauhe Rohre (k/d $\neq$ 0) ist bei gleicher Reynoldszahl die Widerstandszahl λ größer als für glatte Rohre (k/d = 0). Bei kleinen Werten von k/d und nicht zu großen Reynoldszahlen schmiegen sich die Kurven in Fig. 111 der Kurve für glattes Rohr an. Wenn bei einer Rohrströmung Re und k/d solche Werte haben, daß der entsprechende Punkt in Diagramm 111 in unmittelbarer Nähe der Kurve für glattes Rohr liegt, nennt man das durchströmte Rohr "hydraulisch glatt"; man kann dann ohne großen Fehler Formel (7.53) benutzen. Bei genügend großen Reynoldszahlen biegen die Kurven in Fig. 111 von der Kurve für glattes Rohr ab und werden schließlich sogar parallel zur Abszisse. Dies trifft rechts von der gestrichelten Linie zu und bedeutet, daß in diesem Bereich die Widerstandszahl nur noch von k/d und nicht mehr von Re abhängt. Eine Strömung, der ein Punkt in diesem Bereich des Diagramms entspricht, wird als "voll ausgebildete Rauhigkeitsströmung" bezeichnet. Nach einer von v. Kármán angegebenen und von Nikuradse experimentell bestätigten Formel gilt in diesem Bereich

▶
$$\lambda = (1{,}14 - 2 \lg \frac{k}{d})^{-2} \tag{7.55}$$

Eine die Formeln (7.52) und (7.55) umfassende Beziehung für λ ist die Formel von Colebrook:

▶▶
$$\frac{1}{\sqrt{\lambda}} = -2 \lg (\frac{2{,}51}{Re \sqrt{\lambda}} + 0{,}27 \frac{k}{d}) \tag{7.56}$$

Die Kurven in Fig. 111 sind hiernach berechnet. Für ein glattes Rohr entfällt das zweite Glied in der Klammer rechts, und (7.56) geht in (7.52) über. Die voll ausgebildete Rauhigkeitsströmung ist dadurch charakterisiert, daß das erste Glied in der Klammer klein gegen das zweite ist. Vernachlässigt man dieses Glied, so erhält man (7.55) aus (7.56). – Der Zahlenwert von k variiert von etwa 1 mm für Betonrohre über 0,3 mm für Graugußrohre bis zu etwa 0,01 mm für gezogene Stahlrohre (vgl. Ingenieurhandbücher).

Die seitherigen Ergebnisse für laminare und turbulente Rohrströmung gelten nur für Kreisrohre. Man kann aber bei turbulenten Strömungen die Formel (7.29) für den Druckabfall zusammen mit den Ergebnissen (7.52) bis (7.56) sowie Diagramm 111a näherungsweise auch auf Rohre mit n i c h t kreisförmigem Querschnitt anwenden. Die mittlere Geschwindigkeit ist hierbei weiterhin durch $\bar{u} = \dot{V}/A$ definiert (Gl. (7.9)) wobei A den Flächeninhalt des Rohrquerschnitts bedeutet. In den Definitionsgleichungen (7.28) für die Reynoldszahl sowie (7.30) und (7.54) für die Widerstandszahl muß man jedoch den wirklichen Rohrdurchmesser d durch den "hydraulischen" Durchmesser d_h des Rohr- bzw. Kanalquerschnitts ersetzen. Dieser ist definiert durch:

▶
$$d_h = \frac{4A}{s} \tag{7.57}$$

s bedeutet die Umfangslänge des Rohrquerschnitts. Für Kreisquerschnitt stimmt d_h mit dem wirklichen Durchmesser d überein, denn aus $A = \pi d^2/4$ und $s = \pi d$ folgt $d_h = 4\,A/s = d$.

Wir merken noch an, daß ebenso wie bei der laminaren Strömung auch bei der turbulenten Rohrströmung eine gewisse Einlauflänge notwendig ist, bis sich das turbulente Geschwindigkeitsprofil voll ausgebildet hat und stromabwärts unverändert beibehalten wird. Für diese gilt bei turbulenter Strömung (vgl. (7.17)): $l_e = (3 \dots 5) Re^{1/4} \cdot d$.

7.2.3. Ausfluß aus einem Gefäß. In 7.1.2 haben wir den Ausfluß aus einem Gefäß in zwei Grenzfällen diskutiert. Im einen Fall haben wir den zur Beschleunigung der Flüssigkeit nach der Bernoullischen Gleichung nötigen Druckabfall vernachlässigt und nur den durch Reibung im Ausflußrohr entstandenen Druckabfall berücksichtigt; (Grenzfall der überwiegend durch Reibung bestimmten Strömung); im anderen Fall haben wir gerade jenen Druckabfall berücksichtigt und diesen vernachlässigt (Grenzfall der reibungsfreien Strömung). Bei vielen in der Praxis vorkommenden Ausflußvorgängen wird keiner der beiden Fälle in brauchbarer Näherung realisiert sein; abgesehen davon ist die Strömung oft turbulent und die in 7.1.2 angegebenen Formeln können auch aus diesem Grunde nicht angewendet werden. Die nähere Betrachtung des Druckverlaufs "b" in Fig. 104, der qualitativ für laminare und turbulente Strömung richtig ist, führt zu einer Methode, nach der man den Volumenstrom in solchen Zwischenfällen berechnen kann: Wie in 7.1.2 bei der Diskussion des Druckverlaufs "b" schon erwähnt wurde, steht als effektive Druckdifferenz zur Förderung der Flüssigkeit durch das Rohr $\Delta p = \rho gh - \rho \bar{u}^2/2 - \Delta p'$ zur Verfügung. Gl. (7.29) gibt den Zusammenhang zwischen dieser Druckdifferenz und der mittleren Geschwindigkeit $\bar{u}$ als:

$$\rho gh - \frac{\rho}{2}\bar{u}^2 - \Delta p' = \frac{\rho}{2}\bar{u}^2 \lambda \frac{l}{d} \qquad (7.58)$$

Der Term $\Delta p'$ trägt dem verstärkten Druckabfall auf der Einlaufstrecke des Rohres Rechnung. Auf der Einlaufstrecke formt sich das Einlaufprofil mit konstanter Geschwindigkeit über den Rohrquerschnitt allmählich zum Geschwindigkeitsprofil der voll ausgebildeten Rohrströmung um. Bei der turbulenten Strömung weicht das voll ausgebildete Profil nicht sehr von einer über den Querschnitt konstanten Geschwindigkeit ab, daher ist hier $\Delta p'$ klein, und zwar erheblicher kleiner als $\rho \bar{u}^2/2$. Im folgenden werden wir daher $\Delta p'$ ganz vernachlässigen. Dadurch beschränken wir uns im wesentlichen auf turbulente Strömung, denn bei laminarer Strömung ist diese Vernachlässigung im allgemeinen nicht zulässig (es sei denn, man kann $\rho \bar{u}^2/2$ selbst gegen ρgh vernachlässigen, was dann auf Gl. (7.11) für den Volumenstrom führt, oder die Strömung ist praktisch reibungsfrei, was auf (7.12) führt; vgl. 7.1.2).

Gl. (7.58) mit vernachlässigtem $\Delta p'$ läßt sich nach Addition von p_0 auf beiden Seiten auch so schreiben:

$$p_0 + \rho gh = p_0 + \frac{\rho}{2}\bar{u}^2 + \Delta p_v \qquad (7.59)$$

mit
$$\Delta p_v = \lambda \frac{l}{d} \cdot \frac{\rho}{2}\bar{u}^2 = \zeta \cdot \frac{\rho}{2}\bar{u}^2 \qquad (7.60)$$

Gl. (7.59) kann als "erweiterte" Bernoullische Gleichung für eine vom Flüssigkeitsspiegel bis zur Ausflußöffnung führende Stromlinie gedeutet werden (vgl. Fig. 38a), wobei die Geschwindigkeit einfach mit der mittleren Geschwindigkeit $\bar{u}$ identifiziert wird und außerdem ein Druckverlust Δp_v berücksichtigt wird (vgl. Gl. (4.49)). Dieser Druckverlust ist hier der durch innere Reibung bei der Strömung durch das Rohr erzeugte Druckabfall. Der Einfachheit halber haben wir mit Gl. (7.60) die Druckverlustzahl $\zeta = \lambda l/d$ eingeführt (vgl. 4.2.2 zur Definition von ζ). Ersetzt man Δp_v in Gl. (7.59) durch den Ausdruck (7.60) und löst nach $\bar{u}$ auf, so erhält man

$$\blacktriangleright \qquad \bar{u} = \sqrt{\frac{2gh}{1 + \zeta}} \qquad (7.61)$$

Durch Gl. (7.61) ist die Ausflußgeschwindigkeit $\bar{u}$ nur scheinbar explizit als Funktion der Höhe h gegeben: Man muß beachten, daß $\zeta = \lambda l/d$ noch von der Reynoldszahl Re abhängt und diese wiederum von $\bar{u}$. Also kommt $\bar{u}$ auch noch auf der rechten Seite von (7.61) vor. Man kann $\bar{u}$ aus (7.59) bei bekannten Abmessungen l,d (und bekannter Rauhigkeitshöhe k) des Ausflußrohres berechnen, indem man zunächst einen Wert von $\bar{u}$ schätzt, mit diesem Re berechnet und damit, evtl. aus Fig. 111a, λ bestimmt. Diesen Wert von λ und somit $\zeta = \lambda l/d$ setzt man auf der rechten Seite von (7.61) ein, erhält dann einen neuen Wert für $\bar{u}$, mit dem ein neuer Wert für λ berechnet werden kann. Dieses "Iterationsverfahren" setzt man fort, bis der neuberechnete Wert für $\bar{u}$ von dem vorherigen nicht merklich verschieden ist. Je besser man den Ausgangswert für $\bar{u}$ geschätzt hat, desto weniger Iterationsschritte braucht man. Das Verfahren konvergiert sehr gut, so daß für technisch sinnvolle Genauigkeit meist zwei Iterationsschritte genügen.

Die Berechnung der Ausflußmenge läßt sich noch verfeinern, indem man evtl. vorhandene weitere Druckverlustquellen berücksichtigt. Wir betrachten hierzu Fig. 113: Das Ausflußrohr ist aus zwei Stücken (Längen l_1, l_2, Durchmesser $d_1, d_2 > d_1$) zusammengesetzt. Im Rohr 1 beträgt der Druckverlust

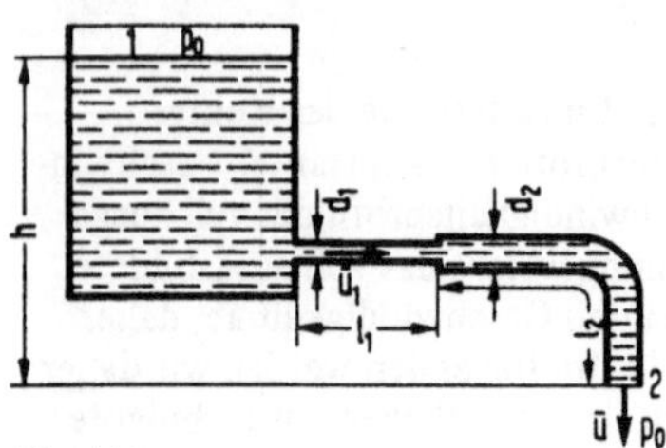

Fig. 113

$$\Delta p_{v_1} = \lambda_1 \frac{l_1}{d_1} \cdot \frac{\rho}{2} \bar{u}_1^2 = \zeta_1 \cdot \frac{\rho}{2} \bar{u}_1^2 \qquad (7.62)$$

und im Rohr 2

$$\Delta p_{v_2} = \lambda_2 \frac{l_2}{d_2} \cdot \frac{\rho}{2} \bar{u}_2^2 = \zeta_2 \cdot \frac{\rho}{2} \bar{u}^2 \qquad (7.63)$$

(Wir lassen hier den Index 2 an $\bar{u}$ weg, die mittlere Ausflußgeschwindigkeit wird somit wie seither immer mit $\bar{u}$ bezeichnet). Außerdem entsteht beim Übergang vom Rohr 1 ins Rohr 2 ein Carnotscher Stoßverlust Δp_{vc}. Für diesen Verlust verwenden wir die in 4.2.2 hergeleiteten Formeln, obwohl die dort zugrundeliegende Voraussetzung, daß die Geschwindigkeit sowohl in der Anströmung als auch in der Abströmung konstant über den ganzen Rohrquerschnitt ist (Fig. 63), jetzt nur noch näherungsweise stimmt. Es wird somit

$$\Delta p_{vc} = \zeta_c \cdot \frac{\rho}{2} \bar{u}_1^2 \qquad (7.64)$$

mit ζ_c nach Gl. (4.51). Durch die Krümmung des Rohres 2 entsteht ein weiterer Druckverlust Δp_{vk}:

$$\Delta p_{vk} = \zeta_k \cdot \frac{\rho}{2} \bar{u}^2 \qquad (7.65)$$

Die Werte von ζ_k hängen im wesentlichen vom Umlenkwinkel (hier 90°) und dem Verhältnis des Radius der Rohrkrümmung zum Rohrdurchmesser ab. Schließlich kann man noch den Druckverlust berücksichtigen, der beim Einlauf vom Gefäß ins Rohr entsteht, wenn dieser Einlauf nicht gut abgerundet ist:

$$\Delta p_{ve} = \zeta_e \cdot \frac{\rho}{2} \bar{u}_1^2 \qquad (7.66)$$

Bei scharfkantigem Einlauf löst die Strömung an der Einlaufkante ab und legt sich erst später wieder an die Rohrwand an; ein ähnlicher Vorgang ist in Fig. 65 skizziert. Zahlenwerte für ζ_k und ζ_e sowie für andere "Einzelverluste" können den einschlägigen Ingenieurhandbüchern (Dubbel, Physikhütte u. a.) entnommen werden.

Der gesamte Druckverlust wird nun $\Delta p_v = \Delta p_{v_1} + \Delta p_{v_2} + \Delta p_{vc} + \Delta p_{vk} + \Delta p_{ve}$, d.h.

$$\Delta p_v = \frac{\rho}{2}(\zeta_1 \bar{u}_1^2 + \zeta_2 \bar{u}^2 + \zeta_c \bar{u}_1^2 + \zeta_k \bar{u}^2 + \zeta_e \bar{u}_1^2) \qquad (7.67)$$

Setzt man noch nach der Kontinuitätsgleichung $\bar{u}_1 = \bar{u}A_2/A_1$, so ergibt sich

$$\Delta p_v = \zeta_{ges} \cdot \frac{\rho}{2}\bar{u}^2 \tag{7.68}$$

mit

$$\zeta_{ges} = (\zeta_1 + \zeta_c + \zeta_e)\frac{A_2^2}{A_1^2} + \zeta_2 + \zeta_k \tag{7.69}$$

Geht man mit Δp_v nach Gl. (7.68) in Gl. (7.59) ein, so erhält man analog Gl. (7.61)

$$\blacktriangleright \qquad \bar{u} = \sqrt{\frac{2gh}{1 + \zeta_{ges}}} \tag{7.70}$$

wobei ζ_{ges} die Bedeutung der resultierenden Gesamt-Druckverlustzahl der Ausströmleitung, bezogen auf den Staudruck der Abströmung, hat. — Die Berechnung von $\bar{u}$ aus Gl. (7.70) erfolgt durch ein Iterationsverfahren so wie es im Anschluß an Gl. (7.61) erläutert wurde, ausgehend etwa von einem geeigneten Schätzwert für $\bar{u}$, der auf jeden Fall kleiner als $\sqrt{2gh}$ sein sollte. Für praktische Belange ist es jedoch oft günstiger, das Iterationsverfahren nicht mit einer Ausgangsschätzung für $\bar{u}$ sondern mit einer solchen für die Widerstandszahlen λ_i (in unserem Beispiel also für λ_1 und λ_2) zu beginnen. Hierbei kann man sich zunutze machen, daß in technischen Rohr- und Kanalströmungen die Reynoldszahlen gewöhnlich so groß sind ($Re > 5 \cdot 10^4$), daß bei realistischen relativen Rohrrauhigkeiten ($k/d > 10^{-3}$) die Widerstandszahlen nicht sehr empfindlich von Re abhängen (vgl. Fig. 111a): Im turbulenten Übergangsgebiet ”glatt-rauh“ fallen die λ-Kurven nur schwach mit steigender Reynoldszahl, im rechts daran anschließenden Bereich voll ausgebildeter Rauhigkeitsströmung hängt λ gar nicht mehr von der Reynoldszahl sondern nur noch von der relativen Rohrrauhigkeit ab. Demnach ist die Rückkopplung der in Gl. (7.70) gesuchten Ausströmgeschwindigkeit $\bar{u}$ auf die Widerstandszahlen nur gering, bei genügend großen Reynoldszahlen entfällt sie ganz. Dies ist der wesentliche Grund für die bereits zuvor erwähnte sehr gute Konvergenz der iterativen Auflösung von Gl. (7.61), was sinngemäß auch für Gl. (7.70) gilt.

8. Grenzschichten

8.1. Laminare Grenzschicht an der ebenen Platte

Eine ebene Platte (Länge l, Breite b; Fig. 114) wird in ihrer Ebene mit konstanter Geschwindigkeit u_∞ durch eine ruhende Flüssigkeit geschleppt. Wenn die Flüssigkeit reibungsfrei und die Platte sehr dünn ist (”infinitesimal“ dünn), dann gleitet die Platte durch die Flüssigkeit, ohne diese zu stören: die Flüssigkeit bleibt überall in Ruhe. In Wirklichkeit sind alle Flüssigkeiten mehr oder weniger zäh und haften an festen Wänden. Daher wird die an die Platte unmittelbar angrenzende Flüssigkeitsschicht von dieser mitgerissen. Diese Schicht schleppt vermöge der auftretenden Schubspannung die nächstäußere Schicht mit usw. Die von der Platte ausgehende Störung des Ruhezustandes der Flüssigkeit breitet sich dadurch in Richtung senkrecht zur Platte aus, und die Bewegung der Platte teilt sich der Flüssigkeit auch in weiterem Abstand von der Platte mit. Es entsteht eine Geschwindigkeitsverteilung, wie sie in Fig. 114a skizziert ist. Das von der Platte mitgeschleppte Flüssigkeitsgebiet wird mit wachsender Entfernung von ihrer Vorderkante immer breiter, denn in einiger Entfernung von der Vorderkante hat die Platte länger auf die ursprünglich ruhende Flüssigkeit gewirkt als nahe an der Vorderkante, wo die Flüssigkeit erst vor kürzerer Zeit in den Einflußbereich der Platte gekommen ist.

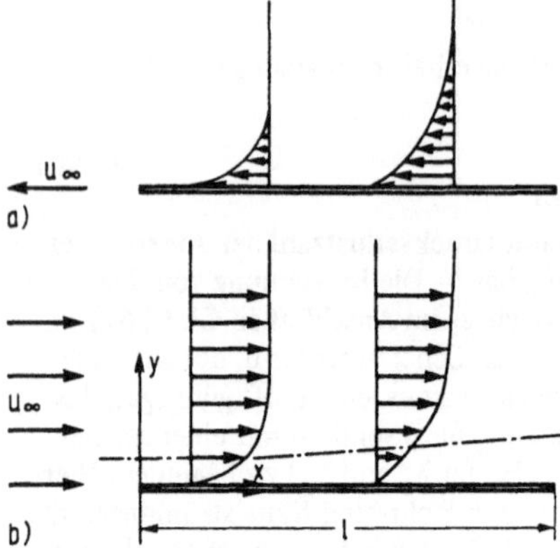

Fig. 114

Es ist zweckmäßig, sich auf den Standpunkt eines mit der Platte bewegten Beobachters zu stellen. Für diesen ist die Strömung stationär. Die Flüssigkeit kommt in einem Parallelstrom mit der konstanten Geschwindigkeit u_∞ an; stromabwärts von der Plattenvorderkante bildet sich eine "Grenzschicht" aus, in der die Geschwindigkeit vom Wert 0 an der Wand auf u_∞ in der "Außenströmung" wächst. In Fig. 114b ist strichpunktiert eine Stromlinie eingezeichnet. Da die Grenzschicht in der Richtung stromabwärts stetig breiter wird, entfernt sich diese Stromlinie allmählich immer weiter von der Wand (man beachte, daß das zwischen Stromlinie und Wand pro Zeiteinheit durchfließende Volumen von x unabhängig sein muß!); benachbarte Stromlinien divergieren in der Richtung stromabwärts. Bei vielen Strömungsproblemen hat man es mit relativ dünnen Grenzschichten zu tun, bei denen diese Stromliniendivergenz keine große Rolle spielt[1]. Die Geschwindigkeitskomponente senkrecht zur Wand ist dann überall vernachlässigbar klein gegen die wandparallele Komponente; dies ist in Fig. 114b insofern berücksichtigt, als die Geschwindigkeitspfeile wandparallel gezeichnet sind. Außerdem ändert sich dann der Druck in der Grenzschicht in Richtung senkrecht zur Wand praktisch nicht; die Strömung verhält sich in dieser Hinsicht wie die in 6.1 untersuchte Schichtenströmung, wo die Stromlinien exakt parallel sind. Bei der hier betrachteten Plattenströmung ist der Druck in der von der Grenzschicht unbeeinflußten Außenströmung ebenfalls konstant, denn dort ist die Geschwindigkeit konstant und nach der Bernoullischen Gleichung daher auch der Druck. (In der Außenströmung gilt die Bernoullische Gleichung, da die innere Reibung der Flüssigkeit nur in der Grenzschicht, nicht aber in der Außenströmung

---

[1] Diese Feststellung ist eigentlich eine Definition des Anwendungsbereiches der "Grenzschichttheorie": Diese ist nur dann anwendbar, wenn die Stromliniendivergenz unerheblich ist. Die genauere Untersuchung zeigt, daß hierzu die den Strömungsvorgang charakterisierende Reynoldszahl hinreichend groß sein muß ($Re_x = u_\infty x/\nu \gg 1$).

eine Rolle spielt.) Damit hat der Druck überall denselben Wert. Weiterhin kann man bei nahezu wandparallelen Stromlinien annehmen, daß genau wie bei der in 6.1 betrachteten Schichtenströmung in allen wandparallelen Schnittebenen die Schubspannung bei einer Newtonschen Flüssigkeit — auf diese beschränken wir unsere Betrachtung — durch $\tau = \eta \, \partial u / \partial y$ gegeben ist[1], wobei u die wandparallele Geschwindigkeitskomponente ist.

Der Impulssatz gibt nun Auskunft darüber, wie die Grenzschichtdicke mit wachsendem Abstand x von der Plattenvorderkante zunimmt. Zur Vereinfachung der Überlegungen nehmen wir an, daß die Geschwindigkeit u in der Grenzschicht der Dicke $\delta(x)$ linear mit dem Wandabstand y von 0 auf u_∞ wächst (Fig. 115):

$$u(x,y) = u_\infty \cdot \frac{y}{\delta(x)} \quad \text{für } 0 \leqslant y \leqslant \delta(x) \quad (8.1)$$

$$u = u_\infty \qquad\qquad \text{für } y > \delta(x) \qquad (8.2)$$

In Wirklichkeit gibt es keinen scharfen Übergang zwischen Grenzschicht und Außenströmung, der Übergang ist fließend, wie in Fig. 114 skizziert. Trotzdem führt die grobe Annahme (8.1), (8.2) zu einem recht brauchbaren Ergebnis. — Wir betrachten das in Fig. 115 gestrichelt skizzierte

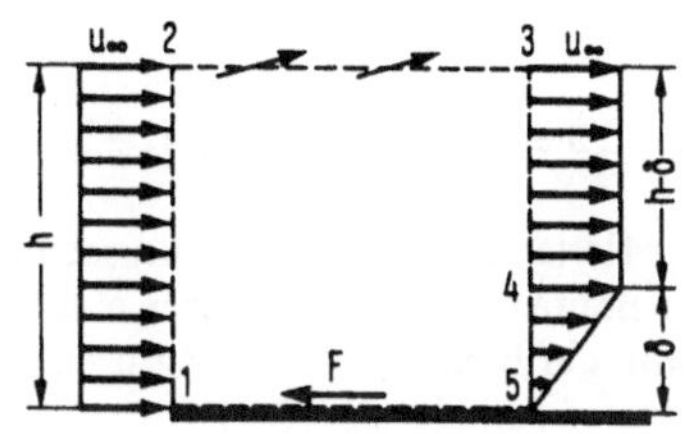

Fig. 115

Kontrollvolumen: Da der Druck überall denselben Wert hat, wird von ihm keine resultierende Kraft auf das Kontrollvolumen ausgeübt. Eine solche Kraft entsteht nur durch die Schubspannung, die an der unteren Grenzfläche 1-5 des Kontrollvolumens angreift. Wir bezeichnen diese Schubspannung als "Wandschubspannung" τ_w, da sie in umgekehrter Richtung auch auf die Platte (die "Wand") wirkt. Auf einen Streifen der Breite dx der Kontrollfläche 1-5 wirkt die Kraft $\tau_\mathrm{w}$bdx. Die auf der Kontrollfläche 1-5 von der Länge x insgesamt in negativer x-Richtung angreifende Kraft F ist demnach

$$F(x) = b \int_0^x \tau_\mathrm{w}(x)dx \qquad\qquad (8.3)$$

F hängt, wie angedeutet, von x ab, es wächst mit x. Für das Folgende notieren wir noch:

$$\tau_\mathrm{w} = \eta \frac{\partial u}{\partial y}\bigg|_{y=0} = \eta \frac{u_\infty}{\delta(x)} \qquad\qquad (8.4)$$

wobei wir (8.1) benutzt haben.

Über die Fläche 1-2 fließt pro Zeiteinheit die Flüssigkeitsmasse $\rho u_\infty \cdot hb$ ein, über die Fläche 3-4 fließt die Masse $\rho u_\infty \cdot (h-\delta)b$ und über 4-5 die Masse $\rho \frac{u_\infty}{2} \cdot \delta b$ aus ($\frac{u_\infty}{2}$ ist die mittlere Durchflußgeschwindigkeit in der Grenzschicht). Der Überschuß der durch 1-2 einfließenden über die durch 3-5 ausfließende Masse beträgt $\rho u_\infty b[h - (h-\delta) - \frac{\delta}{2}] = \rho u_\infty \frac{\delta}{2}b$.

---

[1] Wir benutzen hier das Symbol für partielle Differentiation, $\partial/\partial y$, da die Geschwindigkeit u jetzt nicht allein von y (wie bei der Schichtenstromung), sondern streng genommen auch noch von x abhängt.

Dieser Überschuß muß durch die obere Grenzfläche 2-3 ausfließen; hierin äußert sich übrigens die Stromliniendivergenz: infolge der Divergenz führen Stromlinien durch die Fläche 2-3 aus dem Kontrollvolumen hinaus. Die zu diesen Massenströmen gehörenden Impulsströme stellen wir tabellarisch zusammen: Pro Zeiteinheit fließt an Impuls in x-Richtung

über 1-2 ein:
$$\rho u_\infty hb \cdot u_\infty = \rho u_\infty^2 hb \tag{8.5}$$

über 3-4 aus:
$$\rho u_\infty (h - \delta)b \cdot u_\infty = \rho u_\infty^2 (h - \delta)b \tag{8.6}$$

über 4-5 aus:
$$\rho b \int_0^\delta (u_\infty \cdot \frac{y}{\delta})^2 dy = \rho u_\infty^2 \frac{\delta}{3} b \tag{8.7}$$

über 2-3 aus:
$$\rho u_\infty \frac{\delta}{2} b \cdot u_\infty = \rho u_\infty^2 \frac{\delta}{2} b \tag{8.8}$$

Zur Herleitung von (8.7) denkt man sich die Grenzschicht in plattenparallele Streifen der Breite dy unterteilt. Durch einen Streifen fließt pro Zeiteinheit die Masse $\rho ubdy$ und somit der Impuls $\rho u^2 bdy$. Mit $u = u_\infty y/\delta$ und durch Integration über alle Streifen ($y = 0$ bis $y = \delta$) erhält man (8.7).

Der Überschuß des ausfließenden über den einfließenden Impuls ist der in x-Richtung am Kontrollvolumen angreifenden Kraft, d.i. $-F$, gleich:

$$\rho u_\infty^2 b[(h - \delta) + \frac{\delta}{3} + \frac{\delta}{2}] - \rho u_\infty^2 hb = - b \int_0^x \tau_w \, dx \tag{8.9}$$

oder
$$\rho u_\infty^2 \frac{\delta}{6} = \int_0^x \tau_w \, dx \tag{8.10}$$

Differenziert man beide Seiten nach x, so erhält man:

$$\frac{1}{6} \rho u_\infty^2 \frac{d\delta}{dx} = \tau_w = \eta \frac{u_\infty}{\delta} \tag{8.11}$$

und hieraus, indem man beachtet, daß $\delta \cdot \frac{d\delta}{dx} = \frac{1}{2} \frac{d\delta^2}{dx}$ ist:

$$\frac{d(\delta^2)}{dx} = 12 \frac{\nu}{u_\infty} \tag{8.12}$$

(mit $\nu = \eta/\rho$). An der Vorderkante der Platte, $x = 0$, ist die Grenzschichtdicke 0. Integration von Gl. (8.12) mit der Anfangsbedingung $\delta^2 = 0$ für $x = 0$ ergibt

$$\delta^2 = 12 \frac{\nu}{u_\infty} x \tag{8.13}$$

oder
$$\delta = 3{,}46 \sqrt{\frac{\nu x}{u_\infty}} \tag{8.14}$$

Die Grenzschichtdicke δ wächst hiernach proportional zu $\sqrt{x}$ an. Die Grenzschicht ist an einer bestimmten Stelle x um so dünner, je kleiner die kinematische Zähigkeit ν und je größer die Außengeschwindigkeit u_∞ ist. Führt man die mit der "Lauflänge" x gebildete Reynoldszahl

$$\blacktriangleright \qquad Re_x = \frac{u_\infty x}{\nu} \tag{8.15}$$

ein, so kann man das Ergebnis (8.15) in folgender Form schreiben:

$$\delta = 3{,}46 \, \frac{x}{\sqrt{Re_x}} \qquad\qquad (8.16)$$

An einer festen Stelle x wird die relative Grenzschichtdicke mit wachsender Reynoldszahl Re_x also immer dünner; für $Re_x = 10^6$ beträgt die Dicke δ z.B. nach (8.16) nur
rd. 3,5‰ der Lauflänge x. Qualitativ verhalten sich alle Grenzschichten so, die sich an
der Oberfläche umströmter Körper ausbilden. Hierauf beruht die Anwendbarkeit der
"reibungsfreien Theorie" bei vielen Strömungsproblemen: wenn die Reynoldszahlen
nur hinreichend groß sind, (d.h. wenn die kinematische Zähigkeit hinreichend klein und
die Strömungsgeschwindigkeit hinreichend groß ist), kann man die Grenzschichten wegen
ihrer geringen Dicke häufig ganz vernachlässigen (vgl. hierzu auch die Bemerkungen zu
Beginn von 3.2).

Setzt man δ nach (8.14) in (8.4) ein, so erhält man

$$\tau_w = \frac{1}{3{,}46} \cdot \eta u_\infty \sqrt{\frac{u_\infty}{\nu x}} = 0{,}577 \cdot \frac{\rho u_\infty^2}{2} \cdot \frac{1}{\sqrt{Re_x}} \qquad\qquad (8.17)$$

Den dimensionslosen Quotienten $\tau_w/(\frac{\rho}{2}u_\infty^2)$ bezeichnet man als "Reibungsbeiwert" c_f;
nach (8.17) ist $c_f = 0{,}577/\sqrt{Re_x}$. Dies stimmt recht gut mit dem Ergebnis der exakten
Theorie überein: nur statt des Zahlenwertes 0,577 gibt die exakte Theorie den Wert
0,664. Wir benutzen im folgenden das exakte Ergebnis und schreiben

$$\blacktriangleright \qquad \frac{\tau_w}{\frac{\rho}{2}u_\infty^2} = c_f = \frac{0{,}664}{\sqrt{Re_x}} = 0{,}664 \sqrt{\frac{\nu}{u_\infty x}} \qquad\qquad (8.18)$$

Wegen der zunehmenden Grenzschichtdicke nimmt der Reibungsbeiwert mit wachsender Entfernung x von der Plattenvorderkante ab. – Die Kraft vom Betrag F (Gl. (8.3))
wirkt in Strömungsrichtung auf die Platte. Die Gesamtkraft auf eine zweiseitig umspül-
te Platte der Länge l und Breite b, der "Strömungswiderstand" F_W ist daher

$$F_W = 2b\int_0^l \tau_w \, dx = 2b \cdot \frac{\rho u_\infty^2}{2} \int_0^l c_f \, dx \qquad\qquad (8.19)$$

Setzt man hier c_f nach Gl. (8.18) ein und führt die Integration über x aus, so ergibt sich
unter Beachtung von $\int_0^l dx/\sqrt{x} = 2\sqrt{x} \,\big|_0^l = 2\sqrt{l}$:

$$\blacktriangleright \qquad F_W = 2{,}656 \, bl \cdot \frac{\rho u_\infty^2}{2} \sqrt{\frac{\nu}{u_\infty l}} \qquad\qquad (8.20)$$

Durch Gl. (5.20) hatten wir den Widerstandsbeiwert c_W definiert. Hier erhalten wir

$$\blacktriangleright \qquad c_W = \frac{F_W}{\frac{\rho}{2}u_\infty^2 bl} = \frac{2{,}656}{\sqrt{Re_l}} \qquad\qquad (8.21)$$

wobei $Re_l = u_\infty l/\nu$ die mit der Plattenlänge gebildete Reynoldszahl ist. Der Zusammenhang (8.21) zwischen dem Widerstandsbeiwert der Platte und der Reynoldszahl ist in

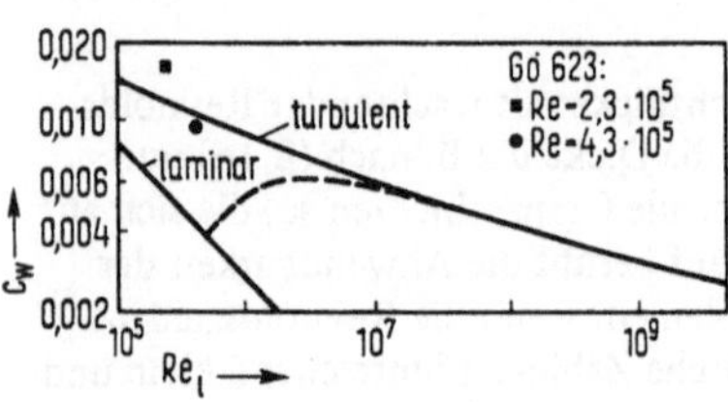

Fig. 116

Fig. 116 in einem doppelt-logarithmischen Diagramm aufgetragen (Kurve "laminar"); es ergibt sich eine Gerade (denn log c_W = log 2,656 − 1/2 · log Re).

Wir bemerken noch, daß man mit Hilfe der Formel (8.13) oder der Formel (8.14) die Einlauflänge l_e der laminaren Rohrströmung abschätzen kann (vgl. 7.1.2). Die in Fig. 105 skizzierte Umformung des Geschwindigkeitsprofils auf der Einlaufstrecke ist eine Folge des allmählichen Vordringens der Grenzschicht von der Rohrwand bis zur Rohrmitte. In der Entfernung x = l_e vom Rohreinlauf ist die Grenzschichtdicke δ bis auf den Rohrradius d/2 angewachsen. Dies gibt nach (8.13), mit u = $\bar{u}$, für l_e die Bedingung:

$$\left(\frac{d}{2}\right)^2 = 12\frac{l_e \nu}{\bar{u}} \tag{8.22}$$

oder, mit Re = $\bar{u}d/\nu$:

$$l_e = \frac{1}{48} \cdot Re \cdot d = 0,021\ Re \cdot d \tag{8.23}$$

Hinsichtlich der Abhängigkeit von der Reynoldszahl und dem Rohrdurchmesser ist dies die gleiche Gesetzmäßigkeit wie Gl. (7.17), nur der unwesentliche Zahlenfaktor 0,021 unterscheidet sich von dem Faktor 0,03 in Gl. (7.17). Eine Übereinstimmung im Zahlenfaktor war bei unserer groben Abschätzung ohnehin nicht zu erwarten. (Man beachte: das Grenzschichtprofil ist in Wirklichkeit nicht durch das einfache Gesetz (8.1) gegeben, die Rohrwand ist krumm und nicht eben, die Außengeschwindigkeit im Rohr wächst mit x (vgl. Fig. 105), der Übergang von der Einlaufströmung in die ausgebildete Strömung ist nicht scharf, sondern fließend u.a.m.).

8.2. Turbulente Grenzschicht

Die Grenzschicht an der ebenen Platte bleibt nicht bis zu beliebig großen Entfernungen x von der Vorderkante laminar, sondern sie schlägt in einer gewissen Entfernung in die turbulente Grenzschicht um. Die Strömung in der turbulenten Grenzschicht ist durch unregelmäßige, instationäre Schwankungen gekennzeichnet, ähnlich wie dies schon im Zusammenhang mit der turbulenten Rohrströmung in 7.2.1 erläutert wurde. Ebenso wie dort sind im allgemeinen nur die zeitlich gemittelten Geschwindigkeiten von Bedeutung. Der Verlauf dieser gemittelten Geschwindigkeiten in einer turbulenten Grenzschicht unterscheidet sich vom Geschwindigkeitsprofil einer laminaren Grenzschicht etwa ebenso, wie sich die entsprechenden Geschwindigkeitsprofile bei der Rohrströmung unterscheiden: das turbulente Geschwindigkeitsprofil ist "völliger" als das laminare (Fig. 117). Die laminare Grenzschicht schlägt an der ebenen Platte in die turbulente um, wenn die örtliche Reynoldszahl Re_x einen kritischen Wert $Re_x^* \approx 5 \cdot 10^5$ erreicht. Allerdings wird die Reynoldszahl des Umschlags stark durch Störungen in der Außenströmung beeinflußt, und die Grenzschicht kann z.B. auch sehr viel näher an der Vorderkante umschlagen, als es $Re_x = 5 \cdot 10^5$ entspricht. Ein bekanntes Mittel, den Umschlagpunkt näher an die Plattenvorderkante zu legen, ist ein "Stolperdraht", der in der laminaren Grenzschicht parallel zur Platte und quer zur Strömungsrichtung aufgespannt wird.

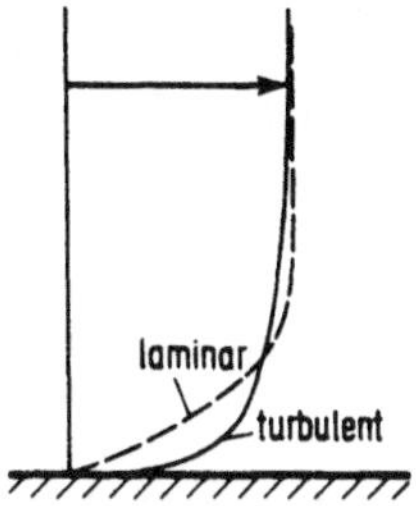

Unter Verwendung von Gl. (8.13) kann man übrigens leicht zeigen, wie die mit der Lauflänge x gebildete Reynoldszahl Re_x von der mit der Grenzschichtdicke δ gebildeten Reynoldszahl $Re_\delta = u_\infty \delta / \nu$ abhängt:

$$Re_x = \frac{u_\infty x}{\nu} = \frac{u_\infty}{\nu} \cdot \frac{u_\infty \delta^2}{12\nu} = \frac{1}{12} Re_\delta^2 \qquad (8.24)$$

Fig. 117

Diese Reynoldszahl Re_δ ist mit der Reynoldszahl $Re = \bar{u}d/\nu = (2\,\bar{u}d/2)/\nu$ der laminaren Rohrströmung vergleichbar: Die Grenzschichtdicke δ entspricht dem Rohrradius $d/2$ und die Außengeschwindigkeit u_∞ der Maximalgeschwindigkeit $2\,\bar{u}$ auf der Rohrachse (s. Gl. (7.10)). Die laminare Grenzschicht geht in die turbulente über, wenn $Re_x = Re_\delta^2/12 \approx 5 \cdot 10^5$ ist; dies ergibt einen kritischen Wert $Re_\delta^* \approx \sqrt{5 \cdot 12 \cdot 10^5} = 2{,}45 \cdot 10^3$. Dieser Wert stimmt gut mit der kritischen Reynoldszahl bei Rohrströmungen überein ($\approx 2{,}3 \cdot 10^3$; s. 7.2.1). In dieser Übereinstimmung äußert sich die Gleichartigkeit der Instabilität, die den Umschlag in beiden Fällen verursacht.

Der Reibungsbeiwert c_f ist bei turbulenter Grenzschicht größer als der nach Gl. (8.18) zum selben Wert von Re_x zu berechnende laminare Reibungsbeiwert. Damit übersteigt auch der Widerstandsbeiwert c_W der Platte bei teilweise turbulenter Grenzschicht den durch Gl. (8.21) gegebenen Wert. Im Diagramm in Fig. 116 ist c_W auch für turbulente Grenzschicht eingetragen. Die ausgezogene Kurve gilt für den (hypothetischen) Fall, daß die Grenzschicht von der Plattenvorderkante an turbulent ist; in einem mittleren Reynoldszahlbereich, $10^5 \lesssim Re_1 \lesssim 10^8$ wird diese Kurve ganz gut durch

$$c_W = \frac{0{,}144}{Re_1^{1/5}} \qquad (8.25)$$

beschrieben. Die gestrichelte Kurve gilt für den realistischeren Fall, daß die Grenzschicht in Umgebung der Vorderkante zunächst laminar ist und erst bei $Re_x = 5 \cdot 10^5$ in die turbulente Grenzschicht umschlägt. Ist die mit der Plattenlänge l gebildete Reynoldszahl $Re_1 \gg 10^5$, so beschränkt sich der Bereich, in dem laminare Grenzschicht vorhanden ist, auf eine kleine Umgebung der Vorderkante, und auf einem großen Teil der Platte ist die Grenzschicht turbulent. Deshalb nähert sich die strichpunktierte Kurve für große Re_1 der ausgezogenen Kurve. Für sehr hohe Reynoldszahlen spielt übrigens, ähnlich wie bei der Rohrströmung, die Rauhigkeit der Plattenoberfläche eine Rolle: ebenso wie die Widerstandszahl λ der Rohrströmung wird auch der Widerstandsbeiwert c_W einer Platte bei hinreichend großer Reynoldszahl von dieser unabhängig; er hängt dann nur noch von der Rauhigkeit der Platte ab und ist um so größer, je rauher die Platte ist.

Im Diagramm in Fig. 116 sind noch zwei Punkte eingetragen, die den jeweils minimalen Widerstandsbeiwerten für das Flügelprofil Gö 623 (Fig. 80) entsprechen. Diese Widerstandsbeiwerte liegen zwar über denjenigen einer ebenen Platte, sind aber doch von derselben Größenordnung. Daß der Widerstand eines Flügelprofils höher ist als der einer ebenen Platte hängt u.a. damit zusammen, daß beim Profil zu dem "Reibungswiderstand", der durch die an der Profiloberfläche angreifende Schubspannung erzeugt wird, noch ein "Druckwiderstand" hinzukommt. Der Druckwiderstand hat seine Ursache in der Verdrängungswirkung der Grenzschicht am Profil. Er wächst sehr stark an, wenn die Strömung vom Profil ablöst, (vgl. 8.3), während dies den Reibungswiderstand nicht wesentlich ändert.

8.3.   Strömungsablösung; Grenzschichtbeeinflussung

Das genauere Studium der Grenzschichtströmungen macht die wichtige Erscheinung der "Strömungsablösung" verständlich; wir wollen diese Erscheinung wenigstens qualitativ erklären. Strömungsablösung beobachtet man dort, wo eine Flüssigkeit längs einer festen Wand in Richtung wachsenden Druckes strömt, also z.B. an den Wänden eines Diffusors (Fig. 118) Die Geschwindigkeit außerhalb der Grenzschicht wird in Strömungsrichtung kleiner, der Druck steigt dementsprechend an; der Zusammenhang zwischen Geschwindigkeit und Druck ist in der Außenströmung durch die Bernoullische Gleichung gegeben. Da sich der Druck in der Grenzschicht senkrecht zur Strömungsrichtung praktisch nicht ändert, hat man in der Grenzschicht denselben Druckanstieg in Strömungsrichtung wie in der Außenströmung. Dadurch werden auch in der Grenzschicht die Flüssigkeitsteilchen abgebremst. Da dort die Teilchen aber ohnehin schon langsamer sind als außen, kann diese Abbremsung so weit gehen, daß die Teilchen ihre Bewegungsrichtung umkehren. Eine solche Umkehr tritt zuerst an der Wand ein, im sog. "Ablösepunkt". Stromabwärts vom Ablösepunkt strömt die Flüssigkeit an der Wand zurück (Fig. 118). Um die Ablösung und die damit verbundene Rückströmung zu verhindern, muß man den Druckanstieg in Strömungsrichtung klein halten. Bei einem Diffusor bedeutet dies, daß sein Öffnungswinkel nicht zu groß sein darf.

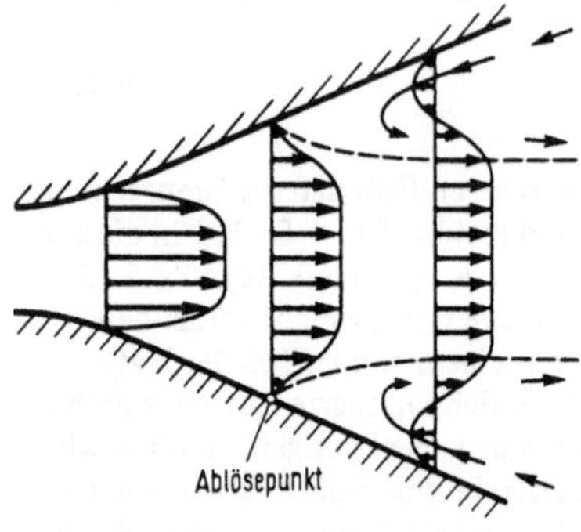

Fig. 118   Fig. 119

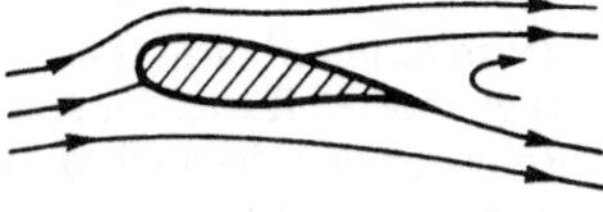

Strömungsablösung tritt auch an Tragflügeln bei zu großen Anstellwinkeln auf. An der Oberseite des Tragflügelprofils tritt nämlich kurz hinter der Profilnase ein Druckminimum auf, das sich bei Vergrößerung des Anstellwinkels verstärkt. Stromabwärts von

diesem Minimum steigt der Druck rasch wieder an und die Strömung löst u.U. ab
(Fig. 119). Dadurch sinkt der Auftriebsbeiwert erheblich ab und der Widerstandsbeiwert
steigt stark an (infolge des Druckwiderstandes). Mit zunehmendem Anstellwinkel wandert der Ablösepunkt immer näher an die Profilnase. – Bei der Umströmung scharfer
Kanten löst die Strömung immer ab; in Fig. 120 ist als Beispiel hierfür die Strömung um
eine quergestellte ebene Platte skizziert. Die Strömung in den Ablösegebieten ist übrigens
im allgemeinen instationär, unabhängig davon, ob die Grenzschicht vor dem Ablösepunkt
laminar oder turbulent war.

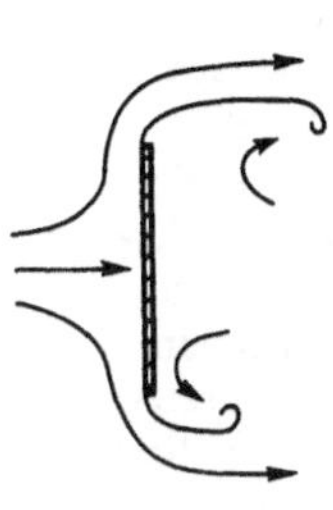

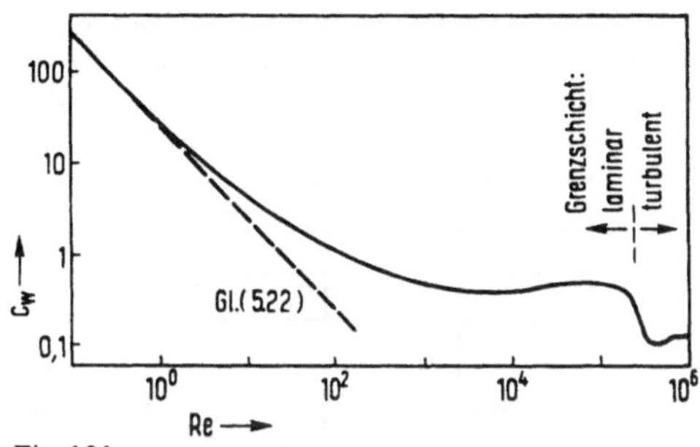

Fig. 120   Fig. 121

Die Erfahrung zeigt, daß turbulente Grenzschichten weniger stark zur Ablösung neigen
als laminare, was in Anbetracht des völligeren Geschwindigkeitsprofils der turbulenten
Grenzschichten auch verständlich ist. Sehr deutlich äußert sich dieser Unterschied zwischen laminarer und turbulenter Grenzschicht in der Abhängigkeit des Widerstandsbeiwertes einer Kugel von der Reynoldszahl (Fig. 121). Für sehr kleine Reynoldszahlen
gilt das Stokessche Widerstandsgesetz (Gl. (5.22)). Im Bereich mittlerer Reynoldszahlen
($\approx 10^3$ bis 10^5) bildet sich eine dünne laminare Grenzschicht an der Kugeloberfläche,
die ziemlich bald von der Kugel ablöst; dadurch wird ein relativ hoher Druckwiderstand
erzeugt, der zu einem Widerstandsbeiwert $c_W \approx 0{,}4$ führt. Wenn die Reynoldszahl den
Wert $5 \cdot 10^5$ überschreitet, dann wird die Grenzschicht vor dem Ablösepunkt turbulent.
Die turbulente Grenzschicht löst erst weiter stromabwärts als die laminare ab. Der Druckwiderstand wird erheblich kleiner und der Widerstandbeiwert sinkt auf $c_W \approx 0{,}1$.

Die Tatsache, daß die turbulente Grenzschicht weniger gern als die laminare ablöst, nutzt
man zuweilen bei Flugmodellen aus: Um die Ablösung an der Flügeloberseite und die dadurch verursachte Auftriebsverringerung zu verhindern, macht man die laminare Grenzschicht durch einen längs der Profilnase gespannten Stolperdraht turbulent. – Die Ablöse-
gefahr läßt sich auch dadurch verringern, daß man die Grenzschicht durch Schlitze oder
Perforationen in der umströmten Wand absaugt. Diese Absaugung wird bei manchen
Flugzeugen zur Vergrößerung des maximalen Auftriebsbeiwertes benutzt; ein hoher
Auftriebsbeiwert des Tragflügels ist besonders beim Starten und Landen wichtig. Allerdings hat die Absaugung oft auch noch einen anderen Zweck: Die Absaugung stabilisiert
die Grenzschicht, d.h. man kann durch Absaugung den Umschlag von der laminaren in
die turbulente Grenzschicht zu höheren Reynoldszahlen verschieben. Dies bewirkt eine
Verringerung des Widerstandsbeiwertes von Flügelprofilen mit nicht abgelöster Strömung
(vgl. Fig. 116; die ebene Platte verhält sich nicht wesentlich anders als ein dünnes Profil).
Die Widerstandsverringerung bringt eine erwünschte Einsparung an Antriebsleistung eines
Flugzeugs.

8.4. Strahlausbreitung

Den Grenzschichten verwandt sind die freien Scherschichten. Sie entstehen an der
Grenze zwischen zwei Bereichen, in denen Flüssigkeiten mit verschiedener Geschwin-
digkeit aneinander vorbeiströmen. Ein Beispiel ist in Fig. 122 skizziert. Die obere
Flüssigkeit "a" strömt mit endlicher Geschwindigkeit U; sie grenzt an die untere, ru-
hende Flüssigkeit "b". Im folgenden wird immer angenommen, die Flüssigkeiten "a"
und "b" seien identisch, so daß sowohl die Dichte als auch die Viskosität in beiden
Flüssigkeitsbereichen denselben Wert hat. Vermöge der Schleppwirkung der inneren
Reibung reißt die Flüssigkeit "a" einen mit zunehmender Lauflänge x wachsenden

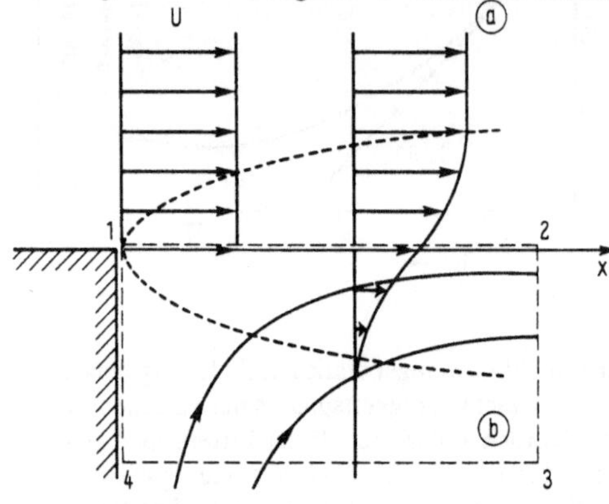

Fig. 122

Anteil der Flüssigkeit "b"mit,
während umgekehrt die Flüssigkeit "b" einen zunehmenden Anteil von "a" bremst. Es entsteht
dadurch in der Scherschicht ein
Geschwindigkeitsprofil der skizzierten Art. In das strichpunktiert
skizzierte Kontrollvolumen 1–
2–3–4 muß pro Zeiteinheit
ebensoviel Flüssigkeit ein- wie
ausströmen. Die über die Fläche
2–3 ausströmende Flüssigkeitsmenge "b" kann nur über die
Fläche 3–4 einströmen. Der
von der Flüssigkeit "a" mitgeris-
sene Anteil der Flüssigkeit "b"
strömt der Scherschicht also von
der Seite zu, so daß "b" strenggenommen auch in einiger Entfernung von der Scherschicht gar nicht ruht. Allerdings sind in vielen Fällen die seitlichen Zuströmgeschwindigkeiten, jedenfalls in einiger Entfernung vom Anfang der Scherschicht (Punkt 1 in
Fig. 122) klein gegen die Geschwindigkeiten in der Scherschicht. Dies ist immer dann
so, wenn die mit der Lauflänge x und der Geschwindigkeit U gebildete Reynoldszahl
$Ux/\nu \gg 1$ ist.

Man kann solche Scherschichten mit den Hilfsmitteln der Grenzschichttheorie berechnen. Dabei ergibt sich u.a., daß die Breite der Scherschicht proportional zu $\sqrt{\nu x/U}$ ist;
dies ist dieselbe Abhängigkeit wie die in Gl. (8.14) für die Grenzschichtdicke δ gefun-
dene. – Hier sei auf eine weitere Erörterung von Scherschichten verzichtet; stattdessen
wird die technisch wichtige Ausbreitung eines Freistrahls betrachtet, und zwar zunächst
für einen ebenen Freistrahl. Ein solcher Freistrahl entsteht beispielsweise, wenn Flüssigkeit mit endlicher Geschwindigkeit aus einem ebenen Kanal ins Freie austritt, wie in
Fig. 123 skizziert; es sei nochmals auf die Annahme hingewiesen, daß die Flüssigkeit
im Strahl mit derjenigen in der Umgebung identisch ist. Unmittelbar stromab von der
Austrittsstelle bilden sich zwei freie Scherschichten, die in einiger Entfernung zusam-
menwachsen und ein Geschwindigkeitsprofil der skizzierten Art bilden. Die Maximalgeschwindigkeit u_0 auf der Strahlachse nimmt mit wachsender Lauflänge x ab, die
Strahlbreite nimmt zu. Dabei reißt der Strahl fortlaufend Flüssigkeit aus der Umgebung
mit, so daß die vom Strahl stromabwärts transportierte Flüssigkeitsmenge ebenfalls mit

x zunimmt. Dem Strahl strömt deshalb von der Seite her Flüssigkeit in derselben Weise zu, wie es oben für die Scherschicht erläutert wurde. Der Druck ist, analog wie bei einer Grenzschicht, über die ganze Breite des Strahls hinweg annähernd konstant. Da in der Umgebung des Strahls (abgesehen von den kleinen Zuströmgeschwindigkeiten) die Flüssigkeit ruht, kann daher angenommen werden, daß der Druck überall denselben Wert hat.

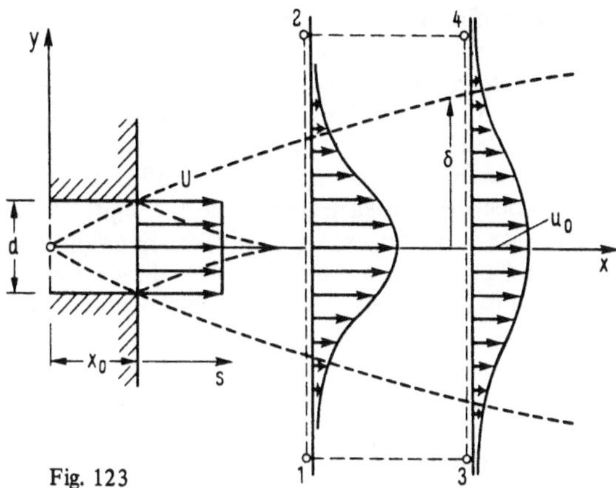

Fig. 123

Es ist das Ziel der folgenden Überlegung, herauszufinden, wie sich die Strahlmittengeschwindigkeit u_0 und die Strahlbreite mit x ändern. Dabei wird angenommen, die Strömung sei laminar. Die Impulsbilanz für das in Fig. 123 skizzierte Kontrollvolumen 1–2–3–4 reduziert sich – wegen der Druckgleichheit – auf die Aussage, daß der pro Zeiteinheit in x-Richtung einströmende Impuls dem in x-Richtung ausströmenden Impuls gleich sein muß. Über die Seitenflächen 1–3 und 2–4 strömt zwar Masse ein. Diese Seitenflächen werden aber weit von der Strahlachse entfernt in das Gebiet der kleinen seitlichen Zuströmgeschwindigkeiten verlegt, so daß von diesem Zustrom kein merklicher Beitrag zum Impuls geliefert wird[1]).

Also reduziert sich die Impulsbilanz auf die Feststellung:

$$\int_{1-2} \rho u^2 dy = \int_{3-4} \rho u^2 dy \tag{8.26}$$

(Man beachte, daß durch einen Streifen der Breite dy und der Länge 1 senkrecht zur Zeichenebene die Masse $\rho u\, dy$ strömt und daher der Impuls $\rho u\, dy \cdot u = \rho u^2 dy$). Gleichung (8.26) besagt, daß die Größe

$$K = \int_{-\infty}^{+\infty} u^2\, dy \tag{8.27}$$

unabhängig von x ist, also eine für den Strahl charakteristische Konstante darstellt; man nennt K zuweilen den "kinematischen Impulsstrom". Die Größe $\rho K b$ gibt den vom Strahl verursachten Impulsstrom in·x-Richtung, wenn b die Breite des Strahls senkrecht zur Strömungsebene bezeichnet. (Die Seitenflächen 1–3 und 2–4 denkt man sich in unendlicher Entfernung von der Strahlachse, daher erstreckt sich in (8.27) die Integration von $y = -\infty$ bis $y = +\infty$.) In unserem Beispiel ist $K = U^2 d$, da längs 1–2 Impuls nur über die Spaltweite d einströmt, wobei $u = U = $ const. ist.

---

1) Im Rahmen der Grenzschichttheorie „erster Ordnung" ist dieser Impulsstrom ohnehin zu vernachlässigen

Um herauszufinden, wie die Strahlmittengeschwindigkeit und die Strahlbreite von x abhängen, braucht man außer (8.27) noch eine weitere Gleichung, die man folgendermaßen erhält: Ein Flüssigkeitsteilchen auf der Strahlachse bewegt sich mit der Geschwindigkeit u_0 und erfährt wegen der Veränderlichkeit von u_0 mit x eine – hier negative – Beschleunigung. Wenn sich das Teilchen zur Zeit t an der Stelle x befindet, wo es die Geschwindigkeit $u_0(x)$ hat, so befindet es sich zur Zeit t + dt an der Stelle x + dx, wobei die zurückgelegte Strecke $dx = u_0 dt$ ist. Die Geschwindkeit des Teilchens ist dort $u_0(x + dx) = u_0(x) + (du_0/dx)\,dx$. Es erfährt also in der Zeitspanne dt eine Geschwindigkeitsänderung um $(du_0/dx) \cdot dx = u_0(du_0/dx) \cdot dt$. Die Geschwindigkeits-änderung pro Zeiteinheit, d.h. die Beschleunigung a ist demnach

$$a = u_0 \frac{du_0}{dx} \tag{8.28}$$

(vgl. den entsprechenden Ausdruck für die Bahnbeschleunigung a_s, der im Kleindruck auf S. 40 hergeleitet wurde).

Die mit der Masse des Flüssigkeitsteilchens multiplizierte Beschleunigung a ist gleich der auf das Teilchen wirkenden resultierenden Kraft. Weil der Druck konstant ist, liefert er keinen Beitrag zur resultierenden Kraft; nur die am Teilchen angreifenden Reibungsspannungen tragen zur Kraft bei. Auf das in Fig. 124 skizzierte, würfelförmige Flüssigkeitsteilchen mit der Kantenlänge ℓ wirkt in x-Richtung die Schubspannung τ, die aus Symmetriegründen auf den beiden Flächen ($y = \pm \ell/2$) gleichen Wert hat. Die resultierende Kraft in x-Richtung wird also $2\tau\ell^2$. Die Schubspannung τ hat in verschiedenen Abständen y von der Strahlachse verschiedenen Wert. Für hinreichend kleine Werte von y kann man schreiben:

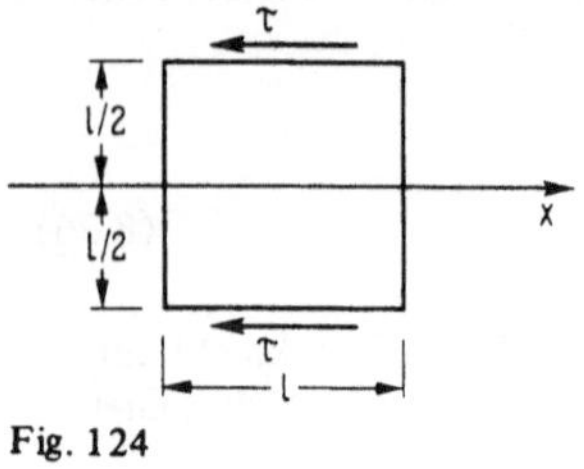

$$\tau(y) = \tau(0) + y \frac{\partial \tau}{\partial y} \Big|_{y=0} \tag{8.29}$$

Fig. 124

Für $y = \ell/2$ ergibt dies:

$$\tau = \tau(0) + \frac{\ell}{2} \frac{\partial \tau}{\partial y} \Big|_{y=0} = \eta\Big(\frac{\partial u}{\partial y} + \frac{\ell}{2} \frac{\partial^2 u}{\partial y^2}\Big) \Big|_{y=0} \tag{8.30}$$

In (8.30) wurde $\tau = \eta\, \partial u/\partial y$ eingesetzt; da τ und u außer von y auch noch von x abhängen, sind die in (8.29) und (8.30) vorkommenden Ableitungen partielle Ableitungen nach y. Nun ist auf der Strahlachse $\partial u/\partial y = 0$, so daß aus (8.30) $\tau = \eta \cdot \ell/2 \cdot \partial^2 u/\partial y^2$ folgt. Die Bewegungsgleichung für das Teilchen wird also

$$\rho \ell^3 u_0 \frac{du_0}{dx} = \eta \ell^3 \frac{\partial^2 u}{\partial y^2} \Big|_{y=0} \tag{8.31}$$

oder nach Herauskürzen des Teilchenvolumens ℓ^3 und Division durch ρ:

$$u_0 \frac{du_0}{dx} = \nu \frac{\partial^2 u}{\partial y^2} \Big|_{y=0} \tag{8.32}$$

Gleichung (8.32) ist die gesuchte weitere Relation, die zusammen mit (8.27) erlaubt, Strahlmittengeschwindigkeit und Strahlbreite als Funktion von x durch ein Näherungsverfahren folgendermaßen zu berechnen:

Zunächst wird ein Ansatz für das Geschwindigkeitsprofil gemacht; die Rechnung wird besonders einfach, wenn man als Profil eine Gaußsche Glockenkurve wählt:

$$u(x, y) = u_0(x) \exp\left(-y^2/\delta^2(x)\right) \tag{8.33}$$

Die Länge $\delta(x)$ ist ein Maß für die Strahlbreite an der Stelle x; sie entspricht der in Abschn. 8.1 eingeführten Grenzschichtdicke δ. Unter Beachtung der Tatsache, daß $\int_{-\infty}^{+\infty} \exp(-\xi^2)\, d\xi = \sqrt{\pi}$ ist, erhält man sodann:

$$K = \int_{-\infty}^{+\infty} u^2 dy = \sqrt{\frac{\pi}{2}}\, u_0^2 \delta = U^2 d \tag{8.34}$$

Aus (8.33) ergibt sich durch zweimalige Differentation nach y:

$$\left.\frac{\partial^2 u}{\partial y^2}\right|_{y=0} = -\frac{2u_0}{\delta^2} \tag{8.35}$$

Die Relationen (8.27) und (8.32) reduzieren sich mit (8.34), (8.35) auf:

$$u_0^2 \delta = \sqrt{\frac{2}{\pi}}\, K, \qquad \frac{du_0}{dx} = -\frac{2\nu}{\delta^2} \tag{8.36}$$

Die beiden Gleichungen (8.36) werden mit den Ansätzen

$$u_0 = \alpha x^m, \qquad \delta = \beta x^n \tag{8.37}$$

mit konstanten Exponenten m, n und konstanten Faktoren α, β gelöst. Einsetzen von (8.37) in (8.36) liefert:

$$\alpha^2 \beta x^{2m+n} = \sqrt{\frac{2}{\pi}}\, K, \qquad \alpha\beta^2\, m\, x^{m+2n-1} = -2\nu \tag{8.38}$$

Diese Relationen müssen an jeder Stelle x erfüllt sein, was nur möglich ist, wenn die links stehenden Potenzen von x verschwinden. Das liefert $2m + n = 0$ und $m + 2n - 1 = 0$, woraus $m = -1/3$, $n = 2/3$ folgt. Für α und β ergibt dann (8.38) das Resultat $\alpha = (3\pi\nu)^{-1/3} K^{2/3}$ und $\beta = \sqrt{6}(3\pi)^{1/6}\nu^{2/3}K^{-1/3}$. Damit wird

$$u_0 = 0{,}474\, K^{2/3}\, (\nu x)^{-1/3} \tag{8.39}$$

$$\delta = 3{,}56\, (\nu x)^{2/3}\, K^{-1/3} \tag{8.40}$$

Von besonderer Wichtigkeit ist der Volumenstrom $\dot{V}$ der vom Strahl transportierten Flüssigkeitsmenge. Er ist durch

$$\dot{V} = b \int_{-\infty}^{+\infty} u\, dy = \sqrt{\pi}\, u_0 \delta b \tag{8.41}$$

gegeben. Die Größe b ist die Breite des Strahls senkrecht zur Strömungsebene; der in (8.41) rechts stehende Ausdruck folgt, wenn man den Ansatz (8.33) in das Integral eingesetzt. Mit den Ergebnissen (8.39), (8.40) erhält man aus (8.41):

$$\dot{V} = 2{,}98 b\, (\nu K x)^{1/3} \tag{8.42}$$

Diese Ergebnisse unterscheiden sich von den exakten Resultaten der Grenzschichttheorie nur in den Zahlenfaktoren. So hat der exakte Zahlenfaktor für die Strahlmittengeschwindigkeit u_0 den Wert 0,45 statt 0,474 und derjenige für den Volumenstrom $\dot{V}$ hat den Wert 3,3 statt 2,98. Die Ergebnisse zeigen, daß die Strahlmittengeschwindigkeit proportional zu $x^{-1/3}$ abnimmt; gleichzeitig nimmt die Strahlbreite proportional zu $x^{2/3}$ zu.

Die Gleichungen (8.39) und (8.42) scheinen auf den ersten Blick insofern merkwürdig, als sie für die Stelle $x = 0$ eine unendlich große Strahlmittengeschwindigkeit bei verschwindendem Volumenstrom $\dot{V}$ geben. Diese Singularität ist bei einem Strahl, der mit endlicher Geschwindigkeit U aus einem Kanal endlicher Breite d austritt, nicht vorhanden. Für einen solchen Strahl gelten die Ergebnisse (8.39) $-$ (8.42) nur asymptotisch in hinreichend weiter Entfernung von der Austrittsöffnung. Die Stelle $x = 0$ spielt die Rolle eines fiktiven Strahlbeginns, der nicht in der Austrittsöffnung liegt, sondern um eine Strecke x_0 stromaufwärts von dieser Öffnung (Fig. 123). Auf folgende Weise läßt sich x_0 abschätzen: Aus der Kanalbreite d und der Ausströmgeschwindigkeit U, von der angenommen wird, sie sei über die ganze Kanalbreite konstant, ergibt sich zunächst der für den Strahl charakteristische kinematische Impulsstrom $K = U^2 d$. Der aus dem Kanal austretende Volumenstrom ist $\dot{V}_0 = U\, d\, b$. Aus (8.42) erhält man $-$ mit dem korrekten Zahlenfaktor 3,3 $-$ für den Volumenstrom im Strahl in der Entfernung x_0 vom fiktiven Ursprung den Wert $3{,}3\, b\, (\nu K x_0)^{1/3} = 3{,}3\, b\, (\nu U^2 d x_0)^{1/3}$. Identifiziert man diesen Volumenstrom mit $\dot{V}_0$, so erhält man folgende Gleichung für x_0:

$$3{,}3\,(\nu U^2 dx_0)^{1/3} = U d \tag{8.43}$$

Hieraus folgt

▶
$$x_0 = \frac{1}{36}\,\frac{Ud}{\nu}\, d \tag{8.44}$$

Die Größe Ud/ν ist die mit Kanalbreite d und Ausströmgeschwindigkeit U gebildete Reynoldszahl.

Indem man die Größe K in (8.39) durch den Ausdruck $U^2 d$ ersetzt, kann man (8.39), mit dem korrekten Zahlenfaktor 0.45, nach kurzer Rechnung in folgender Form schreiben:

▶
$$\frac{u_0}{U} = 0{,}45 \left(\frac{Ud}{\nu}\right)^{1/3} \left(\frac{d}{x}\right)^{1/3} \tag{8.45}$$

Diese Gleichung läßt sich zur Bestimmung der Eindringtiefe des Strahls benutzen. Darunter soll diejenige Entfernung von der Austrittsöffnung des Strahls verstanden werden, in der Strahlmittengeschwindigkeit auf einen bestimmten Bruchteil, z. B. auf ein Zehntel der Austrittsgeschwindigkeit abgeklungen ist. Der Wert von x, für den $u_0/U = 0{,}1$ ist, werde mit x_* bezeichnet. Er ergibt sich aus (8.45) durch Auflösen nach x zu

$$x_* = 91\,\frac{Ud}{\nu}\cdot d \tag{8.46}$$

Da $x_* \gg x_0$ ist, kann man x_* nach (8.46) als Wert für die Eindringtiefe (definiert durch $u_0/U = 0{,}1$) nehmen. Selbstverständlich ist der Zahlenfaktor 91, der sich aus dieser Rechnung ergibt, nur in der Größenordnung richtig. Für größenordnungsmäßige Abschätzung ist das Ergebnis aber brauchbar, denn die Abhängigkeit der Eindringtiefe von U, d, ν wird richtig wiedergegeben.

Die hier für einen ebenen Strahl durchgeführten Überlegungen lassen sich mit nur
unwesentlichen Änderungen auf einen runden Strahl, der z. B. aus einem kreisrunden
Rohr austritt, übertragen. Für einen solchen Strahl folgt aus der Impulsbilanz, daß die
Größe

$$\blacktriangleright \qquad K = 2\pi \int_0^\infty u^2 y \, dy = \frac{\pi}{4} d^2 U^2 \qquad (8.47)$$

konstant ist. Mit y wird hier der Abstand von der Strahlachse bezeichnet. Zum Ver-
ständnis von (8.47) bedenke man, daß durch eine Ringfläche vom Radius y und der
Breite dy der Impuls $\rho u^2 \, 2\pi \, y \, dy$ fließt; ρK ist demnach der gesamte Impulsstrom im
Strahl. Der gesamte Volumenstrom ist

$$\dot{V} = 2\pi \int_0^\infty u \, y \, dy \qquad (8.48)$$

Die Gleichung (8.32) ändert sich um einen Faktor 2:

$$u_0 \frac{du_0}{dx} = 2\nu \left. \frac{\partial^2 u}{\partial y^2} \right|_{y=0} \qquad (8.49)$$

Dies sieht man wie folgt ein: Unter dem in Fig. 124 skizzierten Volumenelement versteht man jetzt einen Zylinder vom Durchmesser ℓ und der Länge ℓ. Die insgesamt am
Zylindermantel angreifende Kraft ist $\pi\ell \cdot \ell \cdot \tau = \pi\ell^2 \cdot \tau$. Die Gleichung Masse x Beschleunigung = Kraft wird demnach

$$\rho\pi \frac{\ell^2}{4} \cdot \ell \cdot u_0 \frac{du_0}{dx} = \pi \ell^2 \tau \qquad (8.50)$$

Nach wie vor gilt der Ausdruck (8.30) für τ, mit $\partial u/\partial y \big|_{y=0} = 0$. Setzt man ihn in (8.50)
ein, so folgt (8.49).

Genau wie beim ebenen Strahl macht man einen Ansatz für das Geschwindigkeitsprofil $u(x, y)$. Man könnte hierfür wieder den Ausdruck (8.33) verwenden. Allerdings
hängen die Ergebnisse für die Strahlmittengeschwindigkeit und den Volumenstrom
recht empfindlich von der angenommenen Form des Geschwindigkeitsprofils ab. (Dies
hängt damit zusammen, daß in die der Rechnung zugrundeliegende Gl. (8.32) die
zweite Ableitung des Profils eingeht; auf den ersten Blick kaum unterscheidbare Geschwindigkeitsprofile können sich im Wert der zweiten Ableitung an einer bestimmten
Stelle erheblich unterscheiden). Der Ansatz (8.33) gibt die Geschwindigkeitsverteilung
in einem ebenen Strahl zwar mit hinreichender Genauigkeit wieder; für den runden
Strahl stimmt der Ansatz aber weniger gut. Besser ist hier der Ansatz

$$\blacktriangleright \qquad u(x, y) = u_0(x) \left[1 + y^2/\delta^2(x)\right]^{-2} \qquad (8.51)$$

Mit diesem Ansatz wird

$$K = \frac{\pi}{3} u_0^2 \delta^2, \quad \dot{V} = \pi u_0 \delta^2 \qquad (8.52)$$

Die weitere Rechnung verläuft analog zu derjenigen für den ebenen Strahl; die Ansätze
(8.37) werden unverändert übernommen. Für die Exponenten m und n ergibt jetzt
die Rechnung $m = -1$, $n = 1$. Das Endergebnis wird

$$\blacktriangleright \qquad u_0 = 3K \, (8\pi \nu x)^{-1} = 0{,}119 \, K \, (\nu x)^{-1} \qquad (8.53)$$

$$\delta = \sqrt{\frac{64\pi}{3}}\ \nu\,x\,K^{-1/2} = 8{,}2\ \nu\,x\,K^{-1/2} \tag{8.54}$$

$$\blacktriangleright \qquad \dot{V} = 8\pi\,\nu\,x = 25{,}1\ \nu\,x \tag{8.55}$$

An dieser Stelle ist zu bemerken, daß (8.53) und (8.55) mit dem exakten Ergebnis der Grenzschichttheorie übereinstimmen. Dies rührt daher, daß der Ansatz (8.51) mit dem aus der Grenzschichttheorie folgenden Geschwindigkeitsprofil identisch ist.

Bemerkenswert an den Ergebnissen (8.53) – (8.55) ist u.a. die Tatsache, daß anders als beim ebenen Strahl der Volumenstrom $\dot{V}$ vom kinetischen Impulsstrom K gar nicht abhängt. Nach (8.53) nimmt die Strahlmittengeschwindigkeit u_0 zwar mit K zu, gleichzeitig nimmt aber nach (8.54) die Strahlbreite δ mit $1/\sqrt{K}$ ab. Beide Effekte kompensieren sich gerade hinsichtlich des Volumenstroms (vgl. hierzu den Ausdruck (8.55) für $\dot{V}$). Da mit zunehmender Viskosität die Schleppwirkung der inneren Reibung zunimmt, wächst $\dot{V}$ mit ν an.

Genau wie für den ebenen Strahl kann man einen fiktiven Strahlbeginn durch die Strecke x_0 festlegen (Fig. 123). Der kinematische Impulsstrom der aus dem Rohr vom Durchmesser d mit der Geschwindigkeit U austretende Flüssigkeit ist $K = \pi d^2 U^2/4$, der Volumenstrom $\dot{V}_0 = \pi d^2 U/4$. Indem man $\dot{V}_0$ mit dem aus (8.55) für $x = x_0$ folgenden Wert des Volumenstroms identifiziert, erhält man $8\pi\,\nu\,x_0 = \pi\,d^2\,U/4$, oder

$$\blacktriangleright \qquad x_0 = \frac{1}{32}\,\frac{Ud}{\nu}\,d \tag{8.56}$$

Führt man nun den Abstand s vom Strahlaustrittsort ein, so daß $x = s + x_0$ ist, dann läßt sich die Formel (8.55) für $\dot{V}$ in der Form $\dot{V} = 8\pi\,\nu\,(s + x_0)$ schreiben; Division durch $\dot{V}_0 = 8\pi\,\nu\,x_0$ liefert

$$\blacktriangleright \qquad \frac{\dot{V}}{\dot{V}_0} = 1 + \frac{s}{x_0} \tag{8.57}$$

Die entsprechende Formel für den ebenen Strahl ist übrigens $\dot{V}/\dot{V}_0 = (1 + s/x_0)^{1/3}$. Ergänzend sei noch bemerkt, daß sich für die aus der Bedingung $u_0/U = 0{,}1$ berechnete Länge x_* (Eindringtiefe) der Ausdruck $x_* = 0{,}94\ d \cdot Ud/\nu$ ergibt. Beim runden Strahl ist die Eindringtiefe also sehr viel kleiner als beim ebenen Strahl (Gl. (8.46)).

Die seitherigen Überlegungen gelten für Strahlen, in denen die Strömung laminar ist. In der Praxis kommen allerdings turbulente Strahlen häufiger vor, denn schon bei relativ kleinen Reynoldszahlen Ud/ν von der Größenordnung 30 bis 50 wird die Strömung im Strahl turbulent. Auch für turbulente Strahlen lassen sich näherungsweise die Strahlmittengeschwindigkeit und die Strahlbreite auf die oben angegebene Weise berechnen. Nur Gl. (8.32) bzw. (8.49) ist abzuändern. Die der mittleren Strömung überlagerten unregelmäßigen Fluktuationen wirken sich nämlich auf die mittlere Strömung, pauschal gesagt, wie eine drastische Erhöhung der kinematischen Viskosität ν aus. Falls die Genauigkeitsansprüche an die Theorie nicht zu hoch sind, ersetzt man daher die kinematische Viskosität ν in (8.32), (8.49) einfach durch eine effektive turbulente Viskosität ν_T. Diese turbulente Viskosität ist aber keine Stoffkonstante, sondern sie hängt von den lokalen Charakteristika der Strömung ab, also beim Strahl von u_0 und δ. Da ν_T die Dimension einer kinematischen Viskosität, d.h. $(\text{Länge})^2/\text{Zeit}$, hat, ist der einfachste Ansatz für diese Größe:

$$\nu_T \sim \delta u_0 \tag{8.58}$$

mit einem nur experimentell zu bestimmenden Proportionalitätsfaktor, der hier offen-
bleibt. Setzt man ν_T nach (8.58) in (8.32), (8.49) anstelle der gegenüber ν_T vernachlässig-
baren kinematischen Viskosität ν ein, nehmen diese Gleichungen folgende Form an:

$$\frac{du_0}{dx} \sim \delta \, \frac{\partial^2 u}{\partial y^2} \tag{8.59}$$

Die weitere Rechnung verläuft genau so wie für den ebenen oder den runden laminaren
Strahl. Wählt man den in (8.58) offenen Zahlenfaktor so, daß die Resultate mit experimentell ermittelten Werten übereinstimmen, erhält man folgende Ergebnisse:

Ebener turbulenter Strahl:

▶ $$u_0 = 2{,}4 \, (K/x)^{1/2} \tag{8.60}$$

▶ $$\dot{V} = 0{,}63 \, b \, (K \, x)^{1/2} \tag{8.61}$$

Runder trubulenter Strahl:

▶ $$u_0 = 10{,}9 \, K^{1/2} \, x^{-1} \tag{8.62}$$

▶ $$\dot{V} = 0{,}276 \, K^{1/2} x \tag{8.63}$$

Für K gelten weiterhin die in (8.34) bzw. (8.47) aufgeführten Werte. Die Strahlbreite
wächst in beiden Fällen proportional zu x an. Wie beim laminaren Strahl kann man die
Länge x_0 berechnen, die den fiktiven Ursprung des Strahls festlegt. In beiden Fällen wird x_0
allein proportional zu d (Kanalbreite bzw. Rohrdurchmesser); beim ebenen Strahl wird
$x_0 = 2{,}52$ d, beim runden Strahl $x_0 = 3{,}2$ d. Für den runden turbulenten Strahl ist nach wie
vor Gl. (8.57) richtig, während für den ebenen Strahl die Relation $\dot{V}/\dot{V}_0 = (1 + s/x_0)^{1/2}$ gilt.

Gleichung (8.57) läßt eine einfache Anwendung auf Flammen zu. Hierzu wird angenommen, das
aus dem Rohr austretende Fluid sei ein brennbares Gas, das umgebende Fluid sei Luft. Obwohl dies
der Annahme widerspricht, das Medium im Strahl sei mit dem in der Umgebung identisch, werden
die Ergebnisse der Überlegung zwar nicht quantitativ, aber doch wenigstens qualitativ richtig. Das
ausströmende Gas mischt sich mit der umgebenden Luft und verbrennt, wenn man es zündet, in
einer Flamme, deren Länge mit ℓ_f bezeichnet werde. Im Abstand $s = \ell_f$ von der Austrittsöffnung
ist alles Gas verbrannt. Das Gas ist gerade dann vollständig verbrannt, wenn dem Gasvolumen
ein ganz bestimmter "stöchiometrischer" Anteil Luft zugeflossen ist. Bezeichnet man das Verhältnis des zur vollständigen Verbrennung nötigen Luftvolumens zum Gasvolumen mit ξ, so
ergibt sich für ℓ_f aus (8.57) die Beziehung $1 + \ell_f/x_0 = 1 + \xi$, oder

$$\ell_f = \xi x_0 \tag{8.64}$$

Bei einer turbulenten Flamme ist x_0 proportional zum Durchmesser des Brennerrohres und hangt
nicht von der Ausströmgeschwindigkeit des Gases ab. Also wird hier die Flammenlänge, unabhängig
von der Ausströmgeschwindigkeit, proportional zum Rohrdurchmesser! Bei einer laminaren Flamme gilt (jedenfalls größenordnungsmäßig) Gl. (8.56). Hier wird also $\ell_f \sim U \, d^2/\nu$. Die Flammenlänge
wächst hier proportional zur Ausströmgeschwindigkeit. Diese Aussagen bleiben auch für "ebene"
Flammen gültig, bei denen das Gas nicht aus einem kreisrunden Rohr, sondern aus einem ebenen
Kanal austritt.

Zum Abschluß seien noch die Werte für die Eindringtiefen x_* (definiert durch $u_0/U = 0{,}1$)
turbulenter Strahlen mitgeteilt, die man auf entsprechende Weise wie für laminare Strahlen berechnet (vgl. die Herleitung von (8.46)). Für den ebenen turbulenten Strahl ergibt
sich $x_* = 576$ d und für den runden Strahl $x_* = 96$ d.

9.   Gasströmungen

9.1.   Energiegleichung für stationäre, reibungsfreie Strömung

Abgesehen von den einleitenden Bemerkungen in Abschn. 1 und von Abschn. 2.3.2 hatten wir seither stets vorausgesetzt, daß die Dichte der strömenden Flüssigkeit konstant ist. Streng genommen sind die seitherigen Überlegungen deshalb auf tropfbare Flüssigkeiten beschränkt; doch wurde schon in Abschn. 1 darauf hingewiesen, daß sie in vielen Fällen auch für Gase gelten, da sich die Gasdichte im Strömungsfeld oft nicht sehr stark ändert. Die folgenden Überlegungen werden u.a. diese Behauptung rechtfertigen. Wie in Abschn. 1 schon erwähnt wurde, muß man jedoch die Veränderlichkeit der Gasdichte insbesondere dann berücksichtigen, wenn die Strömungsgeschwindigkeit die Größenordnung der Schallgeschwindigkeit erreicht (d.h. auch die Größenordnung der zur Schallgeschwindigkeit proportionalen "Maximalgeschwindigkeit", die im folgenden eingeführt wird). Wie man die für dichtebeständige Flüssigkeiten angestellten Überlegungen durch Berücksichtigung der Dichteveränderlichkeit zu erweitern hat, wollen wir nun an der Bernoullischen Gleichung für stationäre Strömung zeigen.

Wir gehen aus von der in Abschn. 3.7 erläuterten Herleitung der Bernoullischen Gleichung aus dem Energiesatz. Dabei lassen wir die dort berücksichtigte Strömungsmaschine ("Pumpe" in Fig. 54) fort; erst zu Ende von Abschn. 9.3 werden wir Energiezu- oder -abfuhr durch eine Maschine berücksichtigen. Zur Verdeutlichung ist Fig. 54, ohne die Pumpe, in Fig. 125a wiederholt. Wie in der Fußnote auf Seite 53 erwähnt ist, wird bei der dortigen Herleitung die innere Energie der Flüssigkeit außer acht gelassen. Dort wird nämlich stillschweigend angenommen, daß die in dem Volumen zwischen den Querschnitten 1 und 1' enthaltene innere Energie genau so groß ist wie die zwischen 2 und 2' enthaltene innere Energie. Die in Abschn. 3.7 betrachtete abgeschlossene Flüssigkeitsmenge, die sich anfangs zwischen den Querschnitten 1 und 2 befindet, verliert dann durch Räumung des Volumens 1−1' genau so viel innere Energie, wie sie durch Inbesitznahme des Volumens 2−2' hinzugewinnt. Damit fällt die innere Energie aus der Energiebilanz heraus.

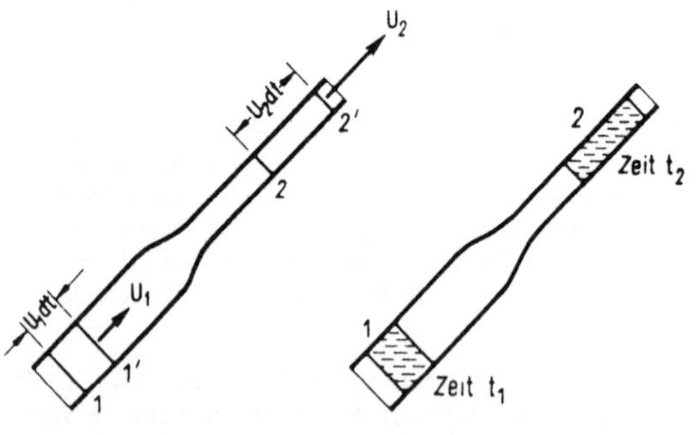

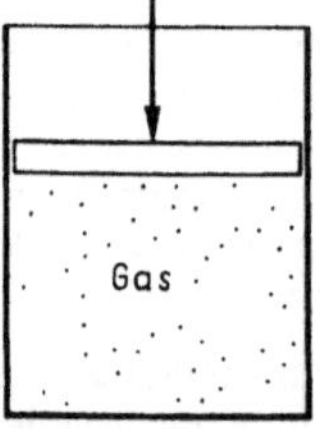

Fig. 125a   Fig. 125b   Fig. 126

Man kann diesen Sachverhalt auch etwas anders ausdrücken. Hierzu betrachtet man eine abgeschlossene Flüssigkeitsmenge (in Fig. 125b schraffiert), die sich zur Zeit t_1 an der Stelle 1 befindet, zur Zeit t_2 an der Stelle 2. Die in Abschn. 3.7 stillschweigend gemachte Voraussetzung besagt, daß die innere Energie dieser Flüssigkeitsmenge zur Zeit t_1 genau so groß ist wie zur Zeit t_2. Diese Annahme trifft für die reibungsfreie Strömung einer dichtebeständigen Flüssigkeit zu, wie sich im folgenden ergeben wird.

Bei einer nicht-dichtebeständigen Flüssigkeit, wie einem Gas, wird sich an der Stelle 2 nicht nur der Druck p_2 vom Druck p_1 an der Stelle 1 unterscheiden, sondern auch die Dichte ρ_2 von der Dichte ρ_1. Der Volumeninhalt V_2 der betrachteten Gasmenge an der Stelle 2 wird daher von ihrem Volumeninhalt V_1 an der Stelle 1 verschieden sein; die Masse einer abgeschlossenen Gasmenge ändert sich ja nicht, und es gilt daher $V_1\rho_1 = V_2\rho_2$, d.h. $V_2/V_1 = \rho_1/\rho_2 \neq 1$. Das Gas wird also auf seinem Weg von 1 nach 2 komprimiert oder expandiert (je nachdem $\rho_2 > \rho_1$ oder $\rho_2 < \rho_1$ ist). In einer reibungsfreien Strömung verläuft diese Kompression genau so wie die Gaskompression in einem zylindrischen Gefäß aus gut wärmeisolierendem Material, wenn man den das Gefäß verschließenden Kolben langsam verschiebt (Fig. 126). Der Kolben muß bei Komprimierung des Gases gegen die vom Gas auf ihn ausgeübte Druckkraft Arbeit leisten. Diese Arbeit erhöht die innere Energie des Gases. (Bei Expansion leistet das Gas Arbeit am Kolben; diese Arbeit wird durch Verminderung der inneren Energie aufgebracht.) Mit anderen Worten: Die geleistete Kompressionsarbeit wird als innere Energie im Gas gespeichert, genau so wie bei Stauchung einer elastischen Feder geleistete Arbeit als innere ("elastische") Energie in der Feder gespeichert wird. – Man kann demnach feststellen: Da die abgeschlossene Gasmenge auf ihrem Weg von 1 nach 2 (Fig. 125b) komprimiert (oder expandiert) wird, ist ihre innere Energie an der Stelle 2 von ihrer inneren Energie an der Stelle 1 verschieden. Bei einer dichtebeständigen Flüssigkeit bleibt dagegen das Volumen erhalten und Kompressionsarbeit kann daher nicht geleistet werden; damit kann sich auch die innere Energie der Flüssigkeit nicht ändern.

Wir unterbrechen hier den auf Erweiterung der Bernoullischen Gleichung auf Gasströmungen zielenden Gedankengang, um zu erläutern, warum vorausgesetzt wurde, bei dem in Fig. 126 skizzierten Vorgang sei die Behälterwand gut wärmeisolierend und die Bewegung des Kolbens sei langsam:

Nur unter dieser Voraussetzung wird das Gas im Gefäß in gleicher Weise komprimiert wie in einer reibungsfreien Strömung; man nennt eine derartige Kompression "isentrop" (d.h. "entropieerhaltend"). In reibungsfreier Strömung ist nämlich die durch Zähigkeit verursachte innere Reibung des Gases und mit ihr auch die Wärmeleitung verschwindend klein. An den einzelnen Gasteilchen wird daher weder „Reibungsarbeit" geleistet, noch tauschen sie mit der Umgebung (über die die Strömung begrenzenden Wände) oder untereinander durch Wärmeleitung Wärme aus. Wäre nun das Material des in Fig. 126 skizzierten Gefäßes nicht gut wärmeisolierend, so würde bei der Kompression (oder Expansion) das Gas mit der Umgebung Wärme austauschen. Bei rascher Bewegung des Kolbens entstünden zudem im Gas Stoßwellen (die erst einige Zeit nach Beendigung der Kolbenbewegung abklingen), in denen innere Reibung und Wärmeleitung nicht mehr vernachlässigbar sind. Die Kompression des Gases wäre aus all diesen Gründen nicht mehr isentrop wie in einer reibungsfreien Strömung, in der weder Reibung noch Wärmeleitung eine Rolle spielen.

Ergänzend sei bemerkt, daß durch Reibung und Wärmezufuhr die innere Energie auch einer dichtebeständigen Flüssigkeit geändert werden kann. Die innere Energie fällt aus der Energiebilanz dieser Flüssigkeit nur heraus, wenn Reibung und Wärmeleitung keine Rolle spielen (vgl. Fußnote auf S. 53). Bemerkenswerterweise gilt aber folgendes: Wenn man einer strömenden dichtebeständigen Flüssigkeit von außen Wärme zuführt, die Reibung aber weiterhin vernachlässigen kann, gilt weiterhin die Bernoullische Gleichung in der für reibungsfreie Strömung hergeleiteten Form; (man vergleiche hierzu den auf S. 40 gegebenen Beweis der Bernoullischen Gleichung, der nicht auf der

Energiebilanz beruht). Bei Gasen ist dies anders: Wärmezufuhr von außen ändert die im folgenden herzuleitende Verallgemeinerung der Bernoullischen Gleichung auch dann, wenn Reibung keine Rolle spielt.

Um die Überlegungen von Abschn. 3.7 sachgemäß ergänzen zu können, führen wir für die innere Energie pro Masseneinheit des strömenden Mediums, die "spezifische" innere Energie, das Symbol e ein. (Der Zusatz "spezifisch" bedeutet immer "pro Masseneinheit".) Füllt eine Gasmenge der Dichte ρ ein Volumen vom Inhalt V aus, so ist ihre Masse durch $m = \rho V$ und ihre innere Energie durch $me = \rho\, eV$ gegeben.

Nach dieser Vorbereitung kehren wir zurück zu den Formeln in Abschn. 3.7, die jetzt wie folgt zu modifizieren sind: Da die Pumpe fortfällt (man vgl. Fig. 54 und Fig. 125a), ist dW = 0 zu setzen; dW bedeutete in Abschn. 3.7 die von der Pumpe während der Zeitspanne dt auf die Flüssigkeit übertragene Arbeit. Formel (3.56) bleibt ansonst unverändert; allerdings schreiben wir diese Formel etwas um, indem wir rechts den zweiten Summanden mit ρ_1 und den dritten mit ρ_2 erweitern:

$$dW_{ges} = \frac{p_1}{\rho_1}\, \rho_1 U_1 A_1\, dt - \frac{p_2}{\rho_2}\, \rho_2 U_2 A_2\, dt \qquad (9.1)$$

Wir beachten, daß $\rho_1 U_1 A_1\, dt$ die Masse des zwischen 1 und 1' enthaltenen Gases, $\rho_2 U_2 A_2\, dt$ die Masse des zwischen 2 und 2' enthaltenen Gases bedeutet. Diese beiden Massen sind gleich; es gilt also (dt wird herausgekürzt): $\rho_1 U_1 A_1 = \rho_2 U_2 A_2$. Hierin erkennt man die Kontinuitätsgleichung (3.1)

Für die potentielle Energie des zwischen 1 und 1' bzw. 2 und 2' enthaltenen Gases ergibt sich $g\rho_1 U_1 A_1\, dt \cdot z_1$ bzw. $g\rho_2 U_2 A_2\, dt \cdot z_2$, für die entsprechenden kinetischen Energien gilt: $\rho_1 U_1 A_1\, dt \cdot U_1^2/2$ und $\rho_2 U_2 A_2\, dt \cdot U_2^2/2$. Schließlich sind die entsprechenden inneren Energien: $\rho_1 U_1 A_1\, dt \cdot e_1$ und $\rho_2 U_2 A_2\, dt \cdot e_2$. Für die gesamte Energieänderung der anfangs zwischen den Querschnitten 1 und 2 befindlichen Gasmenge während des Zeitintervalls dt ergibt sich also anstelle von Gl. (3.57):

$$dE = (\rho_2 U_2 A_2\, dt) \cdot U_2^2/2 - (\rho_1 U_1 A_1\, dt) \cdot U_1^2/2$$
$$+ (g\rho_2 U_2 A_2\, dt) \cdot z_2 - (g\rho_1 U_1 A_1\, dt) \cdot z_1 \qquad (9.2)$$
$$+ (\rho_2 U_2 A_2\, dt) \cdot e_2 - (\rho_1 U_1 A_1\, dt) \cdot e_1$$

Nun setzen wir diese Energieänderung dE gleich der geleisteten Arbeit dW_{ges} und erhalten, indem wir dt herauskürzen und den Massenstrom $\dot{m} = \rho_1 U_1 A_1 = \rho_2 U_2 A_2$ ausklammern, die Gl. (3.59) entsprechende Relation (wobei wegen dW = 0 auch P = 0 wird):

$$0 = \dot{m}\left[\left(\frac{p_2}{\rho_2} + e_2 + gz_2 + \frac{U_2^2}{2}\right) - \left(\frac{p_1}{\rho_1} + e_1 + gz_1 + \frac{U_1^2}{2}\right)\right] \qquad (9.3)$$

Oder:

$$\blacktriangleright\blacktriangleright \qquad \frac{p_2}{\rho_2} + e_2 + gz_2 + \frac{U_2^2}{2} = \frac{p_1}{\rho_1} + e_1 + gz_1 + \frac{U_1^2}{2} \qquad (9.4)$$

Gl. (9.4) verallgemeinert die für dichtebeständige Flüssigkeiten gültige Bernoullische Gleichung auf die reibungsfreie Strömung nicht-dichtebeständiger Fluide (Gase). Der

Begriff "reibungsfrei" impliziert bei einem Gas stets auch "wärmeleitungsfrei", denn innere Reibung und Wärmeleitung gehen in einem Gas auf dieselbe Ursache zurück, die thermische Molekülbewegung, und wenn man die innere Reibung vernachlässigen kann, dann kann man auch die Wärmeleitung vernachlässigen. Wie in Abschn. 3.2 erwähnt wurde, ist Reibungsfreiheit bei hinreichend großer Reynoldszahl hinreichend gut realisiert. Die Dicke der von Reibung und Wärmeleitung beeinflußten Grenzschicht des Gases an festen Körperwänden bleibt dann klein gegen die Abmessungen des Strömungsfeldes. Die Grenzschicht bestimmt übrigens nicht nur den Reibungswiderstand, sondern auch den Wärmeübergang zwischen fester Wand und Gas. – Bei dichtebeständiger Flüssigkeit ist $\rho_1 = \rho_2 = \rho$ und $e_1 = e_2$; Gl. (9.4) geht hiermit in die Bernoullische Gleichung (3.6) über.

Da Gase bei den meisten Anwendungen relativ kleine Dichte haben, ist ihre potentielle Energie im Schwerefeld gegenüber den anderen in die Energiebilanz eingehenden Energiebeträgen gewöhnlich vernachlässigbar klein. Damit reduziert sich (9.4) auf

▶▶
$$\frac{p}{\rho} + e + \frac{U^2}{2} = C = \text{const.} \tag{9.5}$$

Folgende Unterschiede gegenüber der Bernoullischen Gleichung in der Form (3.7) sind zu beachten: 1. Die spezifische innere Energie e kommt zusätzlich in der Gleichung vor, 2. die Dichte ρ ist nicht konstant, sondern im allgemeinen vom Ort abhängig. Genau wie Gl. (3.7) gilt Gl. (9.5) längs Stromlinien; (bei der obigen Herleitung der Gleichung ist der Strömungskanal als Stromfaden zu betrachten, über dessen Querschnitt sich die Strömungsgrößen, und damit auch die Konstante C, nicht merklich ändern). In einem Strömungsfeld kann sich die Konstante C von Stromlinie zu Stromlinie ändern (vgl. hierzu auch die für dichtebeständige Flüssigkeiten zutreffenden Bemerkungen im Anschluß an Gl. (3.7)).

Für die Größe $e + p/\rho$ hat man in der Thermodynamik einen eigenen Namen eingeführt: Man nennt sie "spezifische Enthalpie" und bezeichnet sie gewöhnlich mit dem Symbol h. Der ebenfalls gebräuchliche Name "spezifischer Wärmeinhalt" ist nicht sehr glücklich, da er wegen der suggestiven Kraft des Wortes "Wärme" falsche Vorstellungen wecken kann. Gl. (9.5) läßt sich unter Einführung von h wie folgt schreiben:

▶
$$h + \frac{U^2}{2} = C \tag{9.6}$$

Die weitere Anwendung der gefundenen Verallgemeinerung (9.4) und (9.5) der Bernoullischen Gleichung auf Gasströmungen setzt nun einige Kenntnisse über die Thermodynamik der Gase voraus. Wir beschränken die Diskussion auf ideale Gase. Ideale Gase sind ein Modell, durch das viele reale Gase in weiten Zustandsbereichen recht gut beschrieben werden. Ideale Gase (genauer: "kalorisch ideale Gase") werden durch die beiden folgenden Zustandsgleichungen charakterisiert: 1. Die thermische Zustandsgleichung, die den Zusammenhang zwischen Druck, Dichte und Temperatur des Gases gibt ("allgemeine Gasgleichung", siehe auch Gl. (2.57)):

▶▶
$$p = RT\rho \tag{9.7}$$

T bedeutet hierin die absolute Temperatur, d.h. die vom absoluten Nullpunkt (−273 Grad Celsius) aus gemessene Temperatur; R ist eine für jedes Gas charakteristische

Konstante, die "spezifische Gaskonstante"[1]). In der untenstehenden Tabelle sind die Werte von R für einige wichtige Gase zusammengestellt. 2. Die kalorische Zustandsgleichung gibt die spezifische innere Energie e als Funktion der Temperatur T. Beim (kalorisch) idealen Gas hängt e linear von T ab:

$$e = e_0 + c_v \, (T - T_0) \tag{9.8}$$

T_0 ist eine beliebig wählbare Bezugstemperatur, e_0 ist der Wert der spezifischen inneren Energie bei dieser Temperatur; die Konstante c_v heißt spezifische Wärme, genauer: "spezifische Wärme bei konstantem Volumen". Werte von c_v sind ebenfalls in der Tabelle enthalten. Man definiert zweckmäßigerweise noch die "spezifische Wärme bei konstantem Druck" (der Grund für diese Bezeichnungen wird in Thermodynamik-Lehrbüchern erläutert) durch:

$$\blacktriangleright \qquad c_p = c_v + R \tag{9.9}$$

Damit wird:

$$e + \frac{p}{\rho} = e_0 + c_v \, (T - T_0) + RT = e_0 + RT_0 + c_p \, (T - T_0) \tag{9.10}$$

Setzt man dies in Gl. (9.5) ein, so erhält man diese in der folgenden Form:

$$\blacktriangleright\blacktriangleright \qquad c_p \, T + \frac{U^2}{2} = C_0 = \text{const längs Stromlinien} \tag{9.11}$$

Nimmt demnach die Geschwindigkeit U beim Fortschreiten auf einer Stromlinie zu, so nimmt die Temperatur in Fortschrittsrichtung ab, während mit abnehmender Geschwindigkeit die Temperatur wächst.

	R [J/kg K]	c_p [J/kg K]	c_v[J/kg K]	κ	U_{max}[m/s] $(T_0 = 300$ K)
Wasserstoff	4125	14028	9903	1,41	2901
Helium	2077	5232	3155	1,66	1771
Argon	208	532	324	1,64	564
Stickstoff	296	1023	727	1,40	783
Sauerstoff	260	917	657	1,40	741
Luft	287	1005	718	1,40	776
Kohlendioxyd	189	819	630	1,30	700
Methan	518	2160	1642	1,32	1138
Acetylen	319	1512	1193	1,27	952

---

[1] Die spezifische Gaskonstante R läßt sich auf die universelle Gaskonstante R_m zurückführen, indem man diese durch die Molmasse M dividiert: $R = R_m/M$, worin $R_m = 8314$ J/kmol K ist.

9.2   Ausströmen aus einem Kessel; Lavaldüse

Wir untersuchen nun anhand von Gl. (9.11) wie ein Gas stationär aus einem Behälter, oder "Kessel", ausströmt (Fig. 127). Im Kessel ruht das Gas und hat die "Kesseltemperatur", oder "Ruhetemperatur", T_0. Gl. (9.11) können wir nach Einführung von T_0 auch wie folgt schreiben:

$$\blacktriangleright \qquad c_p\, T + U^2/2 = c_p\, T_0 \qquad\qquad (9.12)$$

Hieraus erhalten wir:

$$\blacktriangleright \qquad U = \sqrt{2\, c_p\, (T_0 - T)} \qquad\qquad (9.13)$$

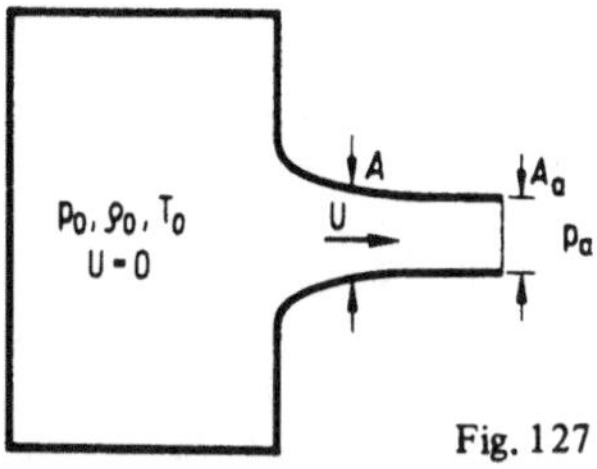

Fig. 127

Da die absolute Temperatur T nicht unter den Wert null absinken kann, ist die Ausströmgeschwindigkeit gemäß (9.13) offenbar nach oben durch einen Maximalwert U_{max} begrenzt, der sich aus Gl. (9.13) für T = 0 ergibt:

$$\blacktriangleright \qquad U_{max} = \sqrt{2\, c_p\, T_0} \qquad\qquad\qquad (9.14)$$

Die wirkliche Ausströmgeschwindigkeit liegt unter dieser Maximalgeschwindigkeit, wie weiter unten noch erläutert wird. In der Tabelle sind einige Werte von U_{max} eingetragen unter der Annahme $T_0 = 300$ K (d.h. 27 Grad Celsius, etwa "Zimmertemperatur").

Nebenbei sei erwähnt, daß man aus Gl. (9.12) auch die Temperatur T_0 im Staupunkt eines mit der konstanten Geschwindigkeit U durch ruhendes Gas von der Temperatur T bewegten Flugkörpers berechnen kann. In einem mit dem Körper fest verbundenen Bezugssystem strömt das Gas den Körper mit der Geschwindigkeit U und der Temperatur T an. Im Staupunkt wird die Geschwindigkeit null (vgl. auch Fig. 42), und die Temperatur nimmt dort den Wert T_0 an, der sich aus Gl. (9.12) ergibt:

$$\blacktriangleright \qquad T_0 = T + U^2/(2\, c_p) \qquad\qquad\qquad (9.15)$$

Gl. (9.15) macht die hohen Temperaturen plausibel, denen schnellfliegende Körper ausgesetzt sind. Bei einem in der Stratosphäre mit rd. 2500 km/h fliegendem Flugzeug beträgt $T_0 - T$ rd. 240 K, d.h. bei einer Außentemperatur $T \approx -40\,°C$ werden Staupunktstemperaturen T_0 von rund 200 °C erreicht. In Extremfällen, bei Fluggeschwindigkeiten von der Größenordnung einiger Kilometer pro Sekunde, wie sie bei Meteoriten, aber auch bei künstlichen Raumflugkörpern vorkommen, können die hohen Temperaturen zur völligen Zerstörung des Körpers führen.

In Gl. (9.12) können wir die Temperatur T mit Hilfe der thermischen Zustandsgleichung (9.7) durch den Druck p und die Dichte ρ ersetzen, mit dem Ergebnis:

$$\frac{c_p}{R}\,\frac{p}{\rho} + \frac{U^2}{2} = \frac{c_p}{R}\,\frac{p_0}{\rho_0} = \frac{U^2_{max}}{2} \qquad\qquad (9.16)$$

Der "Ruhedruck", oder "Kesseldruck", p_0 ist der Druck, und die "Ruhedichte", oder "Kesseldichte", ρ_0 ist die Dichte des Gases im Behälter, also dort wo das Gas in Ruhe ist (Fig. 127). Bevor wir Gl. (9.16) weiter diskutieren, führen wir die in der Thermo- und Gasdynamik übliche Abkürzung κ für das Verhältnis c_p/c_v der beiden oben definierten spezifischen Wärmen ein (siehe auch die Tabelle):

$$\blacktriangleright \qquad \kappa = c_p/c_v = (c_v + R)/c_v = 1 + R/c_v \qquad\qquad (9.17)$$

Damit wird: $c_p/R = \kappa/(\kappa-1)$, und Gl. (9.16) geht über in:

$$\blacktriangleright \qquad \frac{\kappa}{\kappa-1}\,\frac{p}{\rho} + \frac{U^2}{2} = \frac{\kappa}{\kappa-1}\,\frac{p_0}{\rho_0} = \frac{U_{max}^2}{2} \qquad\qquad (9.18)$$

Bei der Anwendung von Gl. (9.18) muß man beachten, daß die Dichte ρ mit dem Druck p veränderlich ist. Das Gas wird, wie in Abschn. 9.1 erläutert, in reibungsfreier Strömung "isentrop" komprimiert oder expandiert, d.h. so wie bei dem oben geschilderten, in Fig. 126 skizzierten Vorgang. Bei einer solchen isentropen Kompression hängen Druck und Dichte eines idealen Gases nach folgender Isentropengleichung voneinander ab:

$$\frac{p}{p_0} = \left(\frac{\rho}{\rho_0}\right)^{\kappa}, \text{ d.h. auch: } \quad \frac{\rho}{\rho_0} = \left(\frac{p}{p_0}\right)^{1/\kappa} \qquad\qquad (9.19)$$

Wegen (9.7) folgt aus (9.19):

$$\frac{T}{T_0} = \left(\frac{\rho}{\rho_0}\right)^{\kappa-1}, \text{ d.h. auch: } \quad \frac{\rho}{\rho_0} = \left(\frac{T}{T_0}\right)^{1/(\kappa-1)} \qquad\qquad (9.20)$$

Mittels (9.19) kann man die Dichte ρ aus Gl. (9.18) eliminieren und eine Relation zwischen Druck und Geschwindigkeit herleiten, also einen Zusammenhang, wie ihn für dichtebeständige Flüssigkeiten die Bernoullische Gleichung liefert. Wir gehen zur Herleitung dieses Zusammenhanges (Gl. (9.23)) aber am einfachsten von Gl. (9.12) aus, die sich nach Einführung von U_{max} gemäß (9.14) wie folgt schreiben läßt:

$$\blacktriangleright \qquad \frac{T}{T_0} = 1 - \frac{U^2}{U_{max}^2} \qquad\qquad (9.21)$$

Mit Hilfe von (9.20) erhalten wir hieraus:

$$\blacktriangleright \qquad \frac{\rho}{\rho_0} = \left(1 - \frac{U^2}{U_{max}^2}\right)^{1/(\kappa-1)} \Rightarrow \left(1 - \frac{U^2}{U_{max}^2}\right)^{2,5} \qquad\qquad (9.22)$$

und hieraus ergibt sich mit Hilfe von (9.19):

$$\blacktriangleright \qquad \frac{p}{p_0} = \left(1 - \frac{U^2}{U_{max}^2}\right)^{\kappa/(\kappa-1)} \Rightarrow \left(1 - \frac{U^2}{U_{max}^2}\right)^{3,5} \qquad\qquad (9.23)$$

Die Relationen (9.21)–(9.23) verknüpfen die Werte von Temperatur, Dichte und Druck mit der Geschwindigkeit auf einer Stromlinie eines stationär strömenden idealen Gases, z.B. eines einem Kessel entströmenden Gases (Fig. 127). In diese Zusammenhänge gehen die Ruhegrößen T_0, ρ_0, p_0 sowie $U_{max}^2 = 2c_p T_0 = 2\kappa p_0/[(\kappa-1)\rho_0]$ ein. Der letzte Teil der Relationen (9.22) und (9.23) gilt jeweils für den speziellen Wert $\kappa = 1{,}4$. Zu diesem speziellen κ-Wert sind die Relationen (9.21)–(9.23) in Fig. 128 aufgetragen.

Bevor wir aus diesen Relationen weitere Folgerungen über das Ausströmen aus einem Kessel ziehen, wollen wir zunächst den Zusammenhang von Gl. (9.23) mit der Bernoullischen Gleichung für dichtebeständige Flüssigkeit (Abschn. 3.2) darlegen. Hierzu bemerken wir zunächst, daß für die stationäre Strömung einer dichtebeständigen Flüssigkeit der Dichte ρ_0 nach der Bernoullischen Gleichung gilt:

$$\frac{p}{\rho_0} + \frac{U^2}{2} = \frac{p_0}{\rho_0} \tag{9.24}$$

Indem wir diese Gleichung mit $\kappa/(\kappa-1)$ erweitern und $2\kappa p_0/[(\kappa-1)\rho_0] = U_{max}^2$ einsetzen, erhalten wir nach kurzer Rechnung die zu ihr äquivalente Gleichung:

$$\frac{p}{p_0} = 1 - \frac{\kappa}{\kappa-1}\, \frac{U^2}{U_{max}^2} \tag{9.25}$$

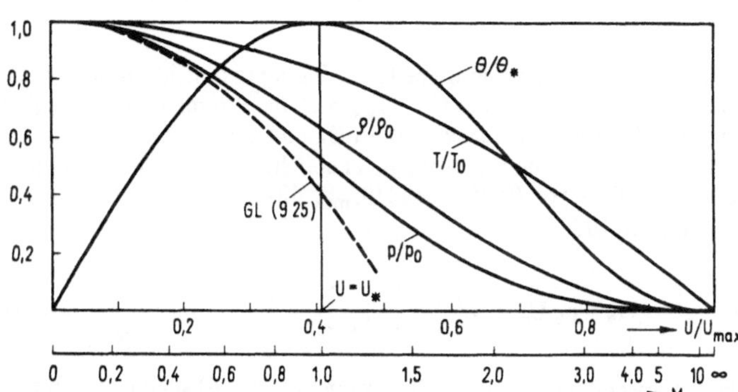

Fig. 128

Dieses Resultat ist in Fig. 128 (für $\kappa = 1{,}4$) gestrichelt eingetragen. Die gestrichelte Kurve ist eine Parabel, die an der Stelle $U = 0$ dieselbe Neigung und dieselbe Krümmung wie die ausgezogene Kurve für p/p_0 hat. Sie paßt sich dem Verlauf von p/p_0 gemäß Gl. (9.23) daher umso besser an, je kleiner die Geschwindigkeit U ist. Die Verwandtschaft zwischen dem für dichtebeständige Flüssigkeit folgenden Resultat (9.25) und dem für ideales Gas gültigen Resultat (9.23) wird auch deutlich, wenn man die rechte Seite von (9.23) nach der binomischen Formel entwickelt.

$$\frac{p}{p_0} = 1 - \frac{\kappa}{\kappa-1}\, \frac{U^2}{U_{max}^2} + \frac{\kappa}{2(\kappa-1)^2}\, \frac{U^4}{U_{max}^4} \mp \dots \tag{9.26}$$

Wenn $U/U_{max} \ll 1$ gilt, kann man alle auf die beiden ersten Glieder rechts folgenden Terme vernachlässigen und erhält damit aus (9.26) die Bernoullische Gleichung in der Form (9.25). Man sieht daher, daß die Bernoullische Gleichung für dichtebeständige Flüssigkeiten auch für Gasströmungen gilt, wenn die Gasgeschwindigkeit sehr klein gegen die Maximalgeschwindigkeit U_{max} bleibt, und damit auch sehr klein gegen die Schallgeschwindigkeit, die von gleicher Größenordnung wie die Maximalgeschwindigkeit ist (vgl. Gl. (9.48)).

Um den in Fig. 127 skizzierten Ausströmvorgang vollständig zu erörtern, muß man außer der Energiegleichung (9.5), aus der die Relationen (9.21) bis (9.23) folgen, auch noch die Kontinuitätsgleichung berücksichtigen:

$$\rho\, U A = \Theta A = \text{const.} \tag{9.27}$$

Hier ist für die pro Zeiteinheit durch die Flächeneinheit des Leitungsquerschnitts hindurchfließende Masse ρU die Abkürzung Θ eingeführt worden. Man nennt in der Gasdynamik Θ kurz "Stromdichte". Für die Stromdichte erhält man mittels (9.22):

$$\blacktriangleright \qquad \frac{\rho U}{\rho_0 U_{max}} = \frac{\Theta}{\rho_0 U_{max}} = \frac{U}{U_{max}} \left(1 - \frac{U^2}{U_{max}^2}\right)^{1/(\kappa-1)} \qquad\qquad (9.28)$$

Die Stromdichte ist für ruhendes Gas, d.h. für $U = 0$, natürlich null. Sie wird gemäß (9.28) aber auch für $U = U_{max}$ null. Dies liegt daran, daß die Dichte ρ des Gases durch Expansion bis auf null abgesunken ist, wenn das Gas die Maximalgeschwindigkeit U_{max} erreicht hat!

Natürlich läßt sich dieser extreme Grenzfall in praxi nicht realisieren, sondern nur annähern. Zwischen $U = 0$ und $U = U_{max}$ muß die Stromdichte Θ offenbar ein Maximum besitzen. Man findet den Maximalwert Θ_* und die Geschwindigkeit U_*, für die dieser Maximalwert angenommen wird, in der üblichen Weise, indem man den Ausdruck auf der rechten Seite von (9.28) nach U/U_{max} differenziert und die Ableitung null setzt. Das Ergebnis ist:

$$\blacktriangleright \qquad \Theta_* = \rho_0 U_{max} \sqrt{\frac{\kappa-1}{\kappa+1}} \left(\frac{2}{\kappa+1}\right)^{1/(\kappa-1)} \quad \text{und:} \quad \frac{U_*}{U_{max}} = \sqrt{\frac{\kappa-1}{\kappa+1}} \qquad (9.29)$$

Unter Verwendung dieses Resultats kann man (9.28) auch in der folgenden, gebräuchlicheren Form schreiben:

$$\blacktriangleright \qquad \frac{\Theta}{\rho_0 U_{max}} \cdot \frac{\rho_0 U_{max}}{\Theta_*} = \frac{\Theta}{\Theta_*} = \sqrt{\frac{\kappa+1}{\kappa-1}} \frac{U}{U_{max}} \left[\frac{\kappa+1}{2}\left(1 - \frac{U^2}{U_{max}^2}\right)\right]^{1/(\kappa-1)} \quad (9.30)$$

Die dimensionslose Stromdichte Θ/Θ_* ist ebenfalls in Fig. 128 aufgetragen.

Wir nehmen nun an, das Gas ströme durch eine in Strömungsrichtung konvergente Leitung, oder schlanke Düse, aus dem Kessel aus (Fig. 127). Das Gas stehe im Kessel unter dem Druck p_0; der Druck im Außenraum, in den der Gasstrahl eintritt, werde mit p_a bezeichnet. Zur Diskussion des Ausstromvorganges benutzen wir das Diagramm 129, das mit etwas anderer Achsenbezeichnung als in Fig. 128 Druck und Stromdichte als Funktion der Geschwindigkeit zeigt. Wir nehmen zunächst an, der Druck im Außenraum, und damit im Austrittsquerschnitt der Düse, habe den Wert $p_a = p_1$. Dem Diagramm 129 entnehmen wir die zugehörige Austrittsgeschwindigkeit U_1 und die Stromdichte Θ_1 im Austrittsquerschnitt. Aus dem Kessel strömt pro Zeiteinheit die Gasmasse $\dot{m} = \Theta_1 A_a$ aus, wobei A_a den Flächeninhalt des Austrittsquerschnitts bedeutet. Sinkt der Außendruck p_a ab, so wächst die Stromdichte im Austrittsquerschnitt.

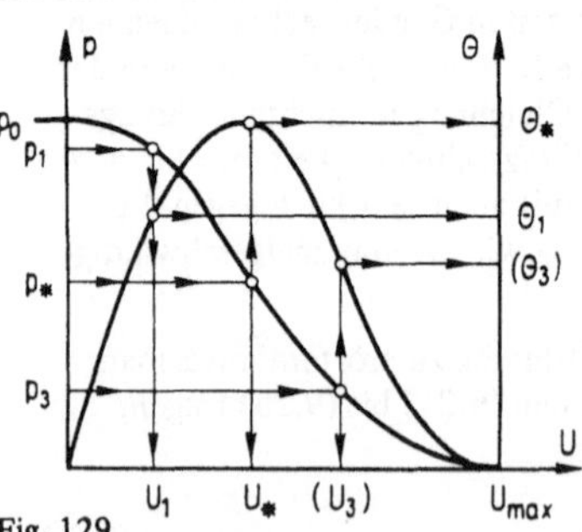

Fig. 129

und damit wächst auch der Massenstrom $\dot{m}$. Ist der Außendruck p_a bis auf den "kritischen" Druck p_* abgesunken (Fig. 129), so erreicht die Stromdichte im Austrittsquerschnitt ihr Maximum Θ_*; der Massenstrom erreicht damit seinen Maximalwert $\dot{m}_* = \Theta_* A_a$. Hat der Außendruck den Wert $p_a = p_3 < p_*$, so ergibt das Diagramm 129 bei unkritischer Anwendung die eingeklammerten Werte U_3 und Θ_3 für Geschwindigkeit und Stromdichte im Austrittsquerschnitt. Diese Werte werden jedoch aus folgendem Grunde nicht angenommen: Da die Geschwindigkeit in diesem Fall vom Wert null im Kessel bis auf den Wert U_3 im Austrittsquerschnitt anwachsen und der Druck von p_0 auf p_3 absinken müßte, hätte die Stromdichte Θ irgendwo zwischen Kessel und Austrittsquerschnitt ihren Maximalwert Θ_* anzunehmen. Dies ist aber unmöglich, denn nach der Kontinuitätsgleichung ist ΘA längs der Düse konstant, und wo Θ sein Maximum annimmt, muß deshalb die Querschnittsfläche A der Düse ihr Minimum annehmen. Nach Voraussetzung verengt sich die Düse jedoch in Strömungsrichtung und der Flächeninhalt des Düsenquerschnitts besitzt kein Minimum zwischen Kessel und Austrittsquerschnitt, sondern der Austrittsquerschnitt selbst hat den kleinsten Flächeninhalt. Das ausströmende Gas verhält sich deshalb folgendermaßen: Vom Kessel bis zum Austrittsquerschnitt sinkt der Druck nur bis auf den kritischen Druck p_*, im Austrittsquerschnitt nimmt die Stromdichte daher unabhängig vom Außendruck p_a ($< p_*$) ihren Maximalwert an, und es strömt pro Zeiteinheit die maximal mögliche Gasmasse $\dot{m}_* = \Theta_* A_a$ aus. Da der Außendruck p_a aber tiefer liegt als p_*, expandiert das austretende Gas noch in dem aus der Düse austretenden Strahl. Dieser Vorgang ist nicht ganz einfach zu beschreiben, und es muß deshalb der Hinweis genügen, daß die Nachexpansion zu einer wellenartigen Verformung des Strahlrandes führt (vgl. Fig. 130b). Diese wellenartige Verformung ist übrigens an dem heißen Gas-

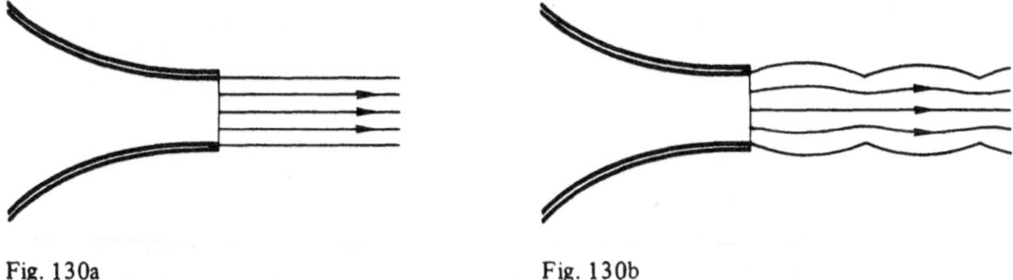

Fig. 130a   Fig. 130b

strahl aus einer Raketendüse oft deutlich zu sehen. Wenn der Außendruck über dem kritischen Druck p_* liegt (etwa für $p_a = p_1$, Fig. 129) und daher die Nachexpansion entfällt, tritt der Strahl einfach als Parallelstrahl aus (Fig. 130a).

Aus diesen Erörterungen schließt man auf die in Fig. 131 qualitativ skizzierte Abhängigkeit des aus dem Kessel austretenden Massenstroms $\dot{m}$ vom Außendruck p_a. Der kritische Druck p_*, bei dem gerade der maximale Massenstrom erreicht wird, ergibt sich aus Gl. (9.23) mit dem in (9.29) angegebenen Wert von U_*/U_{max} zu $p_* = p_0[2/(\kappa + 1)]^{\kappa/(\kappa-1)}$;

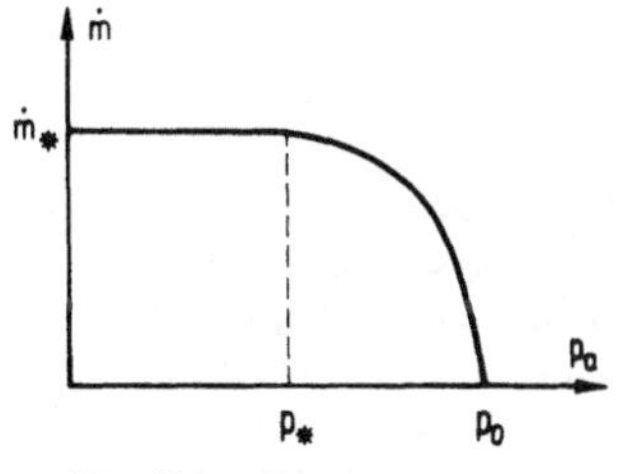

Fig. 131

für $\kappa = 1,4$ wird $p_* = 0,528 p_0$. Die Geschwindigkeit U_* heißt "kritische" Geschwindigkeit; für $\kappa = 1,4$ wird $U_* = 0,408\, U_{max}$.

Wie diese Überlegungen zeigen, kann in einer Düse, die sich in Strömungsrichtung verengt, die Gasgeschwindigkeit nicht über die kritische Geschwindigkeit U_* steigen. Die Überlegungen zeigen zugleich, daß eine Steigerung der Geschwindigkeit über U_* hinaus in einer Düse möglich ist, die sich zunächst verengt und dann wieder erweitert (Fig. 132). In Fig. 132a ist angenommen, daß das Flächenverhältnis A_a/A_* einer solchen konvergent-divergenten Düse gleich ist dem zum Druck p_3 nach Diagramm 129 gehörigen Verhältnis Θ_*/Θ_3 der Stromdichten, so daß also $A_*\Theta_* = A_3\Theta_3$ gilt. Gibt man den Außendruck $p_a = p_3$ vor, so wächst die Strömungsgeschwindigkeit im konvergenten Teil der Düse monoton bis auf die kritische Geschwindigkeit U_*, um im anschließenden divergenten Teil monoton weiterzuwachsen bis auf den Endwert U_3. Das Gas tritt dann mit dieser Geschwindigkeit U_3 und dem zugehörigen Druck p_3 in einem Parallelstrahl aus der Düse aus. Eine konvergent-divergente Düse wird "Lavaldüse" genannt, nach dem schwedischen Dampfturbinenbauer de Laval, der im vorigen Jahrhundert als einer der ersten erkannte, daß man in solchen Düsen Gase auf Geschwindigkeiten oberhalb der kritischen Geschwindigkeit beschleunigen kann. Im folgenden Abschnitt 9.3 wird sich herausstellen, daß Geschwindigkeiten oberhalb U_* Überschallgeschwindigkeit und unterhalb U_* Unterschallgeschwindigkeiten sind. Nur in einer Lavaldüse läßt sich demnach ein Gas auf Überschallgeschwindigkeit beschleunigen.

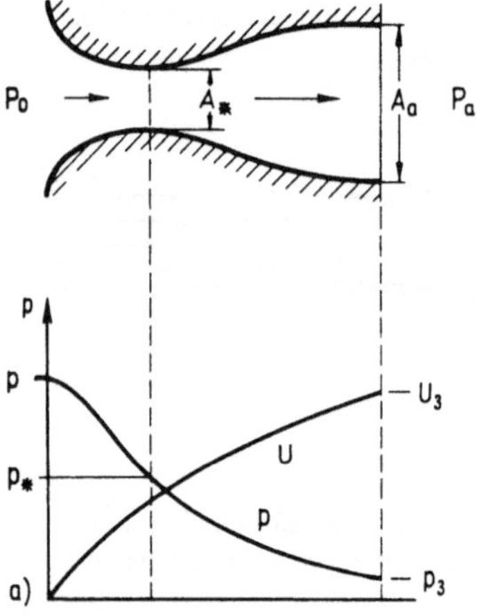

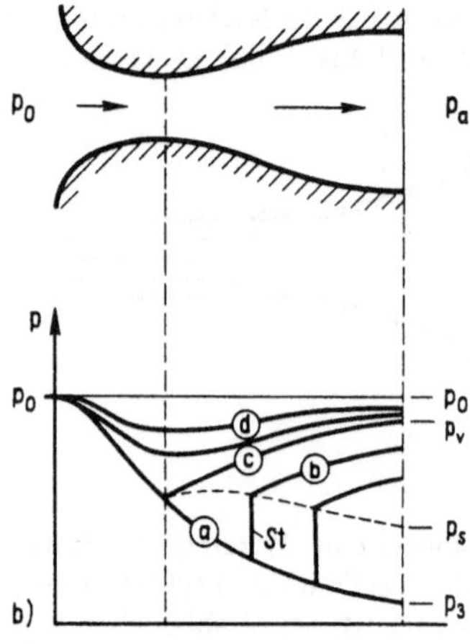

Fig. 132

In Fig. 132a ist außer dem Geschwindigkeitsverlauf in der Lavaldüse auch der Verlauf des Druckes längs der Düse skizziert. Dieser Verlauf ist als Kurve "a" in Fig. 132b nochmals eingetragen. Fig. 132b enthält darüber hinaus auch einige Druckverläufe, die sich dann einstellen, wenn der Außendruck p_a nicht mit dem zum Flächenverhältnis A_a/A_* der Düse gerade passenden Außendruck p_3 übereinstimmt. Liegt der Außendruck p_a noch unter p_3, so stellt sich auch in diesem Fall in der ganzen Düse der

Druckverlauf "a" – und der diesem Druckverlauf entsprechende Geschwindigkeitsverlauf (vgl. Fig. 132a) – mit dem Druck p_3 im Austrittsquerschnitt ein. Das Gas expandiert in diesem Fall noch nach dem Austritt aus der Düse im freien Strahl; dies ist ganz ähnlich wie bei einer rein konvergenten Düse, wenn dort der Außendruck unter p_* liegt. Liegt dagegen der Außendruck etwas über p_3, so wird das Gas nach Austritt aus der Düse im Strahl komprimiert; auch hier ändert sich nichts am Druckverlauf "a" und dem zugehörigen Geschwindigkeitsverlauf in der Düse. Dies wird anders, wenn der Außendruck einen gewissen Wert p_s übersteigt (Fig. 132b). Dann treten nämlich in der Düse "Verdichtungsstöße" auf. Das Gas wird dann in einem sehr schmalen Raumbereich, dem Verdichtungsstoß, um endliche Beträge verdichtet. Der Druck folgt nur noch bis zum Verdichtungsstoß "St" dem Verlauf "a". Im Stoß wird der Druck sprungartig erhöht und folgt stromab vom Stoß einem Verlauf wie Kurve "b" (Fig. 132b), der im vorgegebenen Außendruck im Endquerschnitt endet. – Ohne Beweis sei erwähnt, daß im Verdichtungsstoß das Gas von Überschallgeschwindigkeit stets auf Unterschallgeschwindigkeit gebremst wird. Mit der Erhöhung von Druck und Dichte im Stoß ist auch eine Temperaturerhöhung verbunden.

Im Gebiet des Stoßes spielen die innere Reibung und die Wärmeleitung eine wesentliche Rolle. Das Gas wird daher im Verdichtungsstoß nicht isentrop komprimiert. Dies hat u.a. zur Folge, daß z.B. die Relationen (9.22) und (9.23) nicht über den Verdichtungsstoß hinweg anwendbar sind. Bemerkenswerterweise gelten aber die Relationen (9.12), (9.13), (9.14), (9.18), (9.21) auch über den Verdichtungsstoß hinweg! Dies bedeutet: Unabhängig davon, ob Druck, Dichte und Geschwindigkeit stromauf oder stromab vom Verdichtungsstoß gemessen werden, sie sind in jedem Fall mit den Ruhe- oder Kesselgrößen durch diese Relationen verknüpft. Dies hat seine Ursache darin, daß Reibung und Wärmeleitung im Stoß aus der Energiebilanz herausfallen, was hier allerdings nicht näher begründet werden kann. Die Energiegleichung in der Form (9.5) gilt daher auch über den Stoß hinweg. Nur die Isentropengleichungen (9.19) und (9.20) treffen nicht mehr zu, und damit auch nicht die Relationen (9.22), (9.23), zu deren Herleitung die Isentropengleichungen benutzt wurden.

Wenn der Außendruck p_a sich dem Wert p_v nähert (Fig. 132b), rückt der Verdichtungsstoß immer näher an die engste Stelle der Düse und wird dabei immer schwächer. Für $p_a = p_v$ verschwindet er ganz. Die Strömung wird dann im konvergenten Düsenteil durch Expansion auf den Druck p_* bis zur kritischen Geschwindigkeit U_* an der engsten Stelle beschleunigt und im divergenten Teil der Düse unter Druckanstieg wieder verzögert (Kurve "c" in Fig. 132b). Liegt der Enddruck zwischen p_v und p_0, so erreicht das Gas in der engsten Stelle gar nicht mehr den kritischen Druck p_* und die kritische Geschwindigkeit U_* (Kurve "d" in Fig. 132b). Die Geschwindigkeit bleibt dann in der ganzen Düse unterhalb der kritischen Geschwindigkeit, die Düsenströmung verhält sich qualitativ wie die Strömung einer dichtebeständigen Flüssigkeit der Dichte ρ_0. Quantitativ gilt dies umso besser, je näher der Außendruck p_a am Kesseldruck p_0 liegt, je kleiner damit auch die Geschwindigkeit in der Düse bleibt. Man beachte, daß unabhängig vom Außendruck p_a der Massenstrom durch die Düse den Wert $\dot{m}_* = \Theta_* A_*$ hat, vorausgesetzt der Außendruck liegt unter p_v; für $p_a > p_v$ ist der Massenstrom kleiner als $\Theta_* A_*$.

9.3. Schallgeschwindigkeit und Machzahl

Die in den Abschnitten 9.1 und 9.2 hergeleiteten Formeln erhalten eine neue, in der
Literatur über Gasdynamik übliche Gestalt, und die obigen Ergebnisse erscheinen in
einem neuen Licht, wenn man die Begriffe Schallgeschwindigkeit und Machzahl einführt. In jedem kompressiblen Fluid breiten sich Schallwellen mit endlicher Geschwindigkeit c aus. In einem idealen Gas hängt die Schallgeschwindigkeit nur von der Temperatur des Gases ab; und zwar gilt:

$$\blacktriangleright\blacktriangleright \qquad c = \sqrt{\kappa R T} = \sqrt{\kappa p/\rho} \qquad\qquad (9.31)$$

Man kann die Formel (9.31) auf folgende Weise herleiten: Eine Schallwelle ist eine Aufeinander-
folge von schwachen Verdichtungen und Verdünnungen des Gases, die relativ zum Gas mit Schallgeschwindigkeit wandern. Die einfachst mögliche Schallwelle besteht in einer einzigen, schwachen
Druckwelle, die man etwa in einem Rohr erzeugen kann, indem man von einer bestimmten Zeit
t = 0 an einen das Rohr einseitig verschließenden Kolben mit konstanter, aber kleiner Geschwindigkeit δu nach rechts in das anfangs ruhende Gas vom Druck p und der Dichte ρ hineinschiebt
(Fig. 133). Dann wandert eine Druckwelle mit der Geschwindigkeit c in das Gas und setzt das Gas

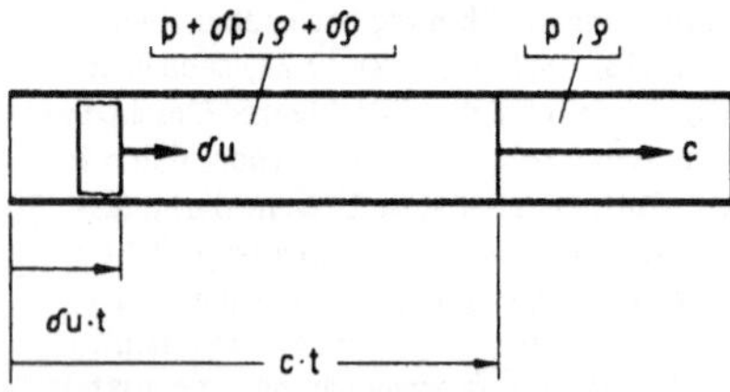

Fig. 133

in Bewegung, derart daß es sich im Gebiet zwischen Wellenfront und Kolben mit der vom
Kolben aufgezwungenen Geschwindigkeit δu
nach rechts bewegt. Sein Druck und seine Dichte sind zwischen Wellenfront und Kolben gegenüber den Werten im ruhenden Gas vor der Welle
um δp und $\delta \rho$ geändert. Je kleiner δu ist,
desto kleiner sind auch δp und $\delta \rho$, desto schwächer ist also die Welle. In einem mit der Wellenfront bewegten Bezugssystem (Fig. 134a) ist
die Bewegung des Gases stationär. Vor der Wel-
lenfront strömt das Gas mit der Geschwindigkeit c von rechts nach links, hinter der Wellenfront mit
der Geschwindigkeit c–δ u. Die Impulsbilanz für das in Fig. 134a gestrichelte Kontrollvolumen gibt:

$$A\left[(\rho + \delta\rho)(c - \delta u)^2 - \rho c^2\right] = A\left[p - (p + \delta p)\right] \qquad\qquad (9.32)$$

Vernachlässigt man hierin Glieder, die von höherer als erster Ordnung in den für eine schwache
Druckwelle kleinen Größen δu, δp, $\delta \rho$ sind, so erhält man aus (9.32):

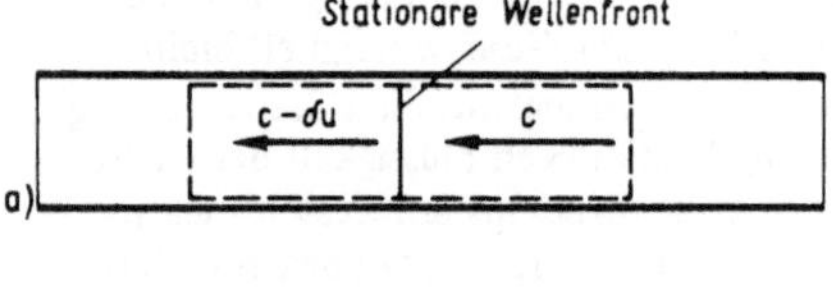

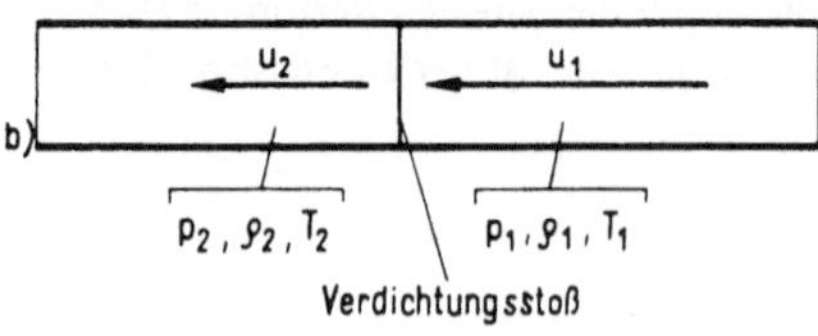

Fig. 134

$$\delta p + c^2 \, \delta\rho = 2\rho c \, \delta u \qquad\qquad (9.33)$$

Die Kontinuitätsgleichung ergibt:

$$A(\rho + \delta\rho)(c - \delta u) = A\rho c \qquad\qquad (9.34)$$

Dies reduziert sich bei Vernachlässigung von
Gliedern höherer Ordnung auf

$$c\delta\rho = \rho\delta u \qquad\qquad (9.35)$$

Setzt man hiernach $\delta u = (c/\rho)\delta\rho$ in Gl.
(9.33) ein, so erhält man $c^2 = \delta p/\delta\rho$. Für
eine Druckwelle infinitesimaler Stärke geht
dies über in

$$c^2 = dp/d\rho \qquad\qquad (9.36)$$

Da sich der Zustand des Gases in einer infinitesimalen Druckwelle isentrop ändert (vgl. die anschließenden Bemerkungen über Verdichtungsstöße), gilt auch hier für den Zusammenhang von p und ρ die Isentropengleichung (9.19), aus der man durch Differentiation folgende Beziehung herleitet:

$$\frac{dp}{d\rho} = p_0 \,\kappa\, \frac{\rho^{\kappa-1}}{\rho_0{}^\kappa} = \kappa p/\rho \qquad (9.37)$$

Aus (9.36) und (9.37) folgt (9.31).

Bei Erhöhung der Kolbengeschwindigkeit wird die Welle stärker; eine solche Welle endlicher Stärke ist nichts anderes als ein Verdichtungsstoß, der mit einer Geschwindigkeit, die ü b e r der Schallgeschwindigkeit im ruhenden Gas liegt, in dieses hineinwandert. In einem mit der Stoßfront bewegten Bezugssystem ist die Strömung stationär und entspricht damit genau der Strömung durch einen Verdichtungsstoß, der sich für geeignete Werte des Außendrucks in einer Lavaldüse einstellt. Mit den in Fig. 134b erläuterten Bezeichnungen ergibt die Kontinuitätsgleichung (die konstante Querschnittsfläche A kann aus dieser und den beiden folgenden Gleichungen herausgekürzt werden):

$$\rho_1\, U_1 = \rho_2\, U_2 \qquad (9.38)$$

Die Impulsbilanz ergibt (analog zu Gl. (9.32))

$$\rho_2\, U_2^2 - \rho_1\, U_1^2 = p_1 - p_2 \qquad (9.39)$$

und die Energiebilanz, die, wie in Abschn. 9.2 (im Kleindruck) schon erwähnt, ihre Form (9.18) beibehält, ergibt

$$\frac{\kappa}{\kappa-1}\,\frac{p_1}{\rho_1} + \frac{U_1^2}{2} = \frac{\kappa}{\kappa-1}\,\frac{p_2}{\rho_2} + \frac{U_2^2}{2} \qquad (9.40)$$

Aus den drei Gleichungen (9.38)–(9.40) kann man bei vorgegebenen "Anströmgrößen" $p_1, \rho_1,$ U_1, die "Abströmgrößen" p_2, ρ_2, U_2 berechnen. Die elementar herleitbaren Ergebnisse sind nur unter der Voraussetzung physikalisch sinnvoll, daß die Anströmgeschwindigkeit U_1 über der Schallgeschwindigkeit $c_1 = \sqrt{\kappa p_1/\rho_1}$ des Gases vor dem Verdichungsstoß liegt. Die Ergebnisse zeigen, daß Druck und Dichte vor und hinter dem Stoß nicht durch die Isentropengleichung, also durch die Relation $p_2/p_1 = (\rho_2/\rho_1)^\kappa$ gekoppelt sind; die Zustandsänderung im Stoß ist nicht isentrop; (die Entropie des Gases wächst beim Durchgang durch den Stoß). Je näher jedoch die Geschwindigkeit U_1 an die Schallgeschwindigkeit c_1 rückt, desto kleiner werden die Druckänderung $p_2 - p_1$ und die Dichteänderung $\rho_2 - \rho_1$, und desto besser ist die Zustandsänderung im Gas isentrop. Daher waren wir berechtigt, bei der obigen Herleitung der Formel (9.31) für die Schallgeschwindigkeit die Isentropengleichung zu benutzen. Hinsichtlich weiterer Einzelheiten muß auf die gasdynamische Spezialliteratur verwiesen werden (z.B. B e c k e r , E.: Gasdynamik. Stuttgart 1966).

In einem Strömungsfeld ändern sich Druck, Dichte und Temperatur im allgemeinen von Ort zu Ort. Damit ist auch die Schallgeschwindigkeit c gemäß (9.31) von Ort zu Ort veränderlich. Beim Ausströmen aus einem Kessel sinkt z.B. die Temperatur mit wachsender Geschwindigkeit, und damit sinkt auch die Schallgeschwindigkeit. Das dimensionslose Verhältnis der örtlichen Strömungsgeschwindigkeit U zur örtlichen Schallgeschwindigkeit c wird als örtliche "Machzahl" M bezeichnet:

$$\blacktriangleright\blacktriangleright \qquad\qquad M = U/c \qquad\qquad (9.41)$$

Wenn $M < 1$ ist, spricht man von Unterschallströmung, wenn $M > 1$ ist, von Überschallströmung.

Die Formeln (9.21)–(9.23), (9.30) lassen sich nun in einer in der Gasdynamik gebräuchlichen Form schreiben, indem man anstelle des Geschwindigkeitsverhältnisses U/U_{max} die Machzahl M einführt. Am einfachsten dividiert man hierzu Gl. (9.12) durch $c^2 = \kappa RT$:

$$\frac{c_p\,T}{\kappa\,RT} + \frac{U^2}{2c^2} = \frac{c_p\,T_0}{\kappa\,RT} \quad , \text{ d.h.: } \quad 1 + \frac{\kappa\,R}{c_p}\,\frac{M^2}{2} = \frac{T_0}{T} \tag{9.42}$$

Beachtet man, daß $\kappa R/c_p = \kappa - 1$ ist, so erhält man aus (9.42)

$$\blacktriangleright \qquad \frac{T}{T_0} = \frac{1}{1 + \dfrac{\kappa - 1}{2}\,M^2} \tag{9.43}$$

Nach Gl. (9.20) ist $\rho/\rho_0 = (T/T_0)^{1/(\kappa-1)}$; somit folgt aus (9.43):

$$\blacktriangleright \qquad \frac{\rho}{\rho_0} = \frac{1}{(1 + \dfrac{\kappa - 1}{2}\,M^2)^{1/(\kappa-1)}} \tag{9.44}$$

Mit $p/p_0 = (\rho/\rho_0)^\kappa$ (Gl. (9.19)) ergibt sich aus (9.44):

$$\blacktriangleright \qquad \frac{p}{p_0} = \frac{1}{(1 + \dfrac{\kappa - 1}{2}\,M^2)^{\kappa/(\kappa-1)}} \tag{9.45}$$

Ersetzt man in (9.21) die linke Seite T/T_0 nach Gl. (9.43), so erhält man:

$$\blacktriangleright \qquad \frac{U}{U_{max}} = \sqrt{\frac{\kappa - 1}{2}}\,\frac{M}{\sqrt{1 + \dfrac{\kappa - 1}{2}\,M^2}} \tag{9.46}$$

Setzt man diesen Ausdruck für U/U_{max} in Gl. (9.30) ein, so erhält man:

$$\blacktriangleright \qquad \frac{\Theta}{\Theta_*} = \frac{M}{(\dfrac{2 + (\kappa - 1)M^2}{\kappa + 1})^{(\kappa+1)/2\,(\kappa-1)}} \tag{9.47}$$

Durch die Formeln (9.43)–(9.47) sind Temperatur, Dichte, Druck, Geschwindigkeit und Stromdichte als Funktion der Machzahl in stationärer Gasströmung bekannt. In vielen Tabellenwerken sind diese Relationen, gewöhnlich zum Wert $\kappa = 1.4$, vertafelt und in Diagrammen dargestellt. Auf die gesonderte Wiedergabe eines solchen Diagramms wird hier verzichtet, da die gesamte diesbezügliche Information auch schon in Fig. 128 enthalten ist. In diesem Diagramm ist nämlich außer der Abszisse mit der gleichmäßigen Teilung U/U_{max} eine zweite Abszisse mit der Machzahl M als ungleichmäßiger Teilung eingetragen. Diese zweite Abszisse ermöglicht es, die Beziehungen (9.43)–(9.47) aus dem Diagramm abzulesen.

Wir bemerken, daß die Stromdichte Θ ihr Maximum Θ_* gerade bei der Machzahl $M = 1$ annimmt. M.a.W.: Wenn das Gas mit der kritischen Geschwindigkeit U_* strömt, stimmt seine Schallgeschwindigkeit mit seiner Strömungsgeschwindigkeit überein. In einer Lavaldüse strömt daher das Gas in der engsten Stelle gerade mit Schallgeschwindigkeit, vorausgesetzt der Außendruck p_a liegt hinreichend tief, nämlich unter dem Wert p_v (Fig. 132b). Bleibt der Außendruck über diesem Wert, herrscht in der gesamten Düse Unterschallströmung. Strömt das Gas durch eine in Strömungsrichtung konvergente Düse aus, so wird es nur bis auf Schallgeschwindigkeit im Austrittsquerschnitt beschleunigt. Aus (9.43) kann man übrigens noch leicht die Abhängigkeit der Schallgeschwindigkeit von der Machzahl herleiten. Wenn man die Ruhe- oder Kesselschallgeschwindigkeit c_0 durch $c_0^2 = \kappa R T_0$ einführt, erhält man wegen $c^2/c_0^2 = T/T_0$ aus (9.43):

$$\blacktriangleright \qquad \frac{c}{c_0} = \sqrt{\frac{T}{T_0}} = \frac{1}{\sqrt{1 + \frac{\kappa - 1}{2} M^2}} \qquad (9.48)$$

Mit wachsender Machzahl sinkt demnach die Schallgeschwindigkeit wie die Quadratwurzel aus der Temperatur. Die Kesselschallgeschwindigkeit c_0 hängt übrigens mit der Maximalgeschwindigkeit U_{max} wie folgt zusammen:

$$\blacktriangleright \qquad c_0 = \sqrt{\frac{\kappa - 1}{2}}\, U_{max} \qquad (9.49)$$

Dies erhält man, indem man $c_0^2 = \kappa R T_0$ durch $U_{max}^2 = 2 c_p T_0$ dividiert und $\kappa R/c_p = \kappa - 1$ beachtet.

Abschließend kehren wir zu der in Abschn. 9.1 erörterten Energiebilanz zurück. Anders als in Abschn. 3.7 hatten wir in Abschn. 9.1 eine Strömungsmaschine ("Pumpe" in Fig. 54) nicht berücksichtigt. Diese Einschränkung lassen wir jetzt fallen, setzen also die in Fig. 54 skizzierte Situation voraus. Dann ändert sich Gleichung (9.3) insofern, als auf der linken Seite 0 durch P zu ersetzen ist:

$$\blacktriangleright \qquad P = \dot{m}\left[\left(\frac{p_2}{\rho_2} + e_2 + g z_2 + \frac{U_2^2}{2}\right) - \left(\frac{p_1}{\rho_1} + e_1 + g z_1 + \frac{U_1^2}{2}\right)\right] \qquad (9.50)$$

Hierbei bedeutet P die dem Gas pro Zeiteinheit durch die Strömungsmaschine zugeführte Energie. Diese Energiezufuhr kann sich aus Arbeitsleistung u n d Wärmezufuhr zusammensetzen, die Arbeitsleistung kann auch am Gas geleistete Reibungsarbeit enthalten. Unter Beachtung von (9.10) läßt sich Gl. (9.50) für ideale Gase auch in der folgenden Form schreiben:

$$\blacktriangleright \qquad P = \dot{m}\left[\left(c_p T_2 + g z_2 + \frac{U_2^2}{2}\right) - \left(c_p T_1 + g z_1 + \frac{U_1^2}{2}\right)\right] \qquad (9.51)$$

In der Gleichung (9.50) darf man jedoch nur bei fehlender Wärmezufuhr und Reibungsarbeit die Isentropengleichung (9.19) für den Zusammenhang von Druck und Dichte benutzen.

Sachverzeichnis

Widerstandszahl λ für Kreisrohre

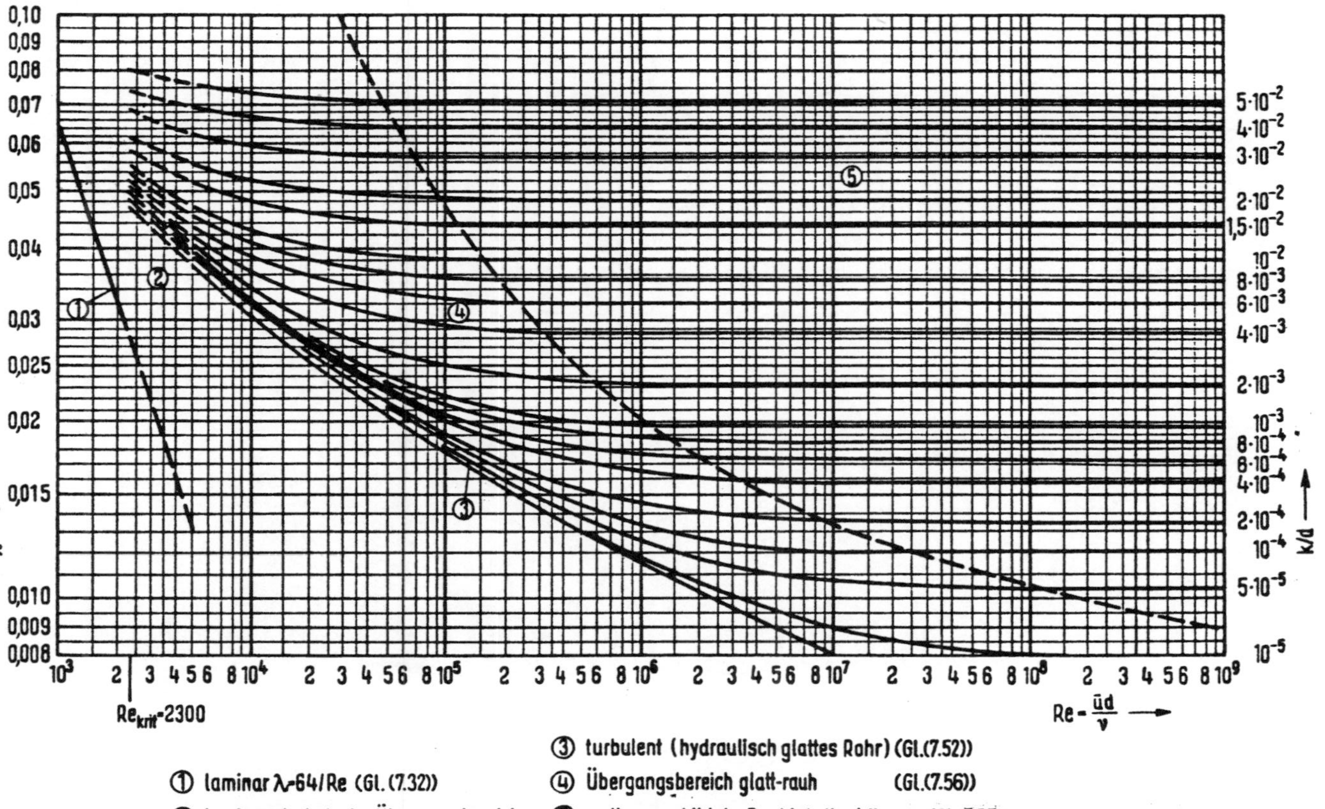

Fig. 111a